Siemens NX 二次开发

唐康林　编著

电子工业出版社·

Publishing House of Electronics Industry

北京·BEIJING

内 容 简 介

本书系统全面地介绍了 Siemens NX 二次开发。作者根据自己多年的项目经验，精心编写了书中内容，注重实用性、易学性，讲解逻辑符合读者掌握 Siemens NX 二次开发的学习顺序，从更高的维度探讨了 Siemens NX 二次开发不为人知的一面。

全书共 19 章，主要内容包括：编译器选择，帮助文档使用，菜单与功能区设计，对话框设计，编程基础；NXOpen 与草图、建模、装配、工程图等的相关应用；各种疑难解决方案等。针对各个知识点，安排综合实例帮助读者快速入门与提高。

本书适合所有对 Siemens NX 二次开发感兴趣的读者。

图书在版编目（CIP）数据

Siemens NX 二次开发 / 唐康林编著. —北京：电子工业出版社，2021.9
ISBN 978-7-121-32757-5

Ⅰ. ①S…　Ⅱ. ①唐…　Ⅲ. ①机械设计－计算机辅助设计－应用软件　Ⅳ. ①TH122

中国版本图书馆 CIP 数据核字（2021）第 181328 号

责任编辑：宁浩洛
印　　刷：涿州市般润文化传播有限公司
装　　订：涿州市般润文化传播有限公司
出版发行：电子工业出版社
　　　　　北京市海淀区万寿路 173 信箱　邮编 100036
开　　本：787×1 092　1/16　印张：17　字数：435 千字
版　　次：2021 年 9 月第 1 版
印　　次：2025 年 2 月第 7 次印刷
定　　价：69.00 元

凡所购买电子工业出版社图书有缺损问题，请向购买书店调换。若书店售缺，请与本社发行部联系，联系及邮购电话：（010）88254888，88258888。

质量投诉请发邮件至 zlts@phei.com.cn，盗版侵权举报请发邮件至 dbqq@phei.com.cn。

本书咨询联系方式：（010）88254465，ninghl@phei.com.cn。

前　言

本书的前言与其他同类书籍不太一样，因为笔者不打算千篇一律地去描述 NX 二次开发有多么的重要，未来又会何等的辉煌，而从自身工作实践出发，分享相关经验与心得。

时间过得很快，笔者接触 NX 整整 12 年了。当年晚上画图，白天下车间做样品，常常被动挑战三四小时内完成零件建模的场景历历在目。感谢不平凡的工作经历增强了笔者的 NX 应用能力，更庆幸在刚接触 NX 时，就使用了坤德科技为公司定制的 NX 二次开发工具集。出于兴趣，研究了工具集背后的实现原理。这些经历为笔者编写本书奠定了基础。

笔者深感能否学好 NX 二次开发，取决于自身的 NX 应用能力与计算机编程能力，同时，在实际应用中以解决问题为导向也很重要，否则花大量的时间精力研究，最后发现出色地完成了根本就不需要做的工作，就是南辕北辙了。为此，笔者耗时两个月，以自身实践中原创的典型应用程序为蓝本，以官方帮助文档为规范，编写本书。书中不刻意讲解如何使用 API，而是从解决问题本身出发，提供不同的解决方案。

全书共 19 章，各章的主要内容如下。

第 1 章介绍编译器的选择、官方帮助文档的使用与应用程序签名的方法。

第 2～3 章介绍菜单、功能区与对话框的设计。

第 4 章介绍 NX 二次开发环境的搭建。

第 5 章介绍编程基础。这一章非常重要，请读者认真阅读，重点介绍了学习 NXOpen 的一些方法。

第 6～7 章介绍操作记录与 NXOpen C++对象的相关内容，如果读者要利用 NXOpen C++开发应用程序，这两章同样非常重要，通过这两章可以学习理解 NXOpen C++。

第 8～18 章基于现实场景分别介绍如何利用 NXOpen 开发应用程序解决实际需求。

第 19 章介绍现实应用场景中各种疑难问题的解决方案。

书中未涉及 CAE 与 CAM 相关的内容，但只要读者理解本书的思想，就开发其他模块的应用程序，只是调用不同的 API 而已。为了准确表达 NX 术语，方便读者查询所需的 API，本书采用了英文版 NX 界面，关键词汇保留了英文官方术语。笔者相信无论您是初学的读者，还是已具有十年以上开发经验的读者，本书都值得您仔细阅读。

本书所涉及的程序代码与实例模型均已上传，请到华信教育资源网（www.hxedu.com.cn）找到本书页面下载。为了与书中描述保持一致，请读者将下载解压后的资料存放在计算机 D 盘。书中所有实例，使用 Visual Studio 2019 编写代码并在 NX1953 通过测试。

编　者

2021 年 4 月

目　　录

第 **1** 章　NX 二次开发基础

在本章中您将学习下列内容：
- NX 二次开发方式及各方式的优缺点
- NX 二次开发流程
- API 文档与资料的获取
- 编译器选择与签名

欢迎您来到 NX 二次开发的世界，感受它非凡的魅力！在学习之前，笔者假定您已掌握以下知识：
- 熟悉 C 与 C++编程语言
- 熟练使用 NX 软件并了解相关术语

1.1　开发方式

NX 二次开发主要包括以下方式：
- GRIP（Graphics Interactive Programming，图形交互编程）
- KF（Knowledge Fusion，知识熔接技术）
- SNAP（Simple NX Application Programming，简易 NX 应用编程）
- NXOpen C（也称 User Function，简称 UFUN）
- NXOpen C++
- NXOpen.NET
- NXOpen Java
- NXOpen Python

尽管 NX 二次开发方式很多，但它们都可以统一为如图 1-1 所示的 NX 二次开发架构关系。从图中不难看出，无论采用哪种方式进行 NX 二次开发，最终它都是调用共享的 C/C++ API。

之所以能被统一，是因为官方在开发 NX 时使用的是 C/C++，再通过*.ja 文件控制是否要自动生成其他开发方式对应的 API。

因此，理论上 NXOpen C/C++包含的 API 是最完整的，性能也是最强的。例如：NXOpen C 中有用于读取视图中心与缩放比例的 API uc6430（char* cp1, double* rr2, double* rr3），而 NXOpen.NET、NXOpen Java、NXOpen Python 中就无此 API。其原因是其他开发方式中的 API 是官方通过开发工具自动生成的，当开发工具遇到 API 中参数用指针形式表示数组且没有指定数组长度的情况时，它无法自动识别数组的长度；而开发者可以根据 NXOpen C 帮助文档中的描述，人为判断数组的长度。例如：要求输入点坐标，可以判断数组长度为 3。

这不代表开发者就不能使用 NXOpen.NET、NXOpen Java、NXOpen Python 开发方式来

获取视图中心与缩放比例了，官方也提供了其他类似 API 实现相同的功能。

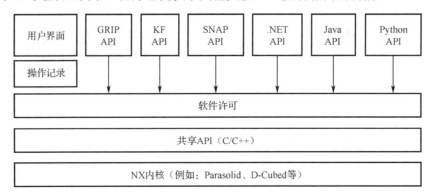

图 1-1   NX 二次开发架构关系

1.1.1   开发方式比较

NX 二次开发方式比较如表 1-1 所示。

表 1-1   NX 二次开发方式比较

开发方式	易学性	通用性	完整性	支持新版 UI	官方更新频率	开发工具
GRIP	易	好	不完整	否	原则上不更新	文本编辑器
KF	易	好	不完整	是	原则上不更新	文本编辑器
SNAP	易	较差	不完整	是	原则上不更新	Visual Studio
NXOpen C	较难	好	不完整	否	原则上不更新	Visual Studio
NXOpen C++	较难	较差	较完整	是	持续更新	Visual Studio
NXOpen .NET	较难	较差	较完整	是	持续更新	Visual Studio
NXOpen Java	较难	较差	较完整	是	持续更新	Eclipse
NXOpen Python	较难	较差	较完整	是	持续更新	Eclipse

1.1.2   开发方式推荐

通过以上比较，笔者推荐使用 NXOpen C++与 NXOpen C（UFUN）结合的方式开发应用程序。

1.2   开发流程

NX 系统中的原生工具通常由三部分组成：菜单与功能区、对话框、代码。显然，NX 二次开发的应用程序，通常也应该包括这三部分。

其开发流程如图 1-2 所示。

图 1-2   NX 二次开发流程

菜单与功能区使用 MenuScript 编写，对话框使用 NX 中 Block UI Styler 模块的相关 UI Block 设计，代码设计使用 Visual Studio 调用 NXOpen C/C++相关 API 完成。

本书将在后面章节围绕这三部分分别阐述。

1.3　API 文档与资料获取

无论是初学的读者还是已具有开发经验的读者，API 文档都是必不可少的助手，笔者认为没有什么资料比帮助文档更好。

获取 API 文档有两种方式：

- 在线获取：在 NX 中单击"Menu"→"Help"→"NX Help…"按钮，打开在线帮助中心，找到网页中 Programming Tools 分类，其中"Open C Reference Guide"指向 NXOpen C 的 API 文档，"NX Open C++ Reference Guide"指向 NXOpen C++的 API 文档。
- 本地获取：在线 API 文档是通过工具读取相关头文件（*.h 或*.hxx）的注释自动生成的网页形式。因此本地 API 文档保存在"%UGII_BASE_DIR%\UGOPEN"目录与子目录的头文件中。在以下两个目录中，还有大量的官方样例，值得开发者仔细研究。

```
%UGII_BASE_DIR%\UGOPEN
%UGII_BASE_DIR%\UGOPEN\SampleNXOpenApplications
```

1.4　编译器与签名

NX 二次开发时，官方对编译器有明确要求，不同 NX 版本应该采用对应的编译器设计代码，其说明可以在帮助文档"Release Notes"中找到。

1.4.1　编译器

常见的 NX 版本与编译器的对应关系如表 1-2 所示。

表 1-2　常见 NX 版本与编译器的对应关系（C/C++）

NX 版本	Windows 下编译器	Linux 下编译器
NX1926/NX1953	Visual Studio 2019 Professional 16.0.5 Build 19.20.27508.1	gcc 7.3.1
NX1899	Visual Studio 2017 Build 19.10.25017	gcc 4.8.5
NX1847/NX1872	Visual Studio 2017 Build 19.10.25017	gcc 4.8.2
NX12	Visual Studio 2015 Build 19.00.23026	gcc 4.8.2
NX11	Visual Studio 2013 Build 18.00.21005.1	gcc 4.8.2
NX9.0/NX10	Visual Studio 2012 Update 1	gcc 4.3.4
NX8.5	Visual Studio 2010 SP1 Build 16.00.40219.01	gcc 4.3.4

根据笔者经验，读者可能会遇到以下情况：

- 使用与 NX 版本不匹配的编译器设计代码，编译链接通过，但在 NX 中运行应用程序时系统报错。解决措施是换对应版本的 Visual Studio 重新编译链接。
- 在低版本 NX 中开发的应用程序，不能在高版本 NX 中运行。这是因为高版本 NX 中的*.lib 文件发生了变更，需要在高版本 NX 对应的 Visual Studio 中使用最新的库，修改代码再编译链接它。通常情况下，在低版本 NX 中开发应用程序时，如果只使用

libufun.lib、libnxopencpp.lib、libugopenint.lib、libnxopenuicpp.lib 这四个库，是可以在高版本 NX 中运行应用程序的。

需要注意的是，就算在低版本 NX 中开发的应用程序，可以在高版本 NX 中运行，但从 NX1926 开始官方对 NX 二次开发的应用程序增加了检查，如果来自不匹配的编译器会发出警告，但暂时不影响使用。若要关闭这个警告，操作如下：

在 NX 中单击"Menu"→"File"→"Utilities"→"Customer Defaults"按钮，启动 Customer Defaults 工具，在打开的对话框中单击左侧的"General"节点，然后在对话框的右侧单击"Automation"选项卡，如图 1-3 所示，再取消勾选其中的"Show Warning when Loading"复选框，最后重启 NX 即可。

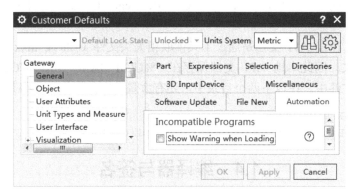

图 1-3   关闭加载时显示警告

1.4.2   签名

使用 NXOpen 创建的应用程序可执行文件必须签名后才能由没有 NXOpen Author 许可证的任何人执行。从 NX1872 开始，可以使用 NXOpen 签名应用程序对可执行文件进行签名，也可以直接对可执行文件进行数字签名。以前，由于 NXOpen 签名与数字签名不兼容，因此不能同时执行这两种签名。

添加数字签名可提高安全性和保护级别，尤其是在应用程序进入其他站点时。数字签名可以通过 Microsoft 批准的第三方证书颁发机构（CA）执行，也可以由开发者自己执行。

NX 二次开发的应用程序签名需要以下两个步骤：

● 在您的 Visual Studio 项目中添加代码"#include <NXSigningResource.cpp>"（它位于目录"%UGII_BASE_DIR%\ugopen"中），编译链接生成应用程序。

● 在计算机中按"Windows 键+R"打开"运行"对话框，输入"cmd"回车后打开"命令行程序"窗口，再在窗口中输入"%UGII_BASE_DIR%\nxbin\signcpp d:\dllFullPath.dll"回车即可。其中"d:\dllFullPath.dll"代表被签名*.dll 文件的完整路径。

笔者建议开发者在实战项目中编写批处理程序实现批量签名。

第 **2** 章　自定义菜单与功能区

在本章中您将学习下列内容:
- 自定义 NX 菜单
- 自定义 NX 功能区
- 加载自定义菜单与功能区
- 自定义菜单与功能区实例

2.1　自定义菜单

在 Windows 系统中,NX 的主框架窗口如图 2-1 所示。

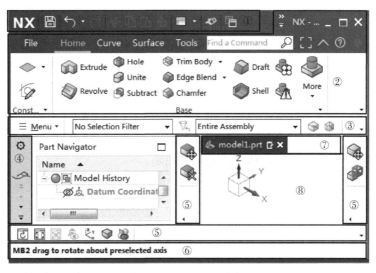

图 2-1　NX 主框架窗口

① ——Quick Access Toolbar(快速访问工具条),包含常用工具,如保存和撤销。

② ——Ribbon Bar(功能区,又称 Ribbon 工具条),将应用程序组织为选项卡和组。

③ ——Top Border Bar(上边框条),包含菜单以及与选择相关的工具。

④ ——Resource Bar(资源条),包含导航器和资源板。

⑤ ——Left, Right, and Bottom Border Bars(左、右和下边框条),供用户添加工具。

⑥ ——Cue/Status line(提示行/状态行),提示下一步操作并显示信息。

⑦ ——Tab Area(选项卡区域),显示在选项卡式窗口中打开的部件文件名称。

⑧ ——Graphics Window(图形窗口),用于建模、可视化,以及模型分析。

NX 二次开发的应用程序,要实现与 NX 无缝集成,一般需要在 NX 中创建菜单和功能区按钮以方便用户单击及调用,而 MenuScript(菜单脚本)就是由官方定义的具有特殊语法规则的脚本语言,它允许用户创建或修改 NX 菜单。MenuScript 的完整资料,开发者可以查看官方帮助文档中与"Menuscript User's Guide"相关的描述，笔者仅在本书列举最常用的一部分知识。

2.1.1 MenuScript 语法

关于 MenuScript 的语法，开发者除了查看帮助文档，还可以参考"%UGII_BASE_DIR%\UGII\ menus"目录中与*.men 或*.btn 相关的文件。

在 NX 中 GC Toolkits 也值得开发者学习，它是官方二次开发的工具集，相关文件在"%UGII_BASE_DIR%\LOCALIZATION\prc"目录中。

在编写 MenuScript 时主要做两方面工作，一是控制自定义菜单在 NX 不同应用模块中的显示，二是设计显示菜单的具体样式。

下列代码展示了控制自定义菜单在指定 NX 模块中显示的语法规则。

```
VERSION 120                                    //声明菜单脚本版本，通常不用更改它
EDIT UG_GATEWAY_MAIN_MENUBAR                    //固定语句，表示修改主菜单

MODIFY                                         //固定语句，表示对现有按钮的更改
    APPLICATION_BUTTON UG_APP_MODELING         //定义应用模块按钮
    MENU_FILES nx_china_package_modeling.men   //设置在建模模块的菜单文件
END_OF_MODIFY                                  //固定语句，表示结束现有按钮的更改

MODIFY                                         //固定语句，表示对现有按钮的更改
    APPLICATION_BUTTON UG_APP_DRAFTING         //定义应用模块按钮
    MENU_FILES nx_china_package_drafting.men   //设置在制图模块的菜单文件
END_OF_MODIFY                                  //固定语句，表示结束现有按钮更改
```

下列代码展示了自定义菜单具体样式的语法规则。

```
VERSION 120                                    //声明菜单脚本版本，通常不用更改它
EDIT UG_GATEWAY_MAIN_MENUBAR                   //固定语句，表示修改主菜单

AFTER UG_WINDOW                                //在主菜单 Window 按钮后添加按钮列表
    CASCADE_BUTTON  CN_APPLICATION_BTN         //定义级联菜单 ID，激活它时会显示子菜单
    LABEL           GC Toolkits                //定义级联菜单在 NX 中显示的名称
END_OF_AFTER                                   //结束添加按钮

MENU CN_APPLICATION_BTN                        //开始定义 GC Toolkits 子菜单
    CASCADE_BUTTON  GEAR_MODELING_BTN          //定义级联菜单 ID，激活它时会显示子菜单
    LABEL           Gear Modeling              //定义级联菜单在 NX 中显示的名称
END_OF_MENU                                    //结束定义 GC Toolkits 子菜单
MENU GEAR_MODELING_BTN                         //开始定义 Gear Modeling 子菜单
    BUTTON          CYLINDER_GEAR_V2           //定义按钮 ID，ID 必须是唯一的
    LABEL           Cylinder Gear...           //定义按钮在 NX 中显示的名称
    BITMAP          cylinder_gear.bmp          //指定按钮前面显示位图的文件名
    ACTIONS         libgearmodeling            //指定按钮的行为

    BUTTON          BEVEL_GEAR_V2              //定义按钮 ID，ID 必须是唯一的
    LABEL           Bevel Gear...              //定义按钮在 NX 中显示的名称
```

```
   BITMAP          bevel_gear.bmp              //指定按钮前面显示位图的文件名
   ACTIONS         libgearmodeling             //指定按钮的行为
END_OF_MENU                                    //结束定义 Gear Modeling 子菜单
```

上述菜单定义在 NX 中显示的主体效果如图 2-2 所示（未显示按钮前方的位图）。

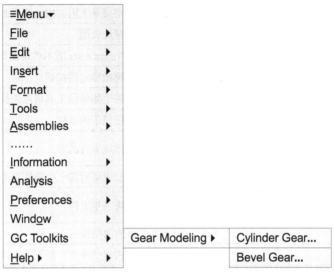

图 2-2　自定义菜单的主体效果

2.1.2　MenuScript 常用语句

MenuScript 常用语句及描述如表 2-1 所示，其中，关键字必须大写，<button name>与<menu name>是区分大小写的。

表 2-1　MenuScript 常用语句及描述

常用语句	描述
ACCELERATOR <accelerator key>	定义按钮快捷键
ACTIONS [(/PRE ｜ /POST ｜ /REPLACE)] [{<action> }] [STANDARD][{ <action> }]	按钮响应行为，对于 NX 二次开发而言，通常 "ACTIONS" 后设置为应用程序名称或回调函数名
AFTER <button name>	在指定的按钮后添加按钮列表
APPLICATION_BUTTON/PLATFORM= (plat1,plat2...) <button name>	定义一个应用模块按钮，单击它会进入对应的模块。例如：APPLICATION_BUTTON UG_APP_DRAFTING，以进入制图模块
BEFORE <button name>	在指定的按钮之前添加或移动按钮列表
BITMAP <bitmap_name.bmp>	指定与按钮一起使用的位图的文件
BUTTON/PLATFORM= (plat1,plat2...) [<button name>]	定义按钮，按钮所在平台必须是唯一的
CASCADE_BUTTON <button name>	定义级联菜单，激活时展开子菜单
CREATE <menu name>	将菜单文件设置为创建模式
EDIT <menu name>	将菜单文件设置为编辑模式
END_OF_AFTER	结束定义使用 AFTER 语句引入的按钮列表
END_OF_BEFORE	结束定义使用 BEFORE 语句引入的按钮列表

常用语句	描述
END_OF_MENU	结束菜单定义
END_OF_MODIFY	结束现有按钮更改
END_OF_TOP_MENU	结束定义指定菜单上附加的按钮列表
HELP <help token>	打开工具的帮助页面
HELP_TCIN <help token>	打开工具的 Teamcenter 版本的帮助页面
HIDE <button name>	取消管理或隐藏指定的按钮
HINT <message>	向用户提供关于如何使工具可用的提示
LABEL <button label>	定义指定按钮显示的名称
LIBRARIES ［（ /APPEND ｜ /REPLACE ）］ ［{ library }］	为应用程序指定专有的库
MENU <menu name>	在指定菜单的末尾附加一个按钮列表
MENU_FILES ［（ /APPEND ｜ /REPLACE ）］ ［{ menu file }］	指定应用模块菜单文件
MESSAGE <message>	对 NX 工具的简要描述
MODIFY	指定对现有按钮的修改，但不改变按钮的位置
NO_REPEAT	防止按钮被添加到"重复命令列表"中
SENSITIVITY <sensitivity state>	定义按钮初始状态是否灰色显示（灰色显示时不可单击）
SEPARATOR /PLATFORM = (plat1,plat2...)	指定分隔符（在按钮与按钮间添加一条分隔线）
SHOW <button name>	显示按钮，与 HIDE <button name>相反
SYNONYMS <synonym list>	为按钮添加同义词，方便用户根据同义词搜索工具
TITLE <text string>	为菜单栏的窗口添加标题
TOGGLE_BUTTON/PLATFORM= (plat1,plat2...) [<button name>]	定义复选框类型的按钮，例如："Menu" → "View" → "✓Show Resource Bar"
TOOLBAR_LABEL	指定工具在"命令查找器列表"或"重复命令列表"中显示的文本字符串
RIBBON_LABEL	指定工具在 Ribbon 工具条上显示的文本字符串
TOP_MENU	在顶部菜单的末尾添加一个按钮列表
VALUE <toggle state>	定义复选框类型按钮的值（ON 或者 OFF）
VERSION	定义菜单脚本版本

2.2　自定义功能区

NX9.0 之前版本的功能区一直使用经典工具条，之后的版本官方建议使用 Ribbon 工具条。开发者可以在目录"%UGII_BASE_DIR%\UGII\menus\profiles"的子目录中找到不同应用模块中 Ribbon 工具条的样例。

2.2.1　Ribbon 工具条接口文件

对于 Ribbon 工具条，用户可以创建或者修改不同的文件来定制 Ribbon 样式，其样式与接口文件扩展名对应关系如表 2-2 所示。NX 二次开发时常用 ".grb"".gly"".rtb" 三种扩展名对应的样式定制 Ribbon 工具条。

表 2-2　Ribbon 工具条样式与接口文件扩展名对应关系

扩展名	Ribbon 样式	示例
.grb	Group（组）样式。如右图五个与 Aero 相关的工具作为了一个组，显示在 Ribbon 工具条上。一个组中也允许有多种样式组合	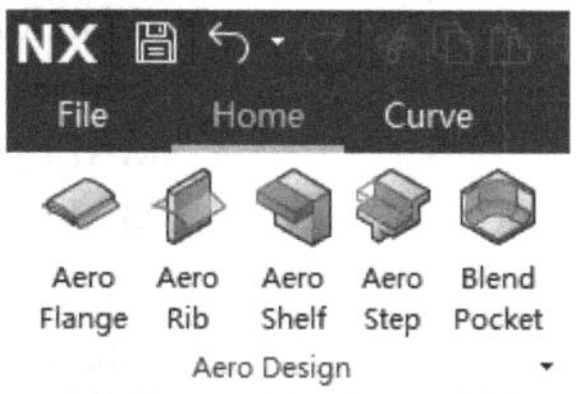
.gly	Gallery（库）样式。如右图将与 Reuse 相关的工具排列在"库"中，显示在 Ribbon 工具条上。库中的 GALLERY_STYLE 关键字控制了其显示风格	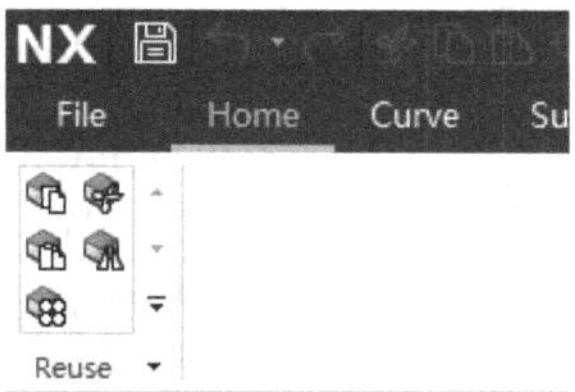
.abr	Attachment（附加）样式。将工具附加到 NX 内置位置，如右图将 Extrude 工具附加到上边框条的第一个位置	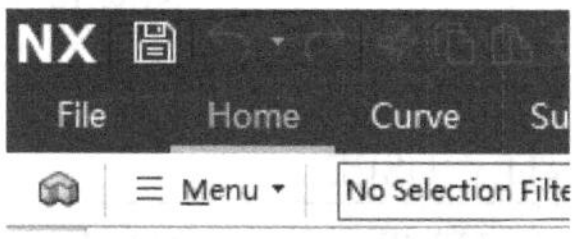
.rtb	Ribbon tab（功能区选项卡）样式。如右图中的 Home、Curve。每个选项卡中由 Group、Gallery、Drop-down、Cascade 等样式组成	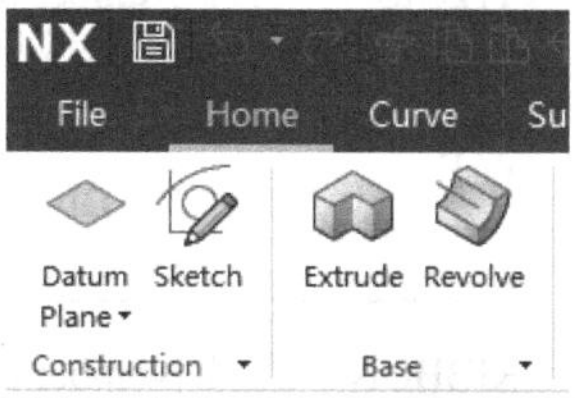
.ddb	Drop-down（下拉菜单）样式。如右图中 Face Blend 按钮包含一个下拉菜单，单击下拉菜单中 Edge Blend 按钮时，它被前置显示（Edge Blend 自动变更为列表首位）	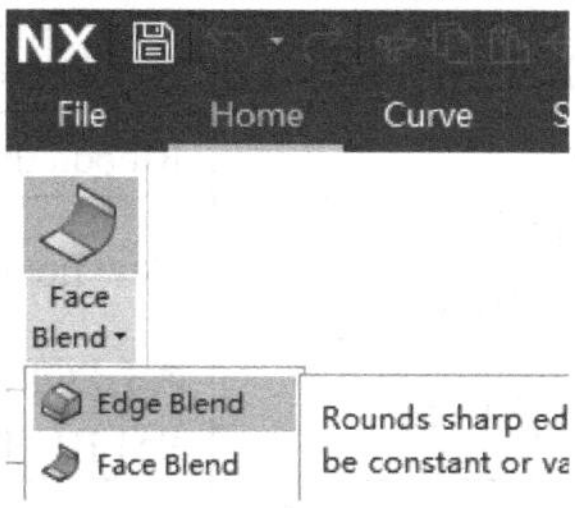
.csb	Cascade（级联菜单）样式。在显示风格上与 Drop-down 类似，如右图中的 Datum Plane 按钮包含级联菜单。不同的是，使用 Cascade 样式时菜单中的按钮不会因为单击而前置	

2.2.2　Ribbon 工具条接口关键字

在制作 Ribbon 工具条时，脚本文件中也包含很多关键字，开发者可以在帮助文档 "Customizing ribbon bar" 中找到相关介绍，Ribbon 工具条接口关键字及描述如表 2-3 所示。

表 2-3　Ribbon 工具条接口关键字及描述

关键字	值	描述
RIBBON_STYLE	LARGE_IMAGE ALWAYS_MEDIUM_IMAGE_AND_TEXT MEDIUM_IMAGE_AND_TEXT MEDIUM_IMAGE ALWAYS_SMALL_IMAGE_AND_TEXT SMALL_IMAGE_AND_TEXT SMALL_IMAGE ……	指定一个按钮在 Ribbon 工具条中的显示样式，默认显示 32pt×32pt 的大图，它根据 Ribbon 工具条在屏幕中的实际位置进行缩放
GROUP	Ribbon group (.grb) file	指定引用的 Group 文件
BEGIN_GROUP END_GROUP	New Item ID	创建新的 Group 样式
GROUP_STYLE	DEFAULT FLOWLAYOUT	指定 Group 显示样式
GALLERY	Ribbon gallery (.gly) file	指定引用的 Gallery 文件
BEGIN_GALLERY END_GALLERY	New Item ID	创建新的 Gallery 样式
BEGIN_RECENTLY_USED END_RECENTLY_USED	NA	在 Gallery 中指定新类别，跟踪最近使用的工具
NUMBER_OF_ITEMS	Number of recently used commands	指定"最近使用"工具数量
GALLERY_STYLE	SMALL_IMAGE SMALL_IMAGE_AND_TEXT MEDIUM_IMAGE ……	指定 Gallery 显示样式
COLUMN_IN_RIBBON	Number of columns in Ribbon	定义 Gallery 可用列数量最大值
COLUMN_IN_POPUP	Number of columns when expanded	定义 Gallery 展开时的列数量
DROPDOWN	Ribbon drop-down (.ddb) file	指定引用的 drop-down 文件
BEGIN_DROPDOWN END_DROPDOWN	New Item ID	创建新的 drop-down 样式
DROPDOWN_STYLE	AS_POPUP_MENU PALETTE	为 drop-down 指定首选样式
COLUMN_DROPDOWN	Number of columns in drop down	指定 drop-down 样式为 PALETTE 时列表的列数
CASCADE	Ribbon cascade (.csb) file	指定引用的 Cascade 文件
BEGIN_CASCADE END_CASCADE	New Item ID	创建新的 Cascade 样式
ATTACHMENT_TARGET	TopBackStageGroup LeftBackStageGroup RightBackStageGroup BottomBackStageGroup QuickAccessBar RibbonSystemBar SelectionBar TopBorderBar ……	将内容添加到内置的工具条中，如添加到左/右边框条中。应用时仅在*.abr 文件中使用此关键字，并确保在文件的开头声明它即可

续表

关键字	值	描述
CONTEXT_TITLE	Alternate title	用于区分在"自定义"对话框中列出的同名 Group 或 Gallery
STYLE	DEFAULT TEXTONLY_ALWAYS IMAGE_AND_TEXT TEXTONLY_MENU	指定菜单的样式
COLLAPSED	TURE FALSE	指定是否折叠 Group、Gallery 或 Cascade。默认值为 FALSE

2.3　自定义菜单与功能区的加载

当开发者准备好 MenuScript 与 Ribbon 工具条接口文件后，又如何让 NX 来识别它们并无缝加载以进行交互操作呢？

在实现加载它们之前，开发者有必要了解官方规定的 NX 二次开发的目录结构。

2.3.1　目录结构

NX 二次开发的根目录确定后，需要创建官方规定的子目录，当 NX 启动时，它会自动查找"startup""application""udo""udf""dfa"五个子目录，其用法如表 2-4 所示。

表 2-4　子目录用法

子目录	用法
startup	用于放置控制在不同 NX 应用模块调用的 MenuScript（*.men 或*.btn）、动态链接库文件（*.dll）等。该目录中的文件会随着 NX 的启动而启动，所以一般情况下它们会增加 NX 的启动时间
application	用于放置 MenuScript（*.men 或*.btn）、位图（*.bmp 或*.bma）、对话框文件（*.dlx 或*.dlg）、动态链接库文件（*.dll）等
udo	用于放置包含用户定义对象（User Defined Object）的动态链接库文件（*.dll）
udf	用于放置用户定义特征（User Defined Feature）的相关数据对象
dfa	用于放置与 Knowledge Fusion（KF）相关的数据对象（*.dfa 或*.prt）

除系统规定的目录外，根据项目需要还应该创建一些自定义目录用于放置其他类型的文件。图 2-3 为一个参考目录结构，开发者可根据实际需要进行调整。

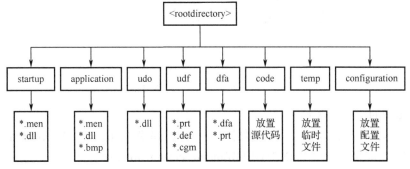

图 2-3　参考目录结构

2.3.2   加载方式

加载菜单和 Ribbon 工具条，有两种方式：

- 去掉"%UGII_BASE_DIR%\UGII\menus\custom_dirs.dat"文件的只读属性，用查看文本类工具（如记事本）打开它，添加 NX 二次开发根目录的完整路径，保存后重启 NX 即可（文件中以"#"开头的行表示此行被注释）。
- 添加环境变量方法加载菜单与 Ribbon 工具条。表 2-5 为加载 NX 二次开发目录的环境变量，用其中任意一个即可，它们的区别主要在于加载的优先级不一样。

表 2-5   加载 NX 二次开发目录的环境变量

环境变量	描述
UGII_VENDOR_DIR	指向合作伙伴自定义的目录
UGII_SITE_DIR	指向公司站点自定义的目录
UGII_GROUP_DIR	指向公司群组自定义的目录
UGII_USER_DIR	指向用户自定义的目录

2.4   自定义菜单和功能区实例

本实例使用 MenuScript 相关语法设计菜单；使用 Ribbon 工具条接口文件配置 NX 的功能区，增加选项卡并在其中添加按钮。请读者跟随本书练习该实例，后面章节会基于该实例设计对话框与编码实现相应功能。

本实例主要在 Modeling（建模）、Sketch（草图）两个模块中增加菜单与 Ribbon 工具条按钮，其他模块中增加按钮的方法与此类似。

如图 2-4 所示，在 Modeling（建模）模块的功能区中，增加了 NXOpen Demo 选项卡，选项卡中包含了不同的工具按钮。按钮的排列方式通过 Ribbon 工具条接口文件配置，Sketch（草图）模块中的显示与此类似。

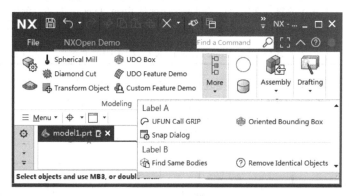

图 2-4   定制的 Ribbon 工具条在 NX 中的显示结果

实现本实例的操作步骤如下：

（1）创建 NX 二次开发目录，结构如图 2-5 所示（本例目录位于"D:\nxopen_demo"）。

（2）去掉"%UGII_BASE_DIR%\UGII\menus\custom_dirs.dat"文件的只读属性，用记事本打开它，在最后一行添加"D:\nxopen_demo"并保存（该行开头不能包含"#"）。

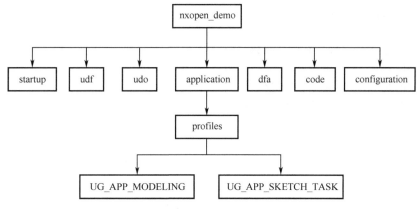

图 2-5　NX 二次开发目录结构

（3）配置自定义菜单在 NX 不同模块中的显示。在"D:\nxopen_demo\startup"目录下新建"nxopen_demo_main.men"文本文件（开发者可根据实际需要使用其他名称），输入以下代码。这样，在 Modeling（建模）模块中将显示"nxopen_demo_modeling.men"中定义的菜单项，在 Sketch（草图）模块中将显示"nxopen_demo_sketch.men"中定义的菜单项。

```
VERSION 120
EDIT UG_GATEWAY_MAIN_MENUBAR

MODIFY
    APPLICATION_BUTTON UG_APP_MODELING
    MENU_FILES nxopen_demo_modeling.men
END_OF_MODIFY

MODIFY
    APPLICATION_BUTTON  UG_APP_SKETCH_TASK
    MENU_FILES  nxopen_demo_sketch.men
END_OF_MODIFY
```

保存该文件，开发者可根据需要增加其他 NX 模块应显示的菜单文件。

初学的读者，会面临定义其他模块菜单时如何输入"APPLICATION_BUTTON"后面关键字的问题。根据笔者经验，可以打开"%UGII_BASE_DIR%\UGOPEN\uf.h"文件，查找"Unique identifiers for standard NX applications"，在它下方列出了 NX 所有应用模块的标识符字符串，在使用时把字符串开头的"UF"改为"UG"即为所需的关键字。

（4）配置在 Modeling（建模）模块中显示的菜单项。在"D:\nxopen_demo\application"目录下新建"nxopen_demo_modeling.men"文本文件，输入以下代码并保存。

```
VERSION 120
EDIT   UG_GATEWAY_MAIN_MENUBAR

AFTER UG_HELP
    CASCADE_BUTTON  NXOPEN_DEMO_MODELING
    LABEL NXOpen Demo
END_OF_AFTER
```

```
MENU     NXOPEN_DEMO_MODELING

    BUTTON          BASE_BODY_TEST_BTN
    LABEL           Base Body
    MESSAGE         Create Block Or Sphere
    BITMAP          perspective_options
    ACTIONS         ch5_5

    BUTTON          EGGS_TRAY_BTN
    LABEL           Eggs Tray
    MESSAGE         Eggs Tray
    BITMAP          nx_ship_steelventilationhole
    ACTIONS         ch8_1

    BUTTON          SPHERICAL_MILL_BTN
    LABEL           Spherical Mill
    MESSAGE         Spherical Mill
    BITMAP          probe
    ACTIONS         ch10_3

    BUTTON          DIAMOND_CUT_BTN
    LABEL           Diamond Cut
    MESSAGE         Diamond Cut
    BITMAP          implicit_diamond
    ACTIONS         ch11_2

    BUTTON          TRANSFORM_OBJECT_BTN
    LABEL           Transform Object
    MESSAGE         Transform Object
    BITMAP          move_object
    ACTIONS         ch12_2

    BUTTON          CUSTOM_FEATURE_BTN
    LABEL           Custom Feature Demo
    MESSAGE         Custom Feature Demo
    BITMAP          userdefined
    ACTIONS         ch14_1

    BUTTON          UDO_BOX_BTN
    LABEL           UDO Box
    MESSAGE         UDO Box
    BITMAP          mw_tools_box
    ACTIONS         ch14_3

    BUTTON          UDO_FEATURE_DEMO_BTN
    LABEL           UDO Feature Demo
    MESSAGE         UDO Feature Demo
    BITMAP          isoparametric_curve
```

```
ACTIONS        ch14_4

BUTTON         CSYS_TO_CSYS_CONSTRAINT_BTN
LABEL          CSYS TO CSYS Constraint
MESSAGE        CSYS TO CSYS Constraint
BITMAP         comp_insert
ACTIONS        ch15_1

BUTTON         AUTO_DRAWING_BTN
LABEL          Auto Drawing
MESSAGE        Auto Drawing
BITMAP         create_autodrawing
ACTIONS        ch16_3

BUTTON         PRVIEW_CURVE_BTN
LABEL          Preview Curve Test
MESSAGE        Preview Curve Test
BITMAP         circle
ACTIONS        ch17_1

BUTTON         PRVIEW_BODY_BTN
LABEL          Preview Body Test
MESSAGE        Preview Body Test
BITMAP         cylinder
ACTIONS        ch17_2

BUTTON         NXOPEN_GRIP_BTN
LABEL          UFUN Call GRIP
MESSAGE        UFUN Call GRIP
BITMAP         circle_arbitrary
ACTIONS        ch18_1

BUTTON         ORIENTED_BOUNDING_BOX_BTN
LABEL          Oriented Bounding Box
MESSAGE        Oriented Bounding Box
BITMAP         mw_tools_box
ACTIONS        ch18_2

BUTTON         SNAP_DIALOG_BTN
LABEL          Snap Dialog
MESSAGE        Snap Dialog
BITMAP         user_interface_preferences
ACTIONS        ch18_3

BUTTON         FIND_SAME_BODIES_BTN
LABEL          Find Same Bodies
MESSAGE        Find Same Bodies
BITMAP         subd_copy_cage
```

```
    ACTIONS        ch19_1

    BUTTON         REMOVE_IDENTICAL_OBJS_BTN
    LABEL          Remove Identical Objects
    MESSAGE        Remove Identical Objects
    BITMAP         help
    ACTIONS        ch19_2

END_OF_MENU
```

（5）配置在 Sketch（草图）模块显示的菜单项。在"D:\nxopen_demo\application"目录下新建"nxopen_demo_sketch.men"文本文件，输入以下代码并保存。

```
VERSION 120
EDIT    UG_GATEWAY_MAIN_MENUBAR

AFTER UG_HELP
    CASCADE_BUTTON  NXOPEN_DEMO_SKETCH
    LABEL NXOpen Demo
END_OF_AFTER

MENU    NXOPEN_DEMO_SKETCH
    BUTTON         RECTANGULAR_ROUND_BTN
    LABEL          Rectangular Round
    MESSAGE        Rectangular Round
    BITMAP         box_rounded
    ACTIONS        ch9_2
END_OF_MENU
```

（6）配置 Sketch（草图）模块功能区选项卡。在"D:\nxopen_demo\application\profiles\UG_APP_SKETCH_TASK"目录下新建"rbn_nxopen_demo_skecth.rtb"文本文件，输入以下代码并保存。

```
TITLE  NXOpen Demo
VERSION 170

BEGIN_GROUP Curve
    BUTTON  RECTANGULAR_ROUND_BTN
END_GROUP
```

（7）配置 Modeling（建模）模块功能区选项卡。在"D:\nxopen_demo\application\profiles\UG_APP_MODELING"目录下新建"rbn_nxopen_demo_modeling.rtb"文本文件，输入以下代码并保存。

```
TITLE  NXOpen Demo
VERSION 170

BEGIN_GROUP Modeling
```

```
    BUTTON   BASE_BODY_TEST_BTN
    BUTTON   EGGS_TRAY_BTN

    BUTTON   SPHERICAL_MILL_BTN
    RIBBON_STYLE    ALWAYS_SMALL_IMAGE_AND_TEXT

    BUTTON   DIAMOND_CUT_BTN
    RIBBON_STYLE    ALWAYS_SMALL_IMAGE_AND_TEXT

    BUTTON   TRANSFORM_OBJECT_BTN
    RIBBON_STYLE    ALWAYS_SMALL_IMAGE_AND_TEXT

    BUTTON   UDO_BOX_BTN
    RIBBON_STYLE    ALWAYS_SMALL_IMAGE_AND_TEXT

    BUTTON   UDO_FEATURE_DEMO_BTN
    RIBBON_STYLE    ALWAYS_SMALL_IMAGE_AND_TEXT

    BUTTON   CUSTOM_FEATURE_BTN
    RIBBON_STYLE    ALWAYS_SMALL_IMAGE_AND_TEXT

    GALLERY   nxopen_demo_modeling_more.gly
    COLLAPSED    TURE
END_GROUP

BEGIN_GROUP Preview
    BUTTON      PRVIEW_CURVE_BTN
    BUTTON      PRVIEW_BODY_BTN
END_GROUP

BEGIN_GROUP Assembly
    BUTTON   CSYS_TO_CSYS_CONSTRAINT_BTN
END_GROUP
BEGIN_GROUP Drafting
    BUTTON   AUTO_DRAWING_BTN
END_GROUP
```

（8）配置"rbn_nxopen_demo_modeling.rtb"中的 Gallery 文件。在"D:\nxopen_demo\application\profiles\UG_APP_MODELING"目录下新建"nxopen_demo_modeling_more.gly"文本文件，输入以下代码并保存。

```
TITLE  More
VERSION 170
CONTEXT_TITLE   More

COLUMN_IN_RIBBON   2
COLUMN_IN_POPUP    2
GALLERY_STYLE   SMALL_IMAGE_AND_TEXT
```

```
BITMAP  current_feature

NUMBER_OF_ITEMS    2
BEGIN_RECENTLY_USED
END_RECENTLY_USED

BEGIN_GALLERY   Label_A
    LABEL Label A

    BUTTON      NXOPEN_GRIP_BTN
    BUTTON      ORIENTED_BOUNDING_BOX_BTN
    BUTTON      SNAP_DIALOG_BTN

END_GALLERY

BEGIN_GALLERY   Label_B
    LABEL Label B

    BUTTON      FIND_SAME_BODIES_BTN
    BUTTON      REMOVE_IDENTICAL_OBJS_BTN

END_GALLERY
```

（9）重新启动 NX。图 2-6 为步骤 4 定义文件的应用结果，图 2-7 为步骤 5 与步骤 6 定义文件的应用结果。图 2-4 为步骤 7 与步骤 8 的应用结果。

图 2-6　建模模块显示菜单结果

图 2-7 草图模块菜单及功能区显示结果

第**3**章 自定义对话框

在本章中您将学习下列内容:
- 了解对话框设计方式
- 不同对话框设计方式的优缺点
- Block UI Styler 模块的应用
- 如何重用内部 UI Block

3.1 对话框设计方式简介

用户界面(User Interface,UI)设计是指对软件的人机交互、操作逻辑、界面外观的整体设计。对话框设计是 UI 设计的重要内容。在 NX 二次开发过程中,对话框设计的主要方式如表 3-1 所示,建议开发者使用 NX 中的 Block UI Styler 模块设计对话框。

表 3-1 对话框设计的主要方式

设计方式	描述
NXOpen C	利用 NXOpen C 对应的 API 设计对话框,这一类对话框操作不友好,已经过时。在 NX 中还有极少工具在使用这一风格的对话框,例如:Groove 工具
Pre-NX 6 UI Styler	利用 NX 中的 Pre-NX 6 UI Styler 模块设计对话框,这一类对话框风格也已过时了,并且代码设计也比较复杂。在 NX 中还有极少工具在使用这一风格的对话框,例如:GC Tools 中与 Gear 相关的工具
Block UI Styler	利用 NX 中的 Block UI Styler 模块设计对话框,官方推荐使用此方式
其他	开发者也可以利用 MFC、QT 等第三方 UI 组件设计对话框,但这些方式很难调节界面的显示样式以使其与 NX 匹配,并且在涉及选择对象时,往往还需要调用 NXOpen C 或 NXOpen C++中与选择对象相关的 API

3.2 Block UI Styler 简介

Block UI Styler 是 NX 中的一个应用模块,它允许用户和第三方开发者用它以交互式的方式构建与 NX 风格一致的对话框。

使用 Block UI Styler,可以实现:
- 减少开发时间
- 快速创建原型,自动生成代码框架
- 根据官方预设的 UI Block 快速构建对话框
- 保持与 MenuScript 的兼容性

在 NX 系统中,常见的 UI Block 如图 3-1 与图 3-2 所示。

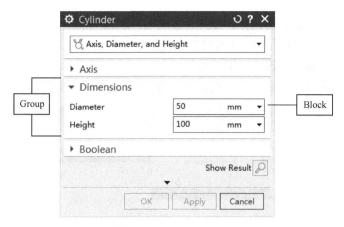

图 3-1　常见 UI Block——Group 与 Block

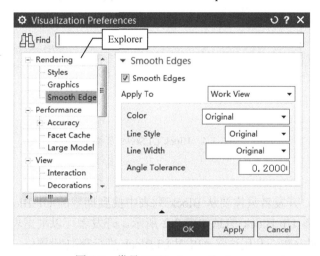

图 3-2　常见 UI Block——Explorer

　　启动 Block UI Styler 的方法如图 3-3 所示，单击 Ribbon 工具条上"Application"，再在下方"Gateway"分类中单击"More"就可以看到"Block UI Styler"按钮，单击它即可。

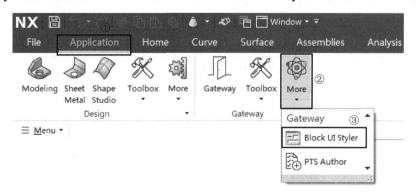

图 3-3　启动 Block UI Styler

3.2.1　Block UI Styler 界面

　　Block UI Styler 界面如图 3-4 所示，它由四部分组成：

① 功能区区域，主要负责保存、打开、移动 UI Block 等操作。

② Block 列表，构建对话框时从这列表中选取 UI Block。

③ 可视化界面，预览构建对话框的效果。

④ 系统对话框窗口，主要负责设置、调节每个 UI Block 的参数。

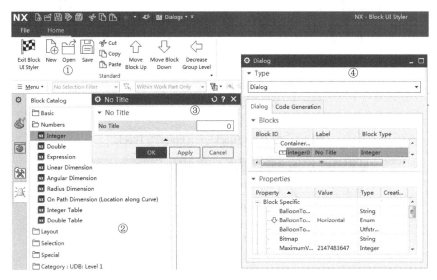

图 3-4   Block UI Styler 界面

3.2.2   Block 列表

在设计对话框时，开发者只需要从 Block 列表中找到期望的 UI Block 并单击，即可将其添加到设计界面中，各 UI Block 信息如表 3-2 所示。开发者可以根据表中类的名称在帮助文档中找到类下面对应的 API，利用这些 API 对 UI Block 进行获取/设置值、控制可见性等操作。

表 3-2   UI Block 信息

UI Block 类型	类（Class）	描述
Label/Bitmap	BlockStyler::Label	显示文字或者位图
Toggle	BlockStyler::Toggle	复选框
Enumeration	BlockStyler::Enumeration	枚举框
String	BlockStyler::StringBlock	单行文本输入框
Multi-line String	BlockStyler::MultilineString	多行文本输入框
Action Button	BlockStyler::Button	按钮，常用于单击它执行某操作
List Box	BlockStyler::ListBox	列表框，列出所有选项
Separator	BlockStyler::Separator	分隔符，UI Block 间用"线"隔开
Object Color Picker	BlockStyler::ObjectColorPicker	对象颜色拾取，交互指定颜色
RGB Color Picker	BlockStyler::RGBColorPicker	RGB 颜色拾取
Drawing Area	BlockStyler::DrawingArea	绘图区，常用在该区域添加位图
Layer	BlockStyler::LayerBlock	设置图层
Line Style	BlockStyler::LineFont	设置线型

UI Block 类型	类（Class）	描述
Line Width	BlockStyler::LineWidth	设置线宽
Line Color/Style/Width	BlockStyler::LineColorFontWidth	线颜色、线型、线宽组合设置框
Text Color/Font/Width	BlockStyler::TextColorFontWidth	文本颜色、字体、字宽组合设置框
Integer	BlockStyler::IntegerBlock	整数输入框
Double	BlockStyler::DoubleBlock	双精度数输入框
Expression	BlockStyler::ExpressionBlock	表达式输入框
Linear Dimension	BlockStyler::LinearDimension	线性尺寸输入框
Angular Dimension	BlockStyler::AngularDimension	角度尺寸输入框
Radius Dimension	BlockStyler::RadiusDimension	半径尺寸输入框
On Path Dimension	BlockStyler::OnPathDimension	沿曲线位置输入框
Integer Table	BlockStyler::IntegerTable	整数表输入框（批量输入）
Double Table	BlockStyler::DoubleTable	双精度数表输入框（批量输入）
Group	BlockStyler::Group	以组方式包含 UI Block
Table	BlockStyler::Table	以表方式包含 UI Block
Tab Control	BlockStyler::TabControl	以选项卡方式包含 UI Block
Wizard	BlockStyler::Wizard	以向导方式包含 UI Block
Explorer	BlockStyler::Explorer	以浏览器方式包含 UI Block
Scrolled Window	BlockStyler::ScrolledWindow	以滚动窗口方式包含 UI Block
Select Object	BlockStyler::SelectObject	选择对象
Section Builder	BlockStyler::SectionBuilder	截面构建器
Super Section	BlockStyler::SuperSection	超级截面 Block，单击该 Block 创建草图曲线
Curve Collector	BlockStyler::CurveCollector	曲线收集器
Face Collector	BlockStyler::FaceCollector	面收集器
Body Collector	BlockStyler::BodyCollector	体收集器
Select Feature	BlockStyler::SelectFeature	选择特征
Select Facet Region	BlockStyler::SelectFacetRegion	选择小平面区域
Specify Point	BlockStyler::SpecifyPoint	指定点
Super Point	BlockStyler::SuperPoint	超级点 Block，单击该 Block 创建草图点
Specify Vector	BlockStyler::SpecifyVector	指定矢量
Specify Axis	BlockStyler::SpecifyAxis	指定轴（包括矢量和点）
Specify Plane	BlockStyler::SpecifyPlane	指定平面
Specify CSYS	BlockStyler::SpecifyCSYS	指定 CSYS（基准坐标系）
Specify Location	BlockStyler::SpecifyLocation	指定位置
Specify Orientation	BlockStyler::SpecifyOrientation	指定方位
Select Part from List	BlockStyler::SelectPartFromList	从列表中选择部件
Select Node	BlockStyler::SelectNode	选择有限元节点

UI Block 类型	类（Class）	描述
Select Element	BlockStyler::SelectElement	选择有限元单元
Reverse Direction	BlockStyler::ReverseDirection	反向，常用于设置矢量反向
Set List	BlockStyler::SetList	集列表，将多个对象添加到列表
OrientXpress	BlockStyler::OrientXpress	选择方向、平面、参考坐标系
Microposition	BlockStyler::Microposition	微定位，通过拖动该 Block 控制移动的灵敏度或精细度
File Selection with Browse	BlockStyler::FileSelection	通过浏览目录选择文件
Folder Selection with Browse	BlockStyler::FolderSelection	通过浏览目录选择文件夹
Choose Expression	BlockStyler::ChooseExpression	选择表达式
Tree List	BlockStyler::Tree	树列表

3.2.3　系统对话框窗口

系统对话框窗口包括两个选项卡，分别是 Dialog 与 Code Generation。Dialog 主要管理各 UI Block 和设置它们的 Properties，而 Code Generation 主要配置代码的自动生成方式。

在 UI Block 的所有 Properties 中，"BlockID"非常重要，它代表着每一个 UI Block 的 ID，在编写代码时需要利用它来对 UI Block 进行操作，例如：获取 UI Block 的值。

3.3　重用内部 UI Block

当开发者看到 NX 界面中有理想的 UI，但 Block UI Styler 模块中没有对应的 UI Block 时，可以考虑重用内部 UI Block。

进入 Drafting（制图）模块，单击"Menu"→"Insert"→"Symbol"→"Define Custom Symbol"按钮，打开如图 3-5 所示的 Define Custom Symbol 对话框。

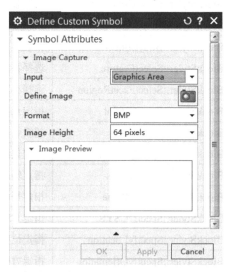

图 3-5　Define Custom Symbol 对话框

在这个对话框中，如果开发者想重用"Image Capture"这一部分的 UI Block，可以按以下步骤操作：

（1）添加环境变量"UGII_DISPLAY_DEBUG=1"，并重启 NX。添加这个环境变量的目的是让用户可以启用 NX 的 DEBUG 工具。

（2）重新进入 Drafting 模块，单击"Menu"→"Insert"→"Symbol"→"Define Custom Symbol"按钮。

（3）再单击"Menu"→"Help"→"Debug"→"UIFW Spy"按钮，打开如图 3-6 所示的 Dialog Spy 对话框，不难看出"Image Capture"对应 UI Block 调用类"UGS::UI::Comp:: ImageCapture"。

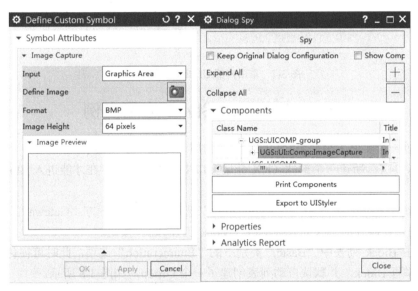

图 3-6　Dialog Spy 对话框及显示结果

（4）去掉"%UGII_BASE_DIR%\UGII\menus\ styler_blocks.pax"文件的只读属性，用文本编辑器（如记事本）打开它，添加以下代码（如果使用的是简体中文版 NX，需要更改"styler_blocks_simpl_chinese.pax"文件）。

```
<PaletteEntry id="CaptureImage">
    <ObjectData class="NewStylerItem">
        <NewStylerItem>
            <item class="UGS::UI::Comp::ImageCapture" icon="camera.bmp"/>
        </NewStylerItem>
    </ObjectData>
    <Presentation name="Capture Image" category="My UI" description="None"/>
</PaletteEntry>
```

（5）再次进入 NX 的 Block UI Styler 模块，就可以看到 Block 列表多出了添加的内部 UI Block，单击它就可以看到预览效果，如图 3-7 所示。

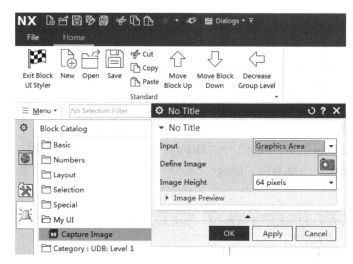

图 3-7　重用内部 UI Block 显示结果

3.4　Block UI Styler 应用实例

本节通过一个实例来说明 Block UI Styler 的用法，操作步骤如下：

（1）启动 NX，新建一个部件（NX 会话窗口中必须有部件存在才能进入 Block UI Styler 模块）。

（2）单击 Ribbon 工具条上"Application"选项卡，再在下方"Gateway"分类中单击"More"按钮，在展开的下拉列表中单击"Block UI Styler"按钮。

（3）单击 Block 列表中"Basic"类别下的"Enumeration"选项，此时可视化界面中就添加了一个枚举框 Block，并默认自动列表创建了一个 Group，如图 3-8 所示。

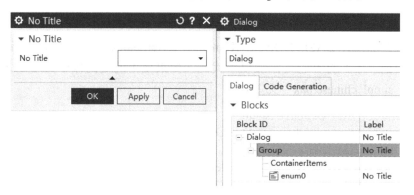

图 3-8　添加 Enumeration 后的显示结果

（4）更改界面名称及 Enumeration 级别。在对话框窗口"Dialog"选项卡下的"Blocks"组的树列表中，单击"Dialog"节点，更改"Properties"组中"Label"的"Value"为"Base Body Test"。单击"enum0"节点，再单击 Ribbon 工具条上的"Decrease Group Level"按钮；单击"Group"节点，再单击 Ribbon 工具条上的"Cut"按钮，结果如图 3-9 所示。

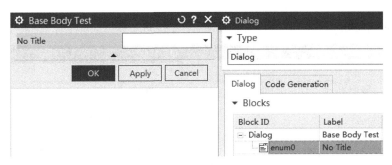

图 3-9　更改界面名称及 Enumeration 级别的显示结果

（5）单点"enum0"节点更改"Properties"组中的 Property 信息如表 3-3 所示。

表 3-3　更改 Enumeration 的 Property 信息

Property（属性）	Value（值）
BlockID	m_type
Group	True
Label	Type
LabelVisibility	False
Value	Block Sphere
Bitmaps	block sphere

更改后的显示效果如图 3-10 所示。

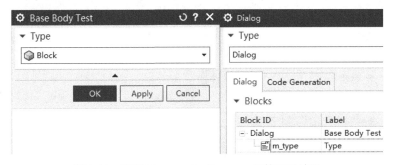

图 3-10　更改 Enumeration Property 后的显示结果

（6）为可视化界面增加 Point 组及对应控件。单击 Block 列表中"Layout"类别下的"Group"选项和"Selection"类别下的"Specify Point"选项，此时可视化界面中就增加了 Group 和 Specify Point 两个 UI Block。更改 Group 控件 BlockID 的 Value 为"m_pointGroup"，更改 Label 的 Value 为"Point"；更改 Specify Point 控件 BlockID 的 Value 为"m_point"，其显示结果如图 3-11 所示。

（7）为可视化界面增加 Dimensions 组及对应控件。单击 Block 列表中"Layout"类别下的"Group"选项和"Numbers"类别下的"Linear Dimension"选项，此时可视化界面中就增加了 Group 和 Linear Dimension 两个 UI Block。更改 Group 的 BlockID 的 Value 为"m_blockDimsGroup"，更改 Label 的 Value 为"Dimensions"。更改"Linear Dimension"的

Property 如表 3-4 所示。

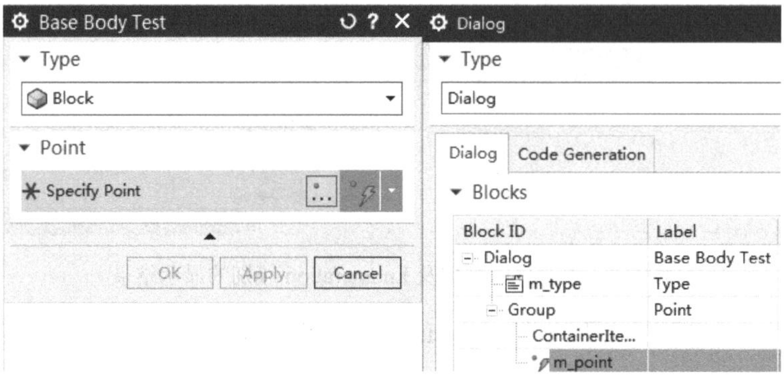

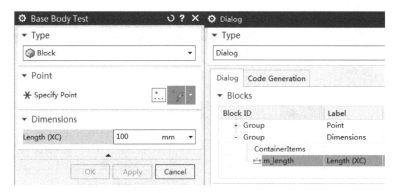

图 3-11   添加 Group 与 Specify Point 后的显示结果

表 3-4   更改 Linear Dimension 的 Property 信息

Property（属性）	Value（值）
BlockID	m_length
Label	Length (XC)
MinimumValue	0
MinInclusive	False
Formula	100

更改后的显示结果如图 3-12 所示。

图 3-12   添加 Group 与 Linear Dimension 后的显示结果

（8）为 Dimensions 组添加其余控件。单击"m_length"节点，再单击 Ribbon 工具条中的"Copy"按钮，接着单击三次"Paste"按钮，依次更改它们 BlockID 的 Value 为"m_width""m_height""m_diameter"，再依次更改对应 Label 的 Value 为"Width (YC)""Height (ZC)""Diameter"，完成后结果如图 3-13 所示。

（9）生成源代码并保存。单击"Dialog"对话框中的"Code Generation"选项卡，设置 Language 为"C++"，再单击 Ribbon 工具条上的"Save"按钮，设置代码名称为"ch5_5"并保存它（本例文件保存在 D:\nxopen_demo\application 目录下）。

通过上述操作，在指定的目录下会生成三个文件，它们分别是 ch5_5.dlx、ch5_5.hpp 与 ch5_5.cpp，如何利用这些文件编码实现相应的功能，请参阅第 5 章相关知识。

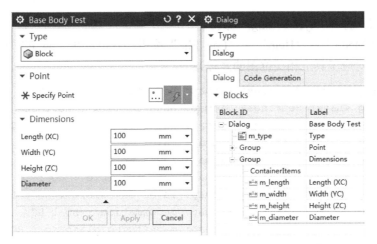

图 3-13 拷贝并新增 Linear Dimension Block 后的显示结果

3.5 位图简介

NX 系统的菜单、功能区及对话框支持显示包含 1600 万种颜色的位图（Bitmaps）。在 NX 二次开发过程中，编写菜单脚本（MenuScript）及设计对话框时，也会涉及与位图相关的应用。

NX 系统的位图位于"%UGII_BASE_DIR%\UGII\bitmaps*.bma"文件中。这些*.bma 文件是被压缩的二进制文件，开发者可以解压它，也可以将自定义的位图压缩为*.bma 格式。

3.5.1 NX 系统位图

NX 系统已经有许多设计漂亮的位图，二次开发时，可以直接重用这些位图。查看菜单与功能区上系统位图名称的方法如下：

（1）在 NX 主界面中，单击"File"→"Customize"按钮，打开 Customize 对话框。

（2）在菜单或者功能区上期望查看位图名称的工具位置处，右击选择"Change Icon"→"Icon Name..."打开 Button Image 对话框，对话框中显示了该工具的位图名称，如图 3-14 所示。

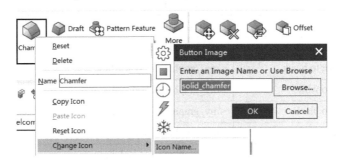

图 3-14 查看功能区位图名称显示结果

以上方法，只针对查看菜单与功能区上的位图名称，但是，也有许多漂亮的位图位于对话框上，查看对话框中位图名称的方法如下：

（1）添加环境变量"PRINT_DIALOG_BITMAP_NAMES = 1"。

（2）重新启动 NX。

（3）打开期望查看的工具的对话框。例如：单击"Menu"→"Format"→"Layer

Settings..."按钮，打开 Layer Settings 工具。

（4）单击"Menu"→"Help"→"Log File"按钮，就可以在 Log File 中找到如下的显示信息（显示了对应工具上相关位图的名称）。

```
Used Dialog <Layer Settings> Bitmap: selection_cursor : HQ : LC
Used Dialog <Layer Settings> Bitmap: questionmark : HQ : SC
Used Dialog <Layer Settings> Bitmap: layer_category : HQ : LC
Used Dialog <Layer Settings> Bitmap: layer_selectable : HQ : LC
Used Dialog <Layer Settings> Bitmap: layer_work : HQ : LC
Used Dialog <Layer Settings> Bitmap: layer_visible : HQ : LC
Used Dialog <Layer Settings> Bitmap: layer_invisible : HQ : LC
Used Dialog <Layer Settings> Bitmap: information : HQ : LC
Used Dialog <Layer Settings> Bitmap: magnifying_glass_sc : HQ : LC
```

3.5.2 自定义位图

很多时候，NX 系统中的位图并不满足实际需求，开发者需要设计更有意义的位图。让 NX 系统识别自定义位图，只需要将设计的位图放到 NX 二次开发根目录下的 application 目录中，重启 NX 后，系统会自动识别自定义位图。

如果开发者将位图放到了其他目录中，需要配置环境变量"UGII_BITMAP_PATH"使它的值为自定义位图的目录。

细心的开发者会发现，在 NX 系统中，同一位图名称，在不同的地方显示的大小是不同的，一般菜单栏上的是 16pt×16pt，而 Ribbon 工具条上的是 32pt×32pt。无论位图在哪个位置显示，它在 NX 系统都是高清美观的。

这种效果是如何做到的呢？其原理是对每种尺寸都要设计一张位图，然后通过附加命名规则来控制显示匹配尺寸的位图。

因此，如果期望保证自定义位图在 NX 系统也能美观，命名规则如表 3-5 所示（假定自定义位图的原始名称是<my_graphic>）。

表 3-5 自定义位图命名规则

Bitmap Size（位图尺寸）	Sample Filename（文件名示例）
128×128, background set to white	<my_graphic>.8s.white.bmp
128×128, background set to black	<my_graphic>.8s.black.bmp
48×48, background set to white	<my_graphic>.2l.white.bmp
48×48, background set to black	<my_graphic>.2l.black.bmp
32×32, background set to white	<my_graphic>.2s.white.bmp
32×32, background set to black	<my_graphic>.2s.black.bmp
24×24, background set to white	<my_graphic>.lc.white.bmp
24×24, background set to black	<my_graphic>.lc.black.bmp
16×16, background set to white	<my_graphic>.sc.white.bmp
16×16, background set to black	<my_graphic>.sc.black.bmp

更多位图相关知识，开发者可以参考官方帮助文档 *Customizing the NX installation* 中与"Customizing bitmaps"相关的描述。

第4章 配置开发环境

在本章中您将学习下列内容:
- 手工方式搭建 NX 二次开发环境
- 开发向导方式搭建 NX 二次开发环境
- 命令行方式搭建 NX 二次开发环境
- 调试应用程序

4.1 手工方式

在搭建开发环境之前,请确认 NX 与 Visual Studio 都正确安装并可以正确运行。手工搭建开发环境的主要目的是让开发者理解其原理,具体操作步骤如下:

(1)启动 Visual Studio,单击"Create a new project"选项,在弹出的对话框中单击"Windows Desktop Wizard"选项,如图 4-1 所示,再单击"Next"按钮。

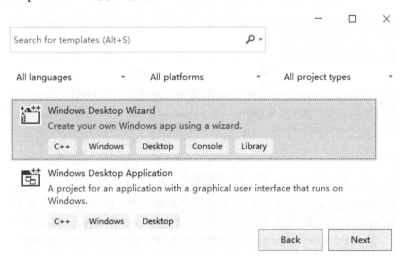

图 4-1 新建项目(Project)

(2)设置项目名称和存放位置。在弹出的"Configure your new project"对话框中,设置项目名称与项目存放位置,如图 4-2 所示,并单击"Create"按钮。本例将 Project name 设置为"ch4_1",存放在"D:\nxopen_demo\code"目录中。

(3)设置项目应用类型。在弹出的"Windows Desktop Project"窗口中,设置 Application type 为"Dynamic Link Library(.dll)",Additional options 为"Empty project",如图 4-3 所示,单击"OK"按钮确认。

(4)设置解决方案平台为"x64",如图 4-4 所示,因为从 NX 9.0 开始,NX 只有 64 位的版本,如果不设置为"x64",则开发的应用程序与 NX 不兼容。

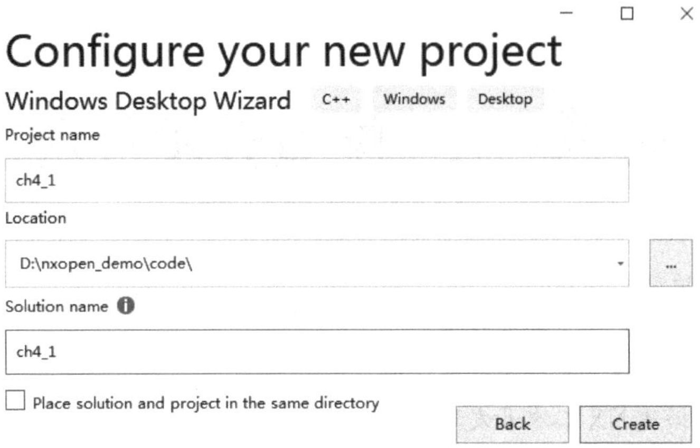

Configure your new project
Windows Desktop Wizard
C++
Windows
Desktop
Project name
ch4_1
Location
D:\nxopen_demo\code\
Solution name
ch4_1
Place solution and project in the same directory
Back
Create

图 4-2　设置项目名称与存放位置

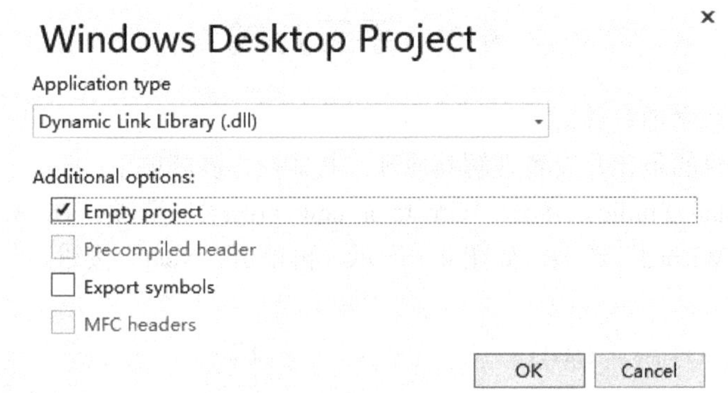

Windows Desktop Project
Application type
Dynamic Link Library (.dll)
Additional options:
Empty project
Precompiled header
Export symbols
MFC headers
OK
Cancel

图 4-3　设置项目应用类型

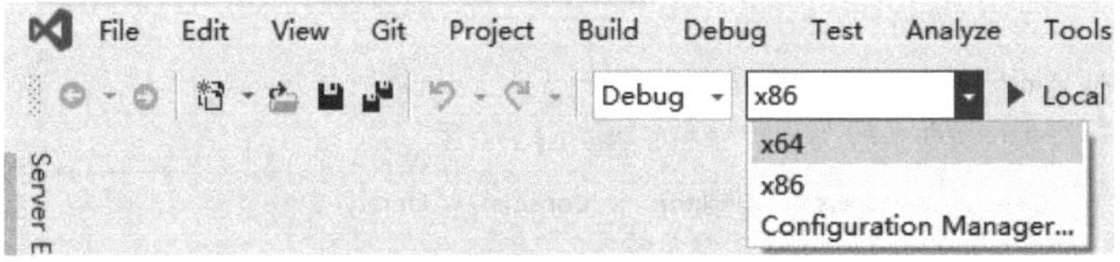

File
Edit
View
Git
Project
Build
Debug
Test
Analyze
Tools
Debug
x86
Local
x64
x86
Configuration Manager...

图 4-4　设置解决方案平台

（5）单击“Source Files”节点，再右击选择“Add”→“New Item...”打开新建项窗口，单击“C++ File(.cpp)”选项并设置 Name 为“ch4_1.cpp”（见图 4-5），再单击“Add”按钮。

Add New Item - ch4_1
Installed
Visual C++
Code
Formatting
ATL
Data
Resource
Web
Utility
Property Sheets
Test
HLSL
Graphics
Online
Sort by: Default
C++ File (.cpp)
Visual C++
Header File (.h)
Visual C++
C++ Class
Visual C++
C++ Module Interface U...
Visual C++
Search (Ctrl+E)
Type: Visual C++
Creates a file containing C++ source code
Name: ch4_1.cpp
Location: D:\nxopen_demo\code\ch4_1\ch4_1\
Browse...
Add
Cancel

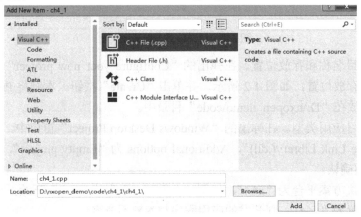

图 4-5　新建项

（6）在"ch4_1.cpp"中添加下列代码，代码的含义请参阅第 5 章。

```cpp
#include <uf.h>
#include <uf_ui.h>
extern "C" DllExport void ufusr(char* param, int* retcode, int param_len)
{
    UF_initialize();
    uc1601("Hello NXOpen", 1);
    UF_terminate();
}
extern "C" DllExport int ufusr_ask_unload()
{
    return UF_UNLOAD_IMMEDIATELY;
}
```

（7）设置附加包含目录。单击 Visual Studio 主菜单"Project"下的"ch4_1 Properties"选项，设置附加包含目录如图 4-6 所示。在图中笔者用相对路径"$(UGII_BASE_DIR)\ugopen"来表示附加包含目录，如果您的计算机上安装了多个 NX 版本，需要注意环境变量"UGII_BASE_DIR"指向的 NX 版本是否与当前编译器一一对应（NX 与编译器的对应关系请参阅第 1 章）。

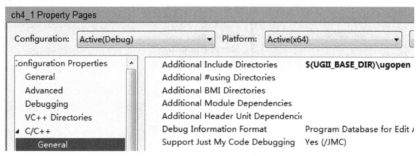

图 4-6　设置附加包含目录

（8）设置预处理器。在"Preprocessor"定义中，删除原有内容并添加下列代码，如图 4-7 所示。

```
_CRT_SECURE_NO_WARNINGS
_SECURE_SCL=0
_USRDLL
```

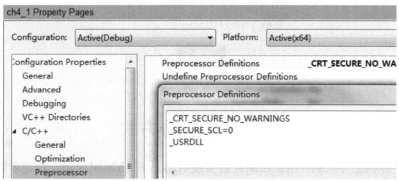

图 4-7　设置预处理器

（9）设置链接器中的附加库目录，如图 4-8 所示。

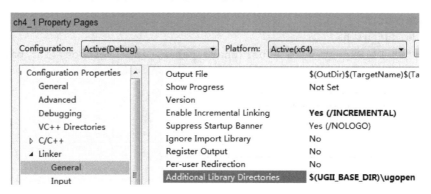

图 4-8   设置链接器中的附加库目录

（10）设置附加依赖项，添加了四个常用的库，如图 4-9 所示。

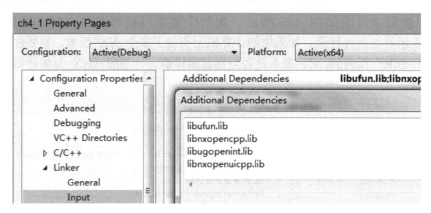

图 4-9   设置附加依赖项

（11）单击 Visual Studio 主菜单"Build"→"Build Solution"，对项目进行编译链接，生成*.dll 文件。

到此，手工搭建 NX 二次开发环境完成，如果您期望在 NX 中运行已生成的应用程序，可以在 NX 的界面中单击"File"→"Execute"→"NX Open"按钮，在弹出的对话框中选择动态链接库"ch4_1.dll"，运行结果如图 4-10 所示。

图 4-10   运行结果

4.2   开发向导方式

如果在计算机上先安装 Visual Studio 后安装 NX，则在 Visual Studio 新建项目选项中会自动添加开发向导的模板。

如果先安装 NX 后安装 Visual Studio，则需要手动配置，将"%UGII_BASE_DIR%\
UGOPEN\vs_files\VC"文件夹拷贝到 Visual Studio 目录"……\Common7\IDE\"下即可。

（1）启动 Visual Studio，单击"Create a new project"选项，在弹出的对话框中选择
"NXOpen C++ Wizard"选项，如图 4-11 所示，并单击"Next"按钮。

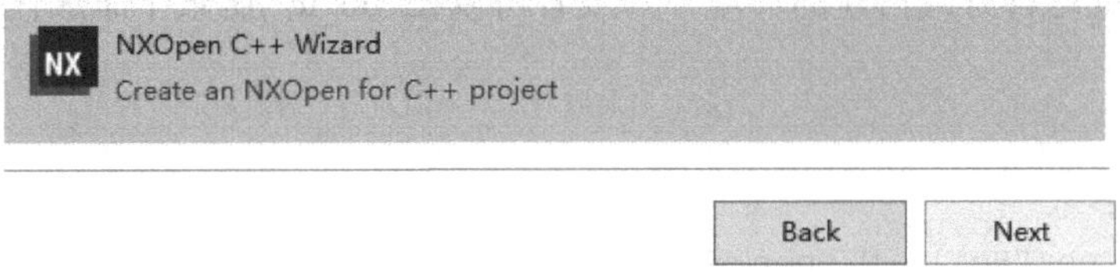

图 4-11　利用开发向导创建项目

（2）设置项目名称与存放位置。在弹出的"Configure your new project"对话框中，设置
项目名称与项目存放位置，如图 4-12 所示，并单击"Create"按钮。本例将 Project name 设
置为"ch4_2"，存放在"D:\nxopen_demo\code"目录中。

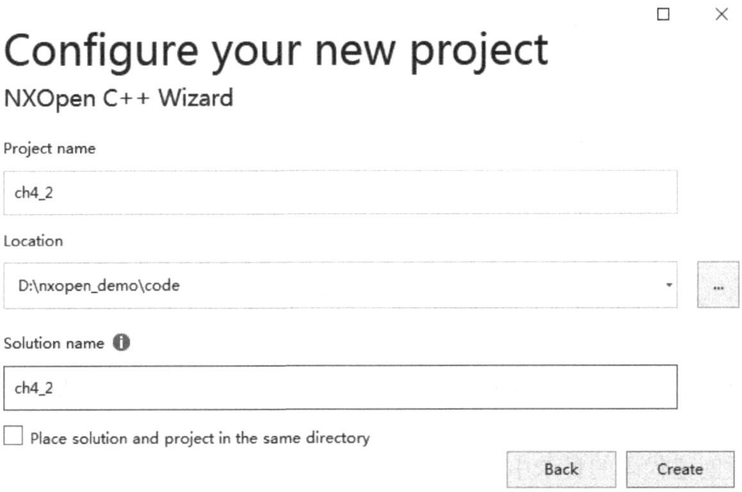

图 4-12　设置项目名称与存放位置

（3）在弹出的如图 4-13 所示的 NXOpenCPP Wizard 窗口中，直接单击"Finish"按钮。

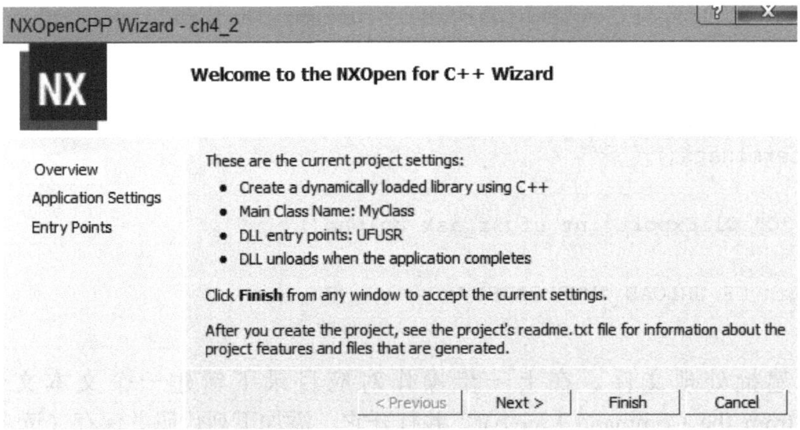

图 4-13　完成 NXOpenCPP Wizard

至此，利用开发向导方式搭建 NX 二次开发环境就完成了。这种方式简单实用，在实战项目中，一般都利用此方式搭建开发环境。

开发向导方式，会自动完成手工搭建环境的一系列设置，并创建一个*.cpp 文件，在这个文件中，系统默认创建了"MyClass"类，还添加了 ufusr( )与 ufusr_ask_unload( )函数。

如果期望验证这种方式搭建的环境，开发者可以在 do_it( )函数中添加代码，如添加以下代码：

```
UF_initialize();
lw->Open();
lw->WriteLine("Hello NXOpen Wizard");
UF_terminate();
```

单击 Visual Studio 主菜单"Build"→"Build Solution"，对项目进行编译链接，生成*.dll 文件。在 NX 的界面中单击"File"→"Execute"→"NX Open"按钮，在弹出的对话框中选择动态链接库"ch4_2.dll"，运行结果如图 4-14 所示。

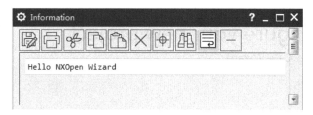

图 4-14   信息窗口显示运行结果

4.3   命令行方式

除前面两种方式外，开发者还可以使用命令行方式搭建开发环境，以下通过一个简单的实例说明。

（1）在期望创建代码的目录中编写代码。本例在"D:\nxopen_demo\code\ch4_3"目录中创建了一个名为"ch4_3.cpp"的文件，并用记事本打开，添加下列代码后保存。

```
#include <uf.h>
#include <uf_ui.h>
extern "C" DllExport void ufusr(char* param, int* retcode, int param_len)
{
    UF_initialize();
    uc1601("Hello Command Line", 1);
    UF_terminate();
}
extern "C" DllExport int ufusr_ask_unload()
{
    return UF_UNLOAD_IMMEDIATELY;
}
```

（2）创建批处理文件。在上一步操作对应目录下新建一个文本文件，命名为"Developing from the Command Line.bat"并打开它，添加下列代码并保存（读者需要根据个人计算机上安装 Visual Studio 的路径重新设置"MSVCDir"的值）。

```
setlocal
set MSVCDir=F:\soft\VS2019\VC
set base_dir=%ugii_base_dir%
set ugiicmd=%base_dir%\ugii\ugiicmd.bat
%SystemRoot%\System32\cmd.exe /k ""%ugiicmd%" "%base_dir%""
endlocal
```

（3）运行批处理文件。双击批处理（*.bat）文件，打开命令行窗口如图 4-15 所示。

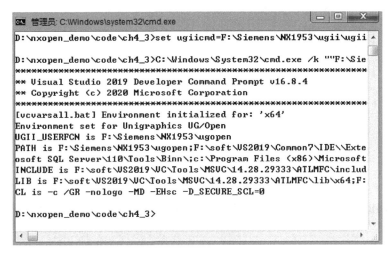

图 4-15　命令行窗口

（4）编译链接生成应用程序。在命令行窗口中输入"ufcomp D:\nxopen_demo\code\ch4_3\ch4_3.cpp"并回车，再输入"uflink ufdll ch4_3"并回车，就可以完成编译链接生成*.dll 文件，如图 4-16 所示。在这个命令行窗口中，还可以执行输入"ugraf"启动 NX，输入"devenv"打开 Visual Studio 等一系列操作。

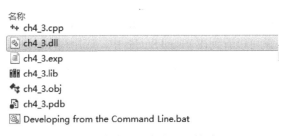

图 4-16　命令行开发编译链接结果

（5）在 NX 的界面中单击"File"→"Execute"→"NX Open"按钮，在弹出的对话框中选择动态链接库"ch4_3.dll"，运行结果如图 4-17 所示。

图 4-17　命令行方式开发应用程序运行结果

4.4　调试程序

代码调试是应用程序开发过程中不可缺少的步骤，NX 二次开发的调试方法如下：

（1）先确保 NX 已经启动，并再在 Visual Studio 中设置好断点，单击主菜单"Debug"→"Attach to Process…"按钮，启动附加进程设置，如图 4-18 所示。

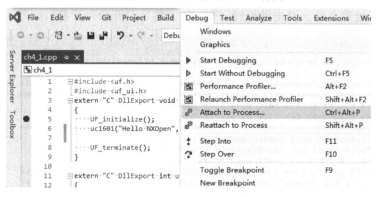

图 4-18　启动附加进程设置

（2）在弹出的选择界面中，选择 NX 进程"ugraf.exe"单击"Attach"按钮，如图 4-19 所示。

图 4-19　附加 NX 进程

（3）在 NX 的界面中单击"File"→"Execute"→"NX Open"按钮，在弹出的对话框中选择对应的动态链接库，就可以看到在 Visual Studio 中，应用程序已进入断点，如图 4-20 所示。

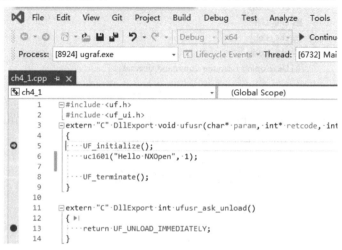

图 4-20　调试代码显示进入断点

第 **5** 章　编程基础

在本章中您将学习下列内容：
- 用户出口（User Exit）
- 程序运行方式
- NXOpen C 约定
- NXOpen C++模板
- 常见对象之间的转换

5.1　用户出口

在实战项目中，您可能期望在 NX 中执行某一操作时，也执行 NXOpen 应用程序，例如：在保存一个部件时检查文件名是否合法。为了解决这种需求，NX 在某些位置规定了"出口"，它允许您决定是否在指定的出口自动运行 NXOpen 应用程序。如果您使用了其中一个出口，NX 会检查您是否定义了指向 NXOpen 应用程序位置的环境变量。如果定义了环境变量，NX 将运行 NXOpen 应用程序。

用户出口是一个内部开放的 C 和 C++ API 程序，在 NX 的特定位置有一个唯一的入口点。每一个用户出口都有一个唯一的环境变量，指向要执行的应用程序。当定义了这个环境变量并在 NX 中选择了正确的菜单选项时，就会执行 NXOpen 应用程序。

5.1.1　ufusr( )

ufusr( )是所有内部开放 API 的主函数入口点，它也可用于用户出口。触发 NXOpen 应用程序 ufusr( )入口的方式如表 5-1 所示。

表 5-1　触发 NXOpen 应用程序 ufusr( )入口的方式

触发方式	描述
交互式	在 NX 的界面中单击 "File" → "Execute" → "NX Open" 按钮，在弹出的对话框中选择 NXOpen 应用程序
MenuScript	通过与 MenuScript 中的 Button 绑定，执行 NXOpen 应用程序，通常做法是在 MenuScript 的关键字 ACTIONS 后写入 NXOpen 应用程序名称或者回调函数名
User Tools	通过 NX 的自定义按钮触发（在 NX 中使用 Ctrl+1 进行自定义）

5.1.2　ufsta( )

在应用程序开发过程中，您可能期望 NX 在启动的时候就做一些工作，使用 ufsta( )这个出口可以解决这一需求，这个用户出口使用环境变量 USER_STARTUP。此外，MenuScript 和用户定义对象（User Defined Objects）也可以使用这个出口。

ufsta( )的常规使用方法分为以下两步：

（1）在程序代码中使用下列格式

```
extern "C" DllExport void ufsta(char* param, int* retcode, int rlen)
{
    UF_initialize(); //初始化
    //添加用户代码

    UF_terminate(); //终止
}
```

（2）编译链接生成*.dll 文件并将它拷贝到 NX 二次开发根目录下的 startup 目录之中。利用 ufsta( )出口开发与用户定义对象相关的应用程序，通常将所生成的*.dll 文件放到 NX 二次开发根目录下的 udo 目录中。

5.1.3　其他出口

在 NX 二次开发时，除常用的 ufusr( )与 ufsta( )外，还有其他用户出口，表 5-2 列出了目前 NX 支持的所有用户出口。每个用户出口的详细说明，开发者可以参考官方帮助文档 *NX Open Programmer's Guide* 中与 "User Exits" 相关的描述。

表 5-2　其他用户出口与环境变量

用户出口关键字	环境变量名	子程序入口点
Open Part	USER_RETRIEVE	ufget
New Part	USER_CREATE	ufcre
Save Part	USER_FILE	ufput
Save Part As	USER_SAVEAS	ufsvas
Import Part	USER_MERGE	ufmrg
Execute GRIP Program	USER_GRIP	ufgrp
Add Existing Part	USER_RCOMP	ufrcp
Export Part	USER_FCOMP	uffcp
Component Where-used	USER_WHERE_USED	ufusd
Plot File	USER_PLOT	ufplt
2D Analysis Using Curves	USER_AREAPROPCRV	uf2da
User Defined Symbols	USER_UDSYMBOL	ufuds
Open CLSF	USER_CLS_OPEN	ufclso
Save CLSF	USER_CLS_SAVE	ufclss
Rename CLSF	USER_CLS_RENAME	ufclsr
Generate CLF	USER_CL_GEN	ufclg
Postprocess CLSF	USER_POST	ufpost
Create Component	USER_CCOMP	ufccp
Change Displayed Part	USER_CDISP	ufcdp
Change Work Part	USER_CWORK	ufcwp
Remove Component	USER_DCOMP	ufdcp

续表

用户出口关键字	环境变量名	子程序入口点
Reposition Component	USER_MCOMP	ufmcp
Substitute Component Out	USER_SCOMP1	ufscpo
Substitute Component In	USER_SCOMP2	ufscpi
Replace Reference Set	USER_RRSET	ufrrs
Rename Component	USER_NCOMP	ufncp
NX Startup	USER_STARTUP	ufsta
Access Genius Library Management System	USER_GENIUS	ufgen
Execute Debug GRIP	USER_GRIPDEBUG	ufgrpd
Execute Open C API	USER_UFUN	ufufun
Open Spreadsheet	USER_SPRD_OPN	ufspop
Close Spreadsheet	USER_SPRD_CLO	ufspcl
Update Spreadsheet	USER_SPRD_UPD	ufspup
Finish Updating Spreadsheet	USER_SPRD_UPF	ufspuf
CAM User Defined Operation	<user assigns variable name>	udop
CAM User Defined Drive Path	<user assigns variable name>	dpud
CAM New Operation	USER_CREATE_OPER	ufnopr
CAM Startup	USER_CAM_STARTUP	ufcams

5.1.4　用户出口实例

本实例实现的功能为：在保存当前部件前，先检查部件的名称中是否包含了"NXOpen"字符串，如果包含该字符串就正常保存部件，如果未包含就提示用户。

利用用户出口的功能实现的步骤如下：

（1）启动 Visual Studio，利用 NXOpen C++ Wizard 创建一个名为 ch5_1 的项目（本例代码保存在"D:\nxopen_demo\code\ch5_1"），删除原有内容再添加下列代码：

```
#include <uf.h>
#include <uf_assem.h>
#include <uf_cfi.h>
#include <uf_part.h>
#include <uf_ui.h>

extern "C" DllExport void ufput(char* param, int* retcode, int rlen)
{
    UF_initialize();

    //获取工作部件标识
    tag_t workPart = UF_ASSEM_ask_work_part();

    //获取部件的文件名(包括路径)
    char partFullName[MAX_FSPEC_SIZE] = { 0 };
```

```
    UF_PART_ask_part_name(workPart, partFullName);

    //获取部件名称
    char partName[MAX_FSPEC_SIZE] = { 0 };
    uc4574(partFullName, 2, partName);

    //判断部件名称是否包含 NXOpen 字符串
    if (strstr(partName, "NXOpen") != NULL)
    {
        *retcode = 0;  //允许保存该部件
    }
    else
    {
        uc1601("部件名必须含有 NXOpen", 1);
        *retcode = 1;  //不允许保存该部件
    }

    UF_terminate();
}

extern "C" DllExport int ufusr_ask_unload()
{
    return UF_UNLOAD_IMMEDIATELY;
}
```

（2）编译链接生成*.dll 文件，并将该文件拷贝到 NX 二次开发根目录下的 application 目录中。

（3）打开"%UGII_BASE_DIR%\UGII\ugii_env_ug.dat"文件，添加并配置环境变量如图 5-1 所示（以"#"开头的行表示该行被注释。也可以直接在计算机上设置环境变量）。

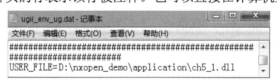

图 5-1   配置环境变量 USER_FILE

（4）重新启动 NX，单击"File"→"New"按钮，启动新建文件工具，再单击所弹出对话框中的"OK"按钮以默认文件名创建部件。

（5）单击"File"→"Save"→"Save"按钮，启动保存部件工具，此时系统弹出"Name Parts"对话框，单击"OK"按钮尝试保存该部件。系统弹出消息框，提示用户"部件名必须含有 NXOpen"，如图 5-2 所示，且该部件未被保存。

图 5-2   保存部件显示消息框结果

（6）再次单击"File"→"New"按钮，启动新建文件工具，在弹出对话框中的"Name"文本框中输入"test_name_NXOpen"，再单击"OK"按钮新建部件。

（7）再次单击"File"→"Save"→"Save"按钮，启动保存部件工具，此时部件被成功保存在指定的位置。

如果要取消该用户出口，只需要注释或删除环境变量 USER_FILE 即可。

5.2　程序初始化与终止

在使用任何 NXOpen API 时都应该正确地初始化与终止，使用 NXOpen API 前需要调用 UF_initialize 来初始化 API 环境和获取许可。当计划不再使用 NXOpen API 时应该使用 UF_terminate 来终止许可。

一般情况下，可以考虑在程序入口点采用下列格式编写代码来实现初始化与终止：

```
extern "C" DllExport void ufusr(char* param, int* retcod, int param_len)
{
    if (UF_initialize() == 0)
    {
        //添加用户代码

        UF_terminate();
    }
}
```

5.3　程序卸载方式

NX 二次开发生成的*.dll 文件通常是动态加载到 NX 中的，因此这就涉及何时需要释放加载应用程序的问题。NX 是通过 ufusr_ask_unload 这个 API 的返回值来判断的。返回值包括三种卸载选项，如表 5-3 所示。

表 5-3　应用程序卸载选项说明

卸载选项	描述
UF_UNLOAD_IMMEDIATELY	NXOpen 应用程序执行完毕立即卸载。在 NXOpen C++中，用 (int)Session:: LibraryUnloadOptionImmediately 替代
UF_UNLOAD_SEL_DIALOG	需要在 NX 主界面中单击"File"→"Utilities"→"Unload Shared Image…"按钮，启动 Unload Shared Image 工具选择需要卸载的应用程序执行卸载。在 NXOpen C++中，用(int)Session::LibraryUnloadOption Explicitly 替代
UF_UNLOAD_UG_TERMINATE	在关闭 NX 时卸载应用程序，在 NXOpen C++中，用(int)Session:: LibraryUnloadOptionAt Termination 替代

在 NX 二次开发过程中，如果应用程序涉及 MenuScript、User Defined Objects、Custom Feature，需要使用选项"UF_UNLOAD_UG_TERMINATE"卸载应用程序，开发者可以参考样例"MenuBarCppApp""CustomFeatures""UDO"学习，它们所在的目录为"%UGII_BASE_DIR%\UGOPEN\SampleNXOpenApplications\C++"。

在程序中，使用卸载方式的代码如下：

```
extern "C" DllExport int ufusr_ask_unload()
{
    return UF_UNLOAD_IMMEDIATELY;
    //return UF_UNLOAD_SEL_DIALOG;
    //return UF_UNLOAD_UG_TERMINATE;
}
```

也可以使用下列代码（利用 Block UI Styler 模块自动生的代码）：

```
extern "C" DllExport int ufusr_ask_unload()
{
    return (int)Session::LibraryUnloadOptionImmediately;
    //return (int)Session::LibraryUnloadOptionExplicitly;
    //return (int)Session::LibraryUnloadOptionAtTermination;
}
```

5.4　程序运行模式

利用 NXOpen 开发的应用程序，可以在三种模式下被执行：交互模式、批处理模式、远程模式。

5.4.1　交互模式

交互模式（Interactive）又称内部模式（Internal），在这种模式下，应用程序作为 NX 交互的一部分运行，NX 的显示窗口、菜单、功能区、资源条都处于活动状态。应用程序可以向用户展示自己独有的用户界面，也可以在后台运行，还可以执行从几何建模到设计验证等一系列的活动。

在之前的实例中，均采用交互模式运行 NX 二次开发的应用程序，在实战项目中这种模式使用较多。

5.4.2　批处理模式

批处理模式（Batch）又称外部模式（External），在这种模式下，运行应用程序时没有对应的 NX 交互界面。应用程序可以访问 NX 部件模型，但是不能执行 NX 显示选项，任何用户界面都必须由应用程序提供。批处理应用程序通常用于需要很少人工交互的耗时任务。例如：开发一个应用程序，将指定目录中的*.prt 文件批量转换为*.stp 文件。

批处理模式的程序格式一般为：

```
int main(int argc, char* argv[])
{
    UF_initialize();
    //用户代码

    UF_terminate();
    return 0;
}
```

5.4.3　远程模式

远程模式（Remote）是指客户端和服务端应用程序，在客户端和服务端以单独的进程执行。客户端和服务端之间的通信是通过远程过程调用（Java 和.net 直接支持）或其他进程间通信（如 COM 对象、端口）实现的。当存在某种必须由多个站点共享的中心数据或知识时，可以用到远程模式。

5.4.4　批处理模式实例

本实例利用批处理模式，实现在不启动 NX 的情况下，创建一个部件并在这个部件中创建一个点，操作步骤如下：

（1）启动 Visual Studio，利用 NXOpen C++ Wizard 创建一个名为 ch5_2 的项目（本例代码保存在 "D:\nxopen_demo\code\ch5_2"），删除原有内容并添加下列代码：

```cpp
#include <stdio.h>
#include <uf.h>
#include <uf_curve.h>
#include <uf_part.h>

int main(int argc, char* argv[])
{
    UF_initialize();

    tag_t part = NULL_TAG;
    UF_PART_new("c:\\test_part.prt", 2, &part); //新建部件

    double pointCoords[3] = { 100.0, 50.0, 25.0 };
    tag_t point = NULL_TAG;
    UF_CURVE_create_point(pointCoords, &point); //创建点

    UF_PART_save(); //保存部件
    UF_terminate();

    getchar();
    return 0;
}
```

（2）在 Visual Studio 主界面中单击 "Project" → "ch5_2 Properties" 按钮启动属性配置，设置 Configuration Type 为 "Application（.exe）"，如图 5-3 所示。

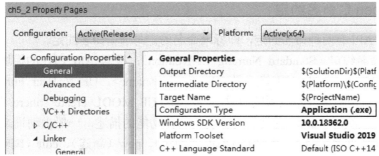

图 5-3　设置 Configuration Type

（3）设置 Output File 为"$(OutDir)/ch5_2.exe"，如图 5-4 所示。

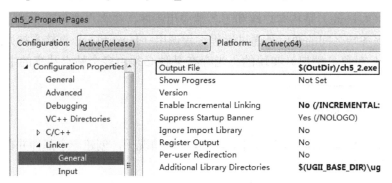

图 5-4　设置 Output File

（4）编译链接生成*.exe 文件。

（5）运行 ch5_2.exe 文件。如果直接运行时，提示找不到相应的*.dll 文件，此时可以考虑将该文件拷贝到"%UGII_BASE_DIR%\NXBIN"目录中再运行。

（6）至此，成功的创建了部件（本例部件存储路径为"c:\test_part.prt"），在 NX 中打开后，显示结果如图 5-5 所示。

图 5-5　批处理模式创建点显示结果

开发者还可以参考样例"%UGII_BASE_DIR%\UGOPEN\ext_uf_example.c"来学习如何利用批处理模式开发应用程序。

5.5　NXOpen C

NXOpen C 开放了超过 5000 个 API，面对如此多的 API，如何快速找到自己期望的API？这需要开发者掌握两方面的知识，一是了解关于 NXOpen C API 名称的一些命名约定，二是掌握 API 帮助文档的搜索功能。

5.5.1　NXOpen C 命名约定

NXOpen C API 有两种命名约定，即标准命名约定与遗留命名约定。

（1）标准命名约定（Standard Naming Convention）：根据 API 所在的模块与实现的功能赋予有意义的名称。这一类 API 格式是 UF_<area>_<name>，UF 是 User Function 的简写。<area>通常是对应用模块或功能领域的说明，例如：UF_MODL_create_sphere 中的 MODL 就表示 Modeling 模块。<name>通常是对实现的具体功能的描述，一般由动词或名词组成，常见的词语有 ask（查询）、get（获取）、create（创建）、new（新建）、edit（编辑）、delete（删除）、set（设置）、init（初始化）、remove（移除）等。

（2）遗留命名约定（Legacy Naming Convention）：这一类 API 的名称格式是 uc<××××>或者 uf<××××>，<××××>通常是 4 位数字或者 3 位数字加一字母（NX 早期采用 FORTRAN 语言开发，FORTRAN77 中变量名长度限制为 6）。这一类型的 API 大部分已经被其他标准命名约定的 API 替代，但还有一部分被开发者青睐，如 uc1601、uf5947，它们的名字没有规律可循，需要开发者积累经验。

相关知识的介绍，开发者也可以参考官方帮助文档 *Open C Programmer's Guide* 中与"Command Line Arguments"相关的描述。

当开发者了解 NXOpen C 命名约定后，就可以从 API 帮助文档中去寻找期望的 API。例如：期望利用 NXOpen C 中的 API 创建一个 Sketch（草图），根据模块分类这个 API 应该是以 UF_SKET 开头的，很容易找到它"UF_SKET_create_sketch"。

也可以在 API 帮助文档中搜索关键词，如图 5-6 所示。如果您不太确定关键词是什么，可以考虑将 NX 切换为英文版，在其中找到相应功能所对应的英文单词，再利用这些单词在 API 帮助文档中搜索。

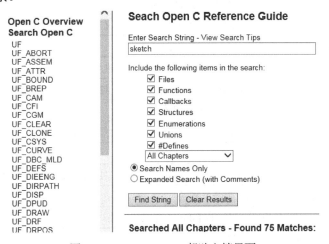

图 5-6　NXOpen C API 帮助文档界面

5.5.2　NXOpen C API 分类

开发者在使用 NXOpen C API 时，应该添加对应的头文件，头文件与 API 分类一一对应。例如：新建一个部件使用的 API 是 UF_PART_new，那就应该添加"uf_part.h"这个头文件，NXOpen C API 分类如表 5-4 所示。

表 5-4　NXOpen C API 分类

分类	描述
UF	与 NXOpen C 通用接口相关，例如：分配/释放内存、获取环境变量
UF_ABORT	与 NX 中的"中断"操作相关，在耗时的应用程序中一般会使用该功能
UF_ASSEM	与装配相关，例如：添加/删除装配、阵列装配
UF_ATTR	与属性相关，例如：为对象添加/删除属性、查询属性
UF_BOUND	与边界相关，相关 API 极少使用
UF_BREP	与 Boundary Representation（边界表示）相关，可以根据几何的拓扑结构创建对象
UF_CAM	与 CAM 模块相关，例如：获取加工操作

分类	描述
UF_CFI	与文件操作相关，例如：读写文本或操作二进制文件
UF_CGM	与 CGM 操作相关，例如：导入/导出 CGM 文件
UF_CLEAR	与间隙分析相关，例如：创建分析数据集
UF_CLONE	与克隆操作相关，例如：克隆装配
UF_CSYS	与坐标系操作相关，例如：更改 WCS 坐标系、创建临时坐标系
UF_CURVE	与点和曲线操作相关，例如：创建点/直线/圆弧
UF_DBC_MLD	与 Data Base Connection（数据基础连接）相关
UF_DEFS	与 NXOpen C API 数据结构定义相关，例如：typedef unsigned int tag_t
UF_DIEENG	与工程模操作相关，例如：创建 Binder Wrap 特征
UF_DIRPATH	与 Directory Path（目录路径）相关
UF_DISP	与显示相关，例如：设置对象高亮显示
UF_DPUD	与 User Defined Drive Path（用户自定义加工路径）相关
UF_DRAW	与制图相关，例如：创建剖视图
UF_DRF	与制图注释、尺寸等相关，例如：创建尺寸标注、创建中心线
UF_DRPOS	与 Drive Positions（加工位置）相关，与 UF_DPUD 结合使用
UF_EPLIB_TYPES	与 NXOpen C 数据定义相关
UF_EVAL	与曲线/曲面分析相关，例如：判断曲线是否是圆弧曲线
UF_EXIT	与用户出口相关
UF_FACET	与小平面体操作相关，例如：查询体中包含小平面体的信息
UF_FAM	与 Families（族表）相关
UF_FLTR	与 Zone（区域）和 Filter（过滤）相关
UF_FORGEO	与用户自定义曲面相关
UF_GDT	与 Geometric Dimensioning and Tolerancing（几何尺寸与公差）相关
UF_GENT	与 Generic Objects（通用对象）操作相关，已被 UF_UDOBJ 中相关 API 替代
UF_GEXP	与 Geometric Expressions（几何表达式）相关，可以利用相关 API 创建表达式特征
UF_GROUP	与对象组操作相关，例如：创建一个对象组
UF_HELP	与 NX 上下文帮助相关，例如：NX 二次开发时实现按 F1 打开自定义帮助
UF_KF	与 Knowledge Fusion 相关，实现 NXOpen C 与 Knowledge Fusion 联合开发
UF_LAYER	与图层操作相关，例如：创建图层类别
UF_LAYOUT	与视图布局相关，例如：创建视图布局
UF_LIB	与 CAM 模块中知识库相关
UF_MB	与菜单操作相关，例如：通过菜单按钮名称获取它的 ID
UF_MODL	与模型操作相关，例如：创建 Block Feature
UF_MOM	与 Manufacturing Output Manager（加工后处理）相关
UF_MOTION	与运动仿真相关
UF_MTX	与矩阵操作相关，例如：初始化一个矩阵

续表

分类	描述
UF_NCGROUP	与 NC 程序组相关，例如：创建一个 NC 程序组
UF_NX2D	与 NX2D 导入相关
UF_NXSM	与 NX Sheet Metal（钣金模块）相关
UF_OBJ	与对象操作相关，例如：设置对象颜色、遍历对象
UF_OBJECT_TYPES	与 NX 对象类型定义相关
UF_OPER	与 CAM Operation（加工工序）相关，例如：获取指定 Operation 的状态
UF_PARAM	与 CAM Parameter（参数）控制相关
UF_PART	与部件操作相关，例如：获取工作部件名称
UF_PATH	与创建刀具路径相关
UF_PATT	与 Pattern（图样）操作相关
UF_PD	与 Product Definition（产品定义）相关
UF_PLIST	与零件明细表操作相关，例如：导出明细表
UF_PLOT	与绘图打印相关，对应的 NX 工具为 "File" → "Plot…"
UF_POINT	与关联点相关，例如：创建一个点特征
UF_PROCESS_AID	与 Manufacturing Process Aid Assistant application（制造工艺辅助应用）相关
UF_PS	与 Parasolid 信息交互相关，例如：通过 NX 体标识符查找 Parasolid 体标识符
UF_ROUTE	与 Routing（管路）模块操作相关
UF_SC	与 Smart Containers（智能容器）相关，例如：通过一条边获取所有相切的边
UF_SCOP	与 Surface Contouring Operations（表面轮廓加工）相关
UF_SETUP	与加工模块工序操作相关，例如：获取 Geometry view 中的根节点标识
UF_SF	与 Scenario Product（产品场景）相关，例如：模型渲染
UF_SIM	与 Simulation and Verification（仿真与验证）相关
UF_SKET	与草图操作相关，例如：创建草图
UF_SMD	与 Sheet Metal Design Module（钣金设计模块）相关
UF_SO	与 Smart Objects（智能对象）相关，例如：创建 Smart Point
UF_STD	与行业标准文件操作相关，例如：导入/导出 STL 文件
UF_STUDIO	与 Shape Studio Freeform（自由形状）相关
UF_STYLER	与 UIStyler 用户界面操作相关（这类操作界面已过时）
UF_SUBDIV	与等斜线分割面相关
UF_SURF_REG	与曲面区域特征相关，例如：创建曲面区域特征
UF_TABNOT	与表格注释相关，例如：创建表格注释
UF_TEXT	与文本翻译相关
UF_TRNS	与对象变换相关
UF_UDOBJ	与 User Defined Objects（UDO，用户定义对象）相关，例如：创建 UDO 信息或者 UDO 特征
UF_UDOP	与 User Defined Operations（用户定义操作）相关
UF_UGFONT	与 NX 字体操作相关，例如：获取 NX 字体的名称

分类	描述
UF_UGMGR	与 NX Manager 集成相关，一般指与 Teamcenter 集成开发
UF_UI	与用户界面操作相关，例如：显示信息窗口
UF_UI_XT	与 Motif dialog activation（激活主题对话框）相关
UF_UNDO	与 UNDO（撤销）操作相关
UF_UNIT	与 NX 中单位定义相关
UF_VDAC	与 Vehicle Design Automation（VDA，车辆设计自动化）检查器相关
UF_VEC	与向量操作相关，例如：计算两向量之和
UF_VIEW	与视图操作相关，例如：获取工作视图标识
UF_WAVE	与 WAVE 相关，例如：从一个部件链接对象到另一个部件
UF_WEB	与 Web 相关
UF_WEIGHT	与重量管理相关
UF_WELD	与焊接助理模块相关
UF_XS	与 NX 内部 Spreadsheet（电子表格）操作相关

5.5.3　NXOpen C 对象

NX 中包含了很多对象，例如：Feature（特征）、Point（点）、Body（体）、Face（面）、Edge（边）等。到目前为止，常见的对象被定义在"%UGII_BASE_DIR%\UGOPEN\uf_object_types.h"文件中。

对象拥有 Type（类型）与 Subtype（子类型）两部分定义，Subtype 可更详细地描述对象（可以利用 UF_OBJ_ask_type_and_subtype 来获取对象的 Type 与 Subtype）。对于 NX 中已经存在的对象，如果期望找到它们，一般使用以下这些 API：

```
UF_MODL_ask_object
UF_OBJ_cycle_all / UF_OBJ_cycle_by_name
UF_OBJ_cycle_by_name_and_type
UF_OBJ_cycle_by_name_and_type_extended
UF_OBJ_cycle_objs_in_part / UF_OBJ_cycle_typed_objs_in_part
```

如开发者期望遍历得到当前工作部件中所有的 Body，可以参考以下代码格式：

```
static void do_it(void)
{
    int type = UF_solid_type, stype = UF_solid_body_subtype;
    tag_t obj = NULL_TAG;
    while (UF_MODL_ask_object(type, stype, &obj) == 0 && obj != NULL_TAG)
    {
    }
}
```

NX 对象存在四种状态，可以利用 UF_OBJ_ask_status 获取对象的状态。这四种状态分别是：

● UF_OBJ_ALIVE：表明该对象是活动的。

- UF_OBJ_DELETED：表明对象已删除。
- UF_OBJ_TEMPORARY：表明对象是临时的，不保存在部件中。例如：利用 UF_CSYS_create_temp_csys 创建的 CSYS。
- UF_OBJ_CONDEMNED：这种状态的对象通常在 NX 中不显示，例如：矩阵对象、智能对象。

在开发应用程序时，为了保证代码更加健壮，一般情况下会先获取对象的状态，如果对象的状态为是"UF_OBJ_ALIVE"再执行相关操作。

5.5.4 NXOpen C 数据类型

除 C/C++标准的数据类型外，NXOpen C 还大量使用结构体、联合结构体、枚举、指针等数据类型，常见的数据类型约定如表 5-5 所示。

表 5-5 NXOpen C 数据类型约定

后缀	描述
_t	数据类型（Data type）
_p_t	数据类型指针（Pointer to that type）
_s	结构体类型（Structure tag）
_e	枚举类型（Enumeration type）
_u_t	联合结构体类型（Union type）
_u_p_t	联合结构体类型指针（Pointer to a union type）
_f_t	函数指针（Pointer to a function）

除了后缀满足上表约定，数据类型的命名约定还与 API 命名约定一致，下面的结构体展示了这一点，它来自与建模相关的头文件（uf_modl_types.h）。

```
typedef struct UF_MODL_bsurface_s
{
    int num_poles_u;
    int num_poles_v;
    int order_u;
    int order_v;
    int is_rational;
    double *knots_u;
    double *knots_v;
    double(*poles)[4];
} UF_MODL_bsurface_t, *UF_MODL_bsurface_p_t;
```

在 NXOpen C 中，使用最多的数据类型是 tag_t，在文件 "%UGII_BASE_DIR%\UGOPEN\uf_defs.h" 中的定义如下：

```
typedef unsigned int tag_t, *tag_p_t;
```

这种数据类型，早期被称为"Eid"（实体标识符，Entity Identifier），如今统一称为"对象标识符"（Object Identifier）。

在 NX 系统中，每一个对象，都有唯一的标识符。可以理解为每一个对象都是由大于 0

的不重复整数来标识它，对象标识符是由 NX 系统根据一定的算法规则临时生成的，它不会随着部件的保存而保存。例如：开发者期望当前工作部件中指定的 Face（面），在下次打开部件时，自动高亮显示它。而一般情况下，同一部件在不同的计算机上打开，或者被再次打开后，对象标识符的值是不相同的。此时，开发者可以考虑利用"handle"（句柄）来解决这个问题。Handle 会随着部件的保存而保存，相关 API 如下：

```
UF_TAG_ask_handle_of_tag
UF_TAG_ask_tag_of_handleg
UF_TAG_compose_handle
UF_TAG_decompose_handle
```

5.5.5 NXOpen C API 声明

NXOpen C 提供的 API 符合 ANSI/ISO C 标准，在相应的头文件中定义的原型格式为：

```
<return data type> <function name> (argument list)
```

● <return data type>：大部分的 NXOpen C API 返回都是一个整数（int），为 0 时，表明该 API 执行正常；非 0 时，表明 API 执行有异常。如果开发者期望获取非 0 整数所代表的意义，需要使用 UF_get_fail_message 这个 API。需要注意的是，有部分 API 返回非 0 整数时，不表示执行有异常，例如：UF_PART_ask_num_parts 这个 API 返回的是当前 NX 会话中加载部件的数量。

● <function name>：遵循前述的"NXOpen C 命名约定"。

● (argument list)：参考 API 帮助文档或者相应头文件说明。

在利用 NXOpen C 开发应用程序时，开发者需要仔细阅读理解 API 帮助文档。在 API 帮助文档中，API 的描述一般由以下部分组成：

● Defined in：描述 API 被定义在哪个头文件中。

● Overview：描述 API 实现的功能等。

● Environment：描述 API 允许的运行模式。如果描述中不包含关键词"External"，说明这个 API 不允许以批处理模式（Batch，又称外部模式 External）运行。例如：uc1601 这个 API 不允许以批处理模式运行。

● See Also：描述与该 API 相关联或者类似的 API。若描述中含有"Refer to example"关键字段，表明这个 API 有样例，点击它即可查看。

● History：描述 API 发布的 NX 版本。

● Required License(s)：使用该 API 需要的 License。

● API 详细声明：一般格式如表 5-6 所示（以 UF_MODL_create_plane 为例）。

表 5-6 API 详细声明

类型	参数	输入/输出	描述
double	origin_point [3]	Input	Origin point of the plane（平面原点）
double	plane_normal [3]	Input	Plane normal（平面法向）
tag_t*	plane_tag	Output	New plane（创建的平面）

在理解这些声明时，开发者可以根据 NX 工具本身的输入参数进行判断，如上表中关于创建 Plane 的声明。创建 Plane 需要一个点和一个法向量，所以在输入参数中，会要求指定

Plane 的原点及法向量，如果成功创建就输出创建 Plane 的标识符。

5.5.6 UF_CALL 函数

在官方样例中（如 "%UGII_BASE_DIR%\UGOPEN\ufd_curve_create_arc.c"），经常会看到在 NXOpen C API 的前面加上 "UF_CALL" 函数，如下所示，为什么要这样做呢？

```
UF_CALL(UF_PART_new(part_name, UF_PART_ENGLISH, &part));
```

在研究此问题之前，先设想一种场景，当应用程序代码上万行时，出现了 BUG，如何快速找到问题？如前所述，大部分的 NXOpen C API 返回一个整数，如果非 0 表示有异常。有没有一种手段能在应用程序遇到异常时，自动告诉我们是哪行代码因为何种原因引起的呢？

官方样例中的 UF_CALL 为解决这一问题提供了可行性。UF_CALL 是一个自定义的宏，开发者可以参考官方思路进行修改，以下通过实例进行说明。

（1）启动 Visual Studio，利用 NXOpen C++ Wizard 创建一个名为 ch5_3 的项目（本例代码保存在 "D:\nxopen_demo\code\ch5_3"），删除原有内容再添加下列代码：

```
#include <stdarg.h>
#include <stdio.h>
#include <uf.h>
#include <uf_curve.h>
#include <uf_obj.h>
#include <uf_ui.h>

#define UF_CALL(X) (report( __FILE__, __LINE__, #X, (X)))
static void ECHO(char* format, ...)
{
    char msg[UF_UI_MAX_STRING_LEN] = { 0 };
    va_list args;
    va_start(args, format);
    vsnprintf_s(msg, sizeof(msg), _TRUNCATE, format, args);
    va_end(args);
    UF_UI_open_listing_window(); //打开信息窗口
    UF_UI_write_listing_window(msg); //向信息窗口写入内容
}

static int report(char* file, int line, char* call, int irc)
{
    if (irc)
    {
        char err[133] = { 0 };
        UF_get_fail_message(irc, err); //获取错误信息
        ECHO("*** ERROR code %d at line %d in %s:\n", irc, line, file);
        ECHO("+++ %s\n", err);
        ECHO("%s;\n", call);
    }
    return(irc);
}
```

```
static void do_it(void)
{
    //创建点
    tag_t point = NULL_TAG;
    double pointCoord[3] = { 0.0, 0.0, 0.0 };
    UF_CALL(UF_CURVE_create_point(pointCoord, &point));

    //删除点
    UF_CALL(UF_OBJ_delete_object(point));

    //设置点的颜色——这是不合理的,因为点已被删除
    UF_CALL(UF_OBJ_set_color(point, 186));
}

void ufusr(char* param, int* retcode, int paramLen)
{
    if (UF_CALL(UF_initialize()) == 0)
    {
        do_it();
        UF_CALL(UF_terminate());
    }
}

int ufusr_ask_unload(void)
{
    return (UF_UNLOAD_IMMEDIATELY);
}
```

（2）编译链接生成*.dll 文件。

（3）在 NX 中打开或新建一部件文件，单击"File"→"Execute"→"NX Open"按钮，在弹出的对话框中选择动态链接库"ch5_3.dll"，运行结果如图 5-7 所示。

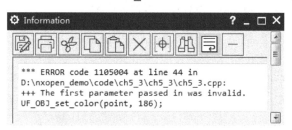

图 5-7　使用 UF_CALL 显示异常结果

从图中可以看出，当使用 NXOpen C API 时，添加 UF_CALL 遇到异常后会以 Information 窗口形式显示详细信息。

通过这种方式，可以快速定位异常代码，提高开发效率。这个样例仅展示了 UF_CALL 的一种用法，开发者可以根据实际需求进行调整，例如：将异常信息打印在日志文件中代替打印在 Information 窗口。

5.5.7 动态内存

使用动态内存是开发应用程序时常见的做法。动态分配内存与释放内存的 API 如下：

```
UF_allocate_memory
UF_reallocate_memory
UF_free
UF_free_string_array
```

除以上这几个常用 API 外，还有一部分特定释放内存的 API，如 UF_CURVE_free_trim，开发者需要仔细查阅 API 帮助文档。

常见分配内存的代码格式如下：

```
//tag_t* 分配内存
int nFeats = 10;
int error = 0;
tag_t* feats = NULL;
feats = (tag_t*)UF_allocate_memory(nFeats * sizeof(tag_t), &error);
for (int i = 0; i < nFeats; ++i)
{
    feats[i] = NULL_TAG; //开发者需要根据实际需求调整
}
UF_free(feats);

//char** 分配内存
int nLines = 10;
char** text = NULL;
text = (char**)UF_allocate_memory(nLines * sizeof(char*), &error);
for (int i = 0; i < nLines; ++i)
{
    text[i] = (char*)UF_allocate_memory(1024 * sizeof(char), &error);
    strcpy(text[i], "temp"); //开发者需要根据实际需求调整
}
UF_free_string_array(nLines, text);

//数组指针分配内存
int nPoints = 10;
double(*points)[3];
int size = (int)sizeof(double[3]);
points = (double(*)[3])UF_allocate_memory(nPoints * size, &error);
for (int i = 0; i < nPoints; ++i)
{
    double deltaP[3] = { 1.0, 2.0, 3.0 };
    memcpy(points[i], deltaP, 3 * sizeof(double));
}
UF_free(points);
```

5.5.8 NXOpen C 对象转换

开发者在操作 NX 中的对象时，必须理解对象之间的区别与联系。例如：利用 NXOpen C 中的 UF_MODL_create_block 创建了一个 Block，输出的是 Block Feature 的标识符，此时如果要对所有的 Edge（边）进行 Edge Blend 操作，那传入的对象是每一条 Edge 的标识符，而不是 Feature 的标识符。这就涉及对象之间的相互转换，常见的对象转换 API 如下：

```
UF_MODL_ask_feat_body              //通过 Feature 查询 Body
UF_MODL_ask_feat_edges             //通过 Feature 查询 Edges
UF_MODL_ask_feat_faces             //通过 Feature 查询 Faces
UF_SKET_ask_feature_sketches       //通过 Feature 查询 Sketches
UF_SKET_ask_sketch_features        //通过 Sketch 查询关联 Features
UF_MODL_ask_body_features          //通过 Body 查询 Features
UF_MODL_ask_body_faces             //通过 Body 查询 Faces
UF_MODL_ask_body_edges             //通过 Body 查询 Edges
UF_MODL_ask_face_body              //通过 Face 查询 Body
UF_MODL_ask_face_edges             //通过 Face 查询 Edges
UF_MODL_ask_face_feats             //通过 Face 查询 Features
UF_MODL_ask_edge_body              //通过 Edge 查询 Body
UF_MODL_ask_edge_faces             //通过 Edge 查询 Faces
UF_MODL_ask_edge_feats             //通过 Edge 查询 Features
```

以下通过一个实例来说明对象转换的必要性，假定需求是：创建一个圆台，原点坐标为（15，20,30），旋转中心轴方向平行于绝对坐标系的 Z 方向；底面直径为 50，顶面直径为 25，高度为 40，此时这个圆台拥有两个平面、一个锥面和两条边，需要找出直径最大的一边条再创建边倒圆特征，倒角半径值为 5，如图 5-8 所示。

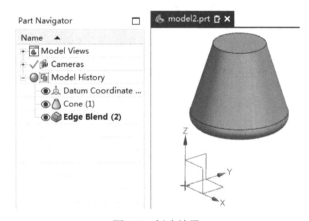

图 5-8　创建结果

这个实例将展示：NXOpen C 对象之间的转换；NXOpen C 中链表的使用方法；如何通过一定的算法，找出期望的对象；如何合理地释放内存。

以下为实现本功能的核心代码（本例完整代码保存在 "D:\nxopen_demo\code\ch5_4"）。

```
static void do_it(void)
{
    //创建圆台
```

```
UF_FEATURE_SIGN sign = UF_NULLSIGN;
double origin[3] = { 15.0, 20.0, 30.0 };
char* dims[2] = { "50", "25" };
double dir[3] = { 0.0, 0.0, 1.0 };
tag_t coneFeat = NULL_TAG;
UF_MODL_create_cone1(sign, origin, "40", dims, dir, &coneFeat);

//对象之间转换，通过 Feature 查询 edges
uf_list_p_t edgeList = NULL;
UF_MODL_ask_feat_edges(coneFeat, &edgeList);

//查找直径最大的边
tag_t blendEdge = NULL_TAG;
double maxValue = DBL_MIN;
int nEdges = 0;
UF_MODL_ask_list_count(edgeList, &nEdges);//获取链表中的对象数量
for (int i = 0; i < nEdges; ++i)
{
    tag_t deltaEdge = NULL_TAG;
    UF_MODL_ask_list_item(edgeList, i, &deltaEdge); //获取链表中的对象

    UF_EVAL_p_t evaluator = NULL;
    UF_EVAL_initialize(deltaEdge, &evaluator);
    logical isArc = FALSE;
    UF_EVAL_is_arc(evaluator, &isArc);
    if (isArc)
    {
        UF_EVAL_arc_t arcData = { 0 };
        UF_EVAL_ask_arc(evaluator, &arcData);//获取圆弧信息
        if (arcData.radius - maxValue > 0.001)
        {
            blendEdge = deltaEdge;
            maxValue = arcData.radius;
        }
    }
    UF_EVAL_free(evaluator);//释放内存
}
UF_MODL_delete_list(&edgeList);

//创建边倒圆特征
if (blendEdge != NULL_TAG)
{
    uf_list_p_t blendList = NULL;
    UF_MODL_create_list(&blendList);//创建链表
    UF_MODL_put_list_item(blendList, blendEdge);//向链表中放入对象

    tag_t blendFeat = NULL_TAG;
    UF_MODL_create_blend("5", blendList, 0, 0, 0, 0.001, &blendFeat);
```

```
        UF_MODL_delete_list(&blendList);//删除链表
    }
}
```

5.6　NXOpen C++模板代码

如第 3 章所述，利用 NX 中 Block UI Styler 模块，可以自动生成*.dlx、*.hpp、*.cpp 三个文件，为了合理地利用这些生成的模板代码，开发者有必要理解代码的框架。

5.6.1　模板代码框架

通过 Block UI Styler 模块自动生成的代码，在*.hpp 文件中，它的格式一般如下：

```
#ifndef CH5_5_H_INCLUDED
#define CH5_5_H_INCLUDED

//头文件,开发者需要根据实际情况添加头文件
#include <uf_defs.h>
#include <uf_ui_types.h>
//根据保存文件的名称自动构建一个类
class DllExport ch5_5
{
public:
    ch5_5();
    ~ch5_5();
    //类中相关函数定义，开发者根据实际情况添加函数
    void initialize_cb();
    ......
private:
    //私有变量定义
    const char* theDlxFileName;
};
#endif //CH5_5_H_INCLUDED
```

在*.cpp 文件中，它的格式一般如下：

```
//类的构造函数，负责创建对话框和注册回调
ch5_5::ch5_5()
{
}
//析构函数，负责删除对话框释放内存
ch5_5::~ch5_5()
{
}
//应用程序入口点
extern "C" DllExport void  ufusr(char *param, int *retcod, int param_len)
{
}
//卸载函数
```

```
extern "C" DllExport int ufusr_ask_unload()
{
    return (int)Session::LibraryUnloadOptionImmediately;
}
//清理函数
extern "C" DllExport void ufusr_cleanup(void)
{
}
//Show 函数-负责显示对话框
int ch5_5::Show()
{
    return 0;
}
//初始化对话框回调
void ch5_5::initialize_cb()
{
}
//initialize_cb 函数执行后，显示对话框前，执行该回调
void ch5_5::dialogShown_cb()
{
}
//单击对话框的 Apply 按钮，执行该回调
int ch5_5::apply_cb()
{
    return 0;
}
//对话框发生变化时，执行该回调
int ch5_5::update_cb(NXOpen::BlockStyler::UIBlock* block)
{
    return 0;
}
//单击对话框的 OK 按钮，执行该回调
int ch5_5::ok_cb()
{
    return 0;
}
//返回指定 BlockID 的属性列表（propertylist）
PropertyList* ch5_5::GetBlockProperties(const char *blockID)
{
    return theDialog->GetBlockProperties(blockID);
}
```

为了更准确高效地开发应用程序，开发者必须理解每一个回调在何种场景下才会触发，表 5-7 列出了对话框回调的详细描述。

表 5-7　对话框回调描述

回调关键字	回调返回类型	描述
Filter	Integer	这个回调只有对话框上含有与选择相关的 UI Block 才有效。它用于当光标靠近对象时，系统根据这个回调返回结果来判断是否高亮显示。返回 UF_UI_SEL_ACCEPT 表示该对象可以被高亮显示（也表明这个对象可以被选择），返回 UF_UI_SEL_REJECT 表示拒绝对象高亮显示。例如：期望选择 Edge 时，只允许选择长度小于 100mm 的 Edge，就需要在这个回调中添加逻辑。注意：只有当光标靠近对象时，才会执行这个回调；如果光标在 NX 图形窗口中的空白处移动，不执行这个回调
Update	Integer	当用户期望对话框发生变化时，需要在这个回调中添加逻辑。例如：对话框上有两个 Double 类型的 UI Block，期望在其中一个中输入值时，另外一个中的值显示的是输入值的 2 倍大小
OK	Integer	当用户单击对话框上的"OK"按钮时，执行这个回调，通常 OK 按钮与 Apply 按钮实现相同的功能
Apply	Integer	当用户单击对话框上的"Apply"按钮时，执行这个回调。例如：期望单击 Apply 按钮创建一个 Block Feature，就需要在这个回调中添加逻辑
Close	Integer	当用户单击对话框上的"Close"按钮时，执行这个回调
Cancel	Integer	当用户单击对话框上的"Cancel"按钮时，执行这个回调，之前的操作将被撤销
Initialize	None	在对话框初始化时，执行这个回调，一般在这个回调中设置 UI Block 的基本属性。例如：设置 Tree List 默认高度
Dialog Shown	None	在 Initialize 与构造函数之后，显示对话框之前，执行这个回调
Focus Notify	None	这个回调只用于那些不允许键盘输入的 UI Block，如 Select Object Block。当这些 UI Block 成为焦点时，执行这个回调
Keyboard Focus Notify	None	这个回调只用于那些允许键盘输入的 UI Block，如 Integer/Double 类型的 UI Block。当这些 UI Block 成为焦点时，执行这个回调
Enable OK/Apply Button	Boolean	在 Initialize 之后或对话框发生变化时执行这个回调。这个回调允许启用或者禁用 OK 与 Apply 按钮，例如：应用一个 Double 类型的 UI Block 时，期望输入的值大于 100 才允许用户单击 OK 和 Apply 按钮，就需要在这个回调中添加逻辑。回调返回的是 Boolean 值，TRUE 表示启用 OK 与 Apply 按钮，FALSE 表示禁用它们。注意：即使这个回调返回 TRUE，如果对话框中包含一个与选择对象相关的 UI Block 并且没有对象被选中，OK 和 Apply 按钮仍然可以是被禁用的状态

5.6.2　添加对话框回调

通常情况下，开发者不需要在模板代码中添加对话框回调，因为 Block UI Styler 模块允许用户设置自动生成代码时注册哪些回调。如图 5-9 所示，在需要生成回调的节点上右击，在弹出的菜单中选择"True"选项即可。

也可以后期在代码中手动添加回调，以添加 Filter 回调为例，操作步骤如下：

（1）声明回调。在*.hpp 文件中，添加下列代码：

```
int filter_cb(UIBlock* blockId, TaggedObject* selectObject);
```

（2）注册回调。在*.cpp 文件的构造函数中，添加类似下列代码：

```
theDialog->AddFilterHandler(make_callback(this, &ch5_5::filter_cb));
```

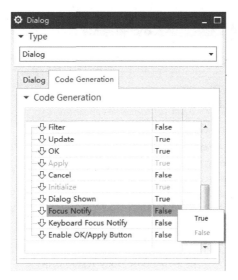

图 5-9 设置代码中自动生成回调

（3）实现回调。在*.cpp 文件中添加如下格式代码：

```
int ch5_5::filter_cb(UIBlock* blockId, TaggedObject* selectObject)
{
    int accept = UF_UI_SEL_ACCEPT;
    return accept;
}
```

对此操作不熟练的开发者，可以再次回到 Block UI Styler 模块，打开之前的*.dlx 文件，设置自动生成哪些回调，保存文件，再使用新的代码即可。

5.7 编程实例

至此，关于 NX 二次开发涉及的三部分知识（菜单与功能区设计、对话框设计、代码设计）您已经基本了解。为了更好地帮助开发者整合这些知识点，接下来使用 Block UI 与 NXOpen C 结合的方式开发一个简单的应用程序。基本的需求如下：

● 设计如图 5-10 所示的"Base Body Test"对话框。
● 在对话框 Type 下拉列表中有两种类型——Block 与 Sphere，当显示为"Block"时，Dimensions 组中的"Diameter"对应的 UI Block 不显示。
● 当 Type 下拉列表中显示为"Sphere"时，Dimensions 组中的"Length (XC)""Width (YC)""Height (ZC)"对应的三个 UI Block 不显示。
● 用户在 NX 的图形窗口指定了 Point 后，单击对话框中的 OK 或者 Apply 按钮，在指定的 Point 位置，根据对话框上的信息，创建 Block 或者 Sphere Feature。

（1）制作菜单与功能区（相关知识请参阅第 2 章）。针对本实例，菜单与功能区的制作已完成（请参阅 2.4 节）。

（2）设计对话框（相关知识请参阅第 3 章）。针对本实例，对话框设计已完成（请参阅 3.4 节，并且通过 Block UI Styler 模块自动生成的三个文件都保存在 NX 二次开发根目录下的 application 目录中）。

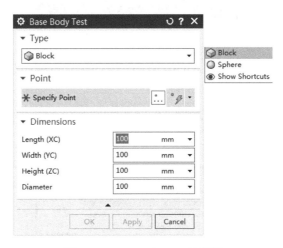

图 5-10　Base Body Test 对话框

（3）启动 Visual Studio，利用 NXOpen C++ Wizard 创建一个名为 ch5_5 的项目（本例代码保存在 "D:\nxopen_demo\code\ch5_5"），删除原有 ch5_5.cpp 文件，再将 Block UI Styler 模块自动生成的 ch5_5.hpp 与 ch5_5.cpp 拷贝到这个项目中，并将它们添加到 Visual Studio Project 中，如图 5-11 所示。

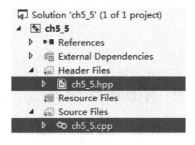

图 5-11　添加文件到 Visual Studio Project 中

（4）处理代码以确保对话框打开时，UI Block 显示正确。在 ch5_5.hpp 中添加下列代码：

```
void SetUIVisibility(void);
```

在 ch5_5.cpp 中，添加代码如下：

```
void ch5_5::SetUIVisibility(void)
{
    PropertyList* typePropertyList = m_type->GetProperties();
    int type = typePropertyList->GetEnum("Value");
    delete typePropertyList;
    typePropertyList = NULL;

    m_length->SetShow(type == 0);
    m_width->SetShow(type == 0);
```

```
    m_height->SetShow(type == 0);
    m_diameter->SetShow(type == 1);
}
```

以上代码的逻辑是对话框的 type 下拉列表有两个选项，获取当前选中选项的索引值（从 0 开始计数），如果是第 0 项，就通过 BlockID 设置"Length (XC)""Width (YC)""Height (ZC)"对应的三个 UI Block 显示。如果是第 1 项，就显示"Diameter"对应的 UI Block，其他未设置的，默认一直可见。

（5）由于期望对话框打开后显示正确，因此 SetUIVisibility( )这个函数，要添加到 initialize_cb( )或者 dialogShown_cb( )回调中。在 dialogShown_cb( )中添加代码如下：

```
void ch5_5::dialogShown_cb()
{
    SetUIVisibility();
}
```

（6）当对话框打开后，用户也可以自由切换 type 中的选项，此时也应该保证对话框显示正确。由于这个操作是期望对话框发生变化的，因此，代码要添加到 update_cb( )这个回调中，添加的代码格式如下：

```
int ch5_5::update_cb(NXOpen::BlockStyler::UIBlock* block)
{
    if (block == m_type)
    {
        SetUIVisibility();
    }
}
```

（7）由于创建 Block 与 Sphere，使用了 NXOpen C API，因此，需要在 ch5_5.hpp 中，添加下列头文件：

```
#include <uf.h>
#include <uf_modl.h>
#include <sstream>//转换字符串时用到该头文件
```

（8）在 ch5_5.cpp 的 ufusr( )中添加初始化与终止 API（初学者很容易忽略这一步，如果忽略它，代码编译链接成功，但在 NX 执行应用程序时有异常），格式如下：

```
extern "C" DllExport void ufusr(char* param, int* retcod, int param_len)
{
    ch5_5* thech5_5 = NULL;
    UF_initialize();
    thech5_5 = new ch5_5();
    thech5_5->Show();
    UF_terminate();
    delete thech5_5;
    thech5_5 = NULL;
}
```

（9）转换字符串，将 double 类型转换为 string 类型。在 ch5_5.hpp 中添加代码如下：

```
string DoubleToString(const double value);
```

在 ch5.cpp 中，添加代码如下：

```
string ch5_5::DoubleToString(const double value)
{
    ostringstream tempStr;
    tempStr << value;
    return tempStr.str();
}
```

（10）接下来，需要处理单击对话框上的"OK"或"Apply"按钮时，创建 Feature 的逻辑。在这个过程中，主要涉及使用 Block UI 时，如何获取 UI Block 对应的值。这是 C++基础知识的应用，开发者可以打开对应的头文件或者官方 API 帮助文档，查看相关类下的函数，也可以参考"%UGII_BASE_DIR%\UGOPEN \SampleNXOpenApplications\C++\ BlockStyler"目录下的样例。

在 ch5_5.cpp 的 apply_cb( )中添加下列代码：

```
int ch5_5::apply_cb()
{
    int errorCode = 0;
    //获取 type
    PropertyList* typePropertyList = m_type->GetProperties();
    int type = typePropertyList->GetEnum("Value");
    delete typePropertyList;
    typePropertyList = NULL;
    Point3d point = m_point->Point();
    double origin[3] = { point.X, point.Y, point.Z };

    UF_FEATURE_SIGN sign = UF_NULLSIGN;
    if (type == 0) //创建 Block
    {
        //获取对话框的值并转换为字符串
        string lengthStr = DoubleToString(m_length->Value());
        string widthStr = DoubleToString(m_width->Value());
        string heightStr = DoubleToString(m_height->Value());
        //创建 Block Feature
        tag_t feat = NULL_TAG;
        char* size[3] = {
            const_cast<char*>(lengthStr.c_str()),
            const_cast<char*>(widthStr.c_str()),
            const_cast<char*>(heightStr.c_str()) };
        errorCode = UF_MODL_create_block1(sign, origin, size, &feat);
    }
    else if (type == 1) //创建 Sphere
    {
        tag_t feat = NULL_TAG;
        string diameterStr = DoubleToString(m_diameter->Value());
        char* diam = const_cast<char*>(diameterStr.c_str());
```

```
        errorCode = UF_MODL_create_sphere1(sign, origin, diam, &feat);
    }
    return errorCode;
}
```

（11）编译链接生成*.dll 文件，并将该文件拷贝到 NX 二次开发根目录下的 application 目录中。

在编写代码时，开发者经常需要在编写一定数量的代码后，编译链接生成*.dll 文件，再进行代码调试，这样就会出现总是要拷贝*.dll 文件到 application 目录中的问题。

如果您觉得拷贝操作过于烦琐，且设置的 NX 二次开发的目录结构与本书第 2 章所介绍内容一致，就可以在 Visual Studio 主界面中，单击"Project"→"Properties"按钮，设置"Output File"如图 5-12 所示。设置后，每次编译链接生成的*.dll 文件会自动存放到 NX 二次开发根目录下的 application 目录中。

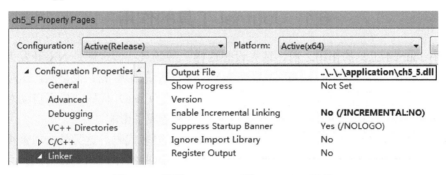

图 5-12　设置 Output File 到 application 目录

（12）在 NX 中新建或打开一部件文件，单击 Ribbon 工具条上的"NXOpen Demo"→"Base Body"按钮，启动 Base Body 工具，在 NX 图形窗口指定一个点，更改对话框上的数值，单击 Apply 按钮就可以创建 Feature，结果如图 5-13 所示。

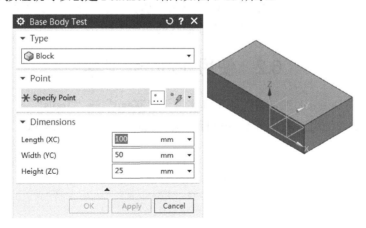

图 5-13　运行应用程序显示结果

第 6 章 Journal 工具

在本章中您将学习下列内容:
- Journal 工具的作用
- 如何使用 Journal 工具
- 如何理解 Journal 代码
- 如何重用 Journal 代码

6.1 Journal 工具的作用

在介绍 Journal 工具的作用之前,请先设想这样一种场景:假定您是 NX 开发人员,修改了 NX 的代码后,如何评估此次修改对整个 NX 系统造成的影响呢?很显然,这项工作只能交给计算机完成,让计算机自动运行准备好的 NX 实例(Case)代码,最后自动对比数据,如果与以前的结果不相同,就说明您的更改可能对系统造成了影响。

在这个过程中,开发人员需要准备大量 Case,要写很多代码,这又是一项繁重的工作。有没有一种技术手段,能在 NX 中进行一些操作后,将这些操作自动生成代码,并且还可以在 NX 中运行它们呢?

很明显,Journal 工具就是为了解决这一问题推出的。Journal 是一个快速自动化的工具,可以记录、编辑和回放 NX 会话中的操作。

对 NX 二次开发人员而言,如果只用 NXOpen C API 开发应用程序,就不需要使用 Journal 工具;而如果使用的是 NXOpen C++ API,那就会面临如何快速查找期望的 API 的问题,通常的做法是分析使用 Journal 工具生成的代码。

6.2 使用 Journal 工具

在 NX 中,与 Journal 工具有关的工具集位于"Menu"→"Tools"→"Journal"子菜单下,如图 6-1 所示。使用 NXOpen C++进行二次开发时,只用到"Record""Stop Recording""Edit..."三个工具。

图 6-1 Journal 菜单

在 使 用 Journal 工 具 之 前 , 需 要 先 设 置 Journal Language , 单 击 " Menu " →

"Preferences"→"User Interface..."按钮，启动 User Interface Preferences 工具，设置 Journal Language 如图 6-2 所示，再单击 OK 按钮即可（也可以在 Customer Defaults 工具中设置）。

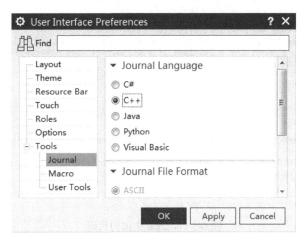

图 6-2　设置 Journal Language

使用 Journal 工具自动生成代码的操作步骤如下：

（1）单击"Menu"→"Tools"→"Journal"→"Record..."按钮，此时 NX 菜单与功能区中会显示 Journal Indicators（日志指示器），其含义如表 6-1 所示。如果开发者已经开启了 Record，但没有显示 Journal Indicators，需要打开环境变量"UGII_JOURNAL_INDICATOR"。

表 6-1　Journal Indicators 含义

Indicators（指示器）	Description（描述）
	表示菜单中该命令完全支持 Journal
	表示菜单中该命令部分支持 Journal
	表示功能区中该命令完全支持 Journal
	表示功能区中该命令部分支持 Journal

（2）在 NX 中执行期望生成代码的操作，如创建一个 Block Feature。注意：在 Record 过程中，尽量不要在 NX 图形窗口转动 View，因为此操作会导致 View 的矩阵发生变化，也会自动生成代码，最终导致代码冗余。

（3）在确定期望生成代码的操作已完成后，单击"Menu"→"Tools"→"Journal"→"Stop Recording"按钮，停止 Record。

（4）单击"Menu"→"Tools"→"Journal"→"Edit…"按钮，打开"Journal Editor"对话框，如图 6-3 所示，其中列出了之前操作自动生成的代码。

（5）启动 Visual Studio，利用 NXOpen C++ Wizard 创建一个名为 ch6_1 的项目（本例代码保存在"D:\nxopen_demo\code\ch6_1"），删除原有内容再将"Journal Editor"中所有代码拷贝到 ch6_1.cpp 中。

（6）编译链接生成*.dll 文件。

（7）在 NX 中新建或打开一部件文件，单击"File"→"Execute"→"NX Open"按钮，在弹出的对话框中选择动态链接库"ch6_1.dll"，运行结果如图 6-4 所示。

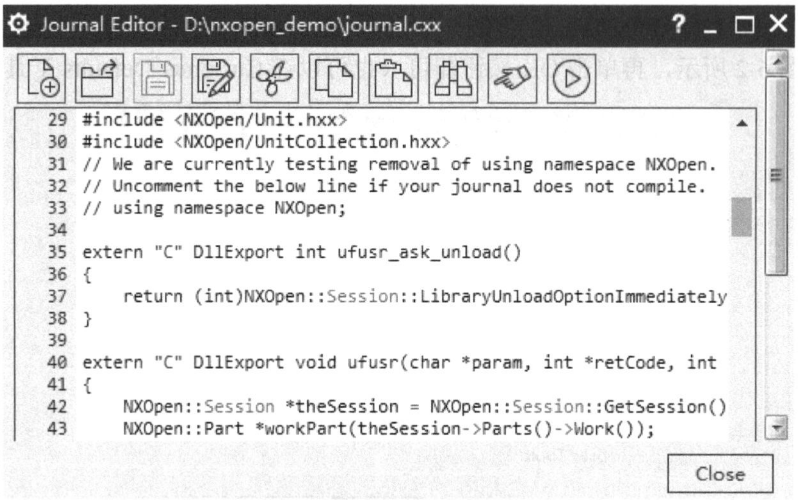

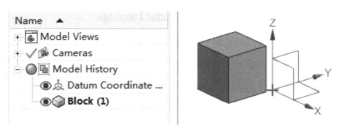

图 6-3　Journal 生成的代码

图 6-4　运行 Journal 代码的结果

　　更多 Journal 工具的用法，开发者可以参考官方帮助文档 *Recording NX Sessions* 中与"Journals"相关的描述。

6.3　理解 Journal 代码

　　通过以上流程，开发者不难发现，利用 NXOpen C++开发应用程序，学习成本非常低，只需使用 Journal 工具生成相应的代码，再拷贝到 Visual Studio 中即可。

　　但是，NXOpen C++与 NXOpen C 相比，前者代码量大了好几个量级。一个简单的创建 Block Feature 的操作，自动生成的代码约 60 行。

　　NXOpen C 与 NXOpen C++各有优势，NXOpen C 代码量小，但官方原则上不更新，所以很多新的功能就没有相应的 API，如创建 Move Face Feature；NXOpen C++虽然官方持续更新，但也缺少许多功能的 API，如与矩阵计算相关的操作。因此，开发者一般都是两者结合开发应用程序的。

　　为了更合理地利用 Journal 工具生成的代码，开发者必须充分理解代码的含义，而不是将 Journal 工具生成的代码全部拷贝到 Visual Studio 中。

　　创建 Block Feature，Journal 工具生成的代码格式如下：

```
//头文件
#include <uf_defs.h>
#include <NXOpen/NXException.hxx>
#include <NXOpen/Session.hxx>
```

```
......
//卸载函数
extern "C" DllExport int ufusr_ask_unload()
{
    return (int)NXOpen::Session::LibraryUnloadOptionImmediately;
}
//应用程序入口点
extern "C" DllExport void ufusr(char *param, int *retCode, int paramLen)
{
    //创建 Block Feature 代码
}
```

在自动生成的代码中，开发者主要关注 ufusr( )内的代码即可，与"UndoMarkId"相关的代码，不用关注。在 NX 系统中，执行一项操作时，有可能遇到异常无法继续执行，因此，在执行操作前，一般系统会创建 UndoMarkId，如果遇到异常，就执行 Undo。

从自动生成代码的逻辑可以总结出来 NXOpen C++创建 Feature 的步骤如图 6-5 所示。

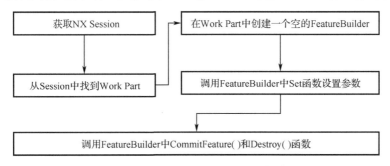

图 6-5　NXOpen C++创建 Feature 的步骤

缺乏经验的开发者可能会有疑惑，到底要调用哪些函数来设置参数呢？打开 API 帮助文档或者头文件，发现对应类下面有很多函数，只需要根据对话框显示的内容设置即可。NX 中 Block Feature 工具对话框如图 6-6 所示。

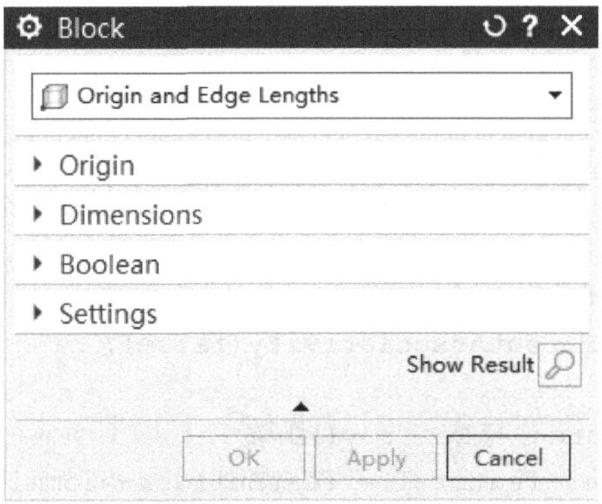

图 6-6　Block Feature 工具对话框

从对话框中可以看出，Block Feature 工具包括 Type、Origin、Dimensions、Boolean、Settings 内容，因此，分别调用 NXOpen C++中对应的函数即可。按此逻辑可以将 Journal 自动生成的代码，简化为下列代码。

```
#include <uf_defs.h>
#include <NXOpen/Session.hxx>
#include <NXOpen/Part.hxx>
#include <NXOpen/PartCollection.hxx>
#include <NXOpen/Features_BlockFeatureBuilder.hxx>
#include <NXOpen/Features_FeatureCollection.hxx>

using namespace NXOpen;
using namespace NXOpen::Features;

extern "C" DllExport int ufusr_ask_unload()
{
    return (int)NXOpen::Session::LibraryUnloadOptionImmediately;
}

extern "C" DllExport void ufusr(char* param, int* retCode, int paramLen)
{
    //获取 Session 与 Work Part
    Session* theSession = NXOpen::Session::GetSession();
    Part* workPart = theSession->Parts()->Work();

    //创建空的 FeatureBuilder
    Features::Feature* feat(NULL);
    Features::BlockFeatureBuilder* featBuilder = NULL;
    featBuilder = workPart->Features()->CreateBlockFeatureBuilder(feat);

    //设置根据 Type 创建 Block Feature
    featBuilder->SetType(BlockFeatureBuilder::TypesOriginAndEdgeLengths);

    //设置 Block Feature 的 Origin 和 Dimensions
    Point3d origin(-100.506037611035, -116.588331109544, 0.0);
    featBuilder->SetOriginAndLengths(origin, "100", "100", "100");

    //设置 Blooean Opteration
    featBuilder->BooleanOption()->SetType(
        GeometricUtilities::BooleanOperation::BooleanTypeCreate);

    //设置是否 Associative Origin
    featBuilder->SetParentAssociativity(false);

    //调用 CommitFeature()与 Destroy()函数
    Features::Feature* feature1 = featBuilder->CommitFeature();
    featBuilder->Destroy();
}
```

由于 NX 系统的特殊性，使用 NXOpen C++创建 Feature 时，并非对对话框中对应的每一项都要调用函数设置它，ufusr( )函数中的内容还可以精简为以下代码：

```
Features::Feature* feat(NULL);
Features::BlockFeatureBuilder* featBuilder = NULL;
featBuilder = workPart->Features()->CreateBlockFeatureBuilder(feat);

//设置 Block Feature 的 Origin 和 Dimensions
Point3d origin(-100.506037611035, -116.588331109544, 0.0);
featBuilder->SetOriginAndLengths(origin, "100", "100", "100");

//调用 CommitFeature() 与 Destroy() 函数
Features::Feature* feature1 = featBuilder->CommitFeature();
featBuilder->Destroy();
```

第7章 NXOpen C++对象

在本章中您将学习下列内容:
- 通用对象模型
- 创建与编辑 Feature
- NXOpen C++对象转换

7.1 通用对象模型

理解 NXOpen C++中通用对象与类之间的关系,是开发者利用 NXOpen C++开发应用程序的关键。所有类(Class)根据应用区域被放到命名空间中,如 Feature 定义如下:

```
namespace NXOpen
{
    namespace Features
    {
        class Feature;
    }
}
```

主要的类继承关系如图 7-1 所示。

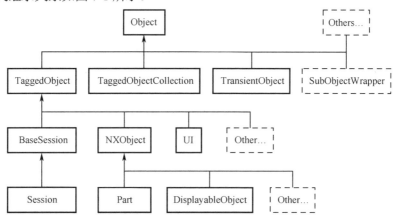

图 7-1 NXOpen C++类继承关系

通用类描述如表 7-1 所示。

表 7-1 通用类描述

类	描述
TaggedObject	表示 NX 对象的基类,例如:Line、Extrude。它主要用于标识 NX 中所有持久对象(持久对象随着 NX 部件的保存而保存),为了让 NXOpen C++与 NXOpen C 结合开发,一部分临时对象也会从该类继承

类	描述
NXObject	继承于 TaggedObject，提供设置与获取对象名称、属性（Attribute）等的函数

TransientObject	表示临时对象，它不会随着部件的保存而保存。在无特殊说明时，所有继承于该类的对象都需要删除。例如：TreeListMenu 继承于该类，在使用完后需要删除对象，代码格式如下。
	`BlockStyler::TreeListMenu* menu = tree->CreateMenu();`
	`...`
	`delete menu;`
	`menu = NULL;`

TaggedObjectCollection	表示 NX 对象集合的基类，该类也用于创建对象，通常从该类中获取所有对象的集合，再从集合里面找出特定的对象
Session 和 UI	表示 NXOpen C++ API 所有类的"入口"类，API 中其他对象都是通过这两个类的函数和属性直接或间接获得的。UI 代表与 NX 交互相关的类，它不能用于批处理模式开发环境
Part	表示 NX 部件类，该类包含许多 TaggedObjectCollection 对象，可用于获取部件中的对象和创建对象。例如：Part 包含一个名为 Features 的 TaggedObjectCollection，它包含 Part 中的所有 Feature，可以用来获取、创建或编辑 Feature 的 FeatureBuilder 对象
Builder	Feature 和许多 NX Entity 都是通过 Builder 类创建和编辑的。它提供了一系列的 Set 和 Get 函数来定义 NX 对象数据。这些函数通常与 NX 中创建或编辑对象的对话框的输入数据一一对应。为了创建或编辑 NX 对象，开发者必须调用 Commit 函数，当使用完 Builder 后，必须调用 Destroy 函数

7.2　查询 NXOpen C++对象

利用 NXOpen C++开发应用程序时，经常会用到查询对象操作，常见的查询操作如下：

● 从 Session 中查询所有的 Part。

```
Session* theSession = Session::GetSession();
PartCollection* partList = theSession->Parts();
PartCollection::iterator itr;
for (itr = partList->begin(); itr != partList->end(); ++itr)
{
    processPart(*itr);
}
```

● 从 Part 中查询所有的 Body。

```
void processPart(Part* partObject)
{
    BodyCollection* bodyList = partObject->Bodies();
    BodyCollection::iterator itr;
    for (itr = bodyList->begin(); itr != bodyList->end(); ++itr)
    {
        processBodyFaces(*itr);
        processBodyEdges(*itr);
    }
}
```

● 从 Body 中查询所有的 Face。

```cpp
void processBodyFaces(Body* bodyObject)
{
    std::vector <Face*> faceArray = bodyObject->GetFaces();
    for (int inx = 0; inx < (int)faceArray.size(); ++inx)
    {
        processFace(faceArray[inx]);
    }
}
```

● 从 Body 中查询所有的 Edge。

```cpp
void processBodyEdges(Body* bodyObject)
{
    std::vector <Edge*> edgeArray = bodyObject->GetEdges();
    for (int inx = 0; inx < (int)edgeArray.size(); ++inx)
    {
        processEdge(edgeArray[inx]);
    }
}
```

● 从 Face 中查询所有的 Edge 和 Body。

```cpp
void processFace(Face* faceObject)
{
    std::vector<Edge*> edgeArray = faceObject->GetEdges();
    for (int inx = 0; inx < (int)edgeArray.size(); ++inx)
    {
        processEdge(edgeArray[inx]);
    }
    Body* bodyOfFace = faceObject->GetBody();
}
```

● 从 Edge 中查询所有的 Face 和 Body。

```cpp
void processEdge(Edge* edgeObject)
{
    std::vector<Face*> faceArray = edgeObject->GetFaces();
    for (int inx = 0; inx < (int)faceArray.size(); ++inx)
    {
        processEdgeFace(faceArray[inx]);
    }
    Body* bodyOfEdge = edgeObject->GetBody();
}
```

NX 中对象非常多，很多对象开发者并未接触到，如果第一次接触，想查询它，会面临无从下手的困境。例如：期望在 Drafting 模块中，查询当前 Sheet 中所有的 Drafting View。笔者在这里提供一种方法，操作步骤如下：

（1）在 Drafting 模块中，单击"Menu"→"Tools"→"Journal"→"Record..."按钮，开启使用 Journal 工具自动生成代码。

（2）双击任意一个 Drafting View。

（3）单击"Menu"→"Tools"→"Journal"→"Stop Recording"按钮，停止 Record。

（4）单击"Menu"→"Tools"→"Journal"→"Edit…"按钮，打开"Journal Editor"对话框如图 7-2 所示，其中列出了之前操作自动生成的代码。

图 7-2　Journal 工具生成代码

从图中可以看出 NX 系统在查找 Drafting View 时，是在 Work Part 下查找到的。于是按此思路，可以整理出来查询 Sheet 中所有 Drafting View 的代码如下：

```
Session* theSession = NXOpen::Session::GetSession();
Part* workPart = theSession->Parts()->Work();

Drawings::DraftingViewCollection::iterator it;
Drawings::DraftingViewCollection* views = workPart->DraftingViews();
for (it = views->begin(); it != views->end(); ++it)
{
    //添加用户代码
}
```

注意：在代码中出现了 DraftingViewCollection 的指针，使用后，不需要删除它，因为 DraftingViewCollection 类继承于持久对象类 TaggedObjectCollection。

7.3　创建与编辑 Feature

大多数的 Feature 都可以通过 Builder 函数创建或编辑。编辑 Feature 的流程如图 7-3 所示（创建 Feature 的步骤请参阅第 6 章）。

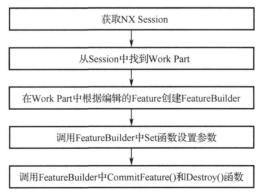

图 7-3　NXOpen C++编辑 Feature 的流程

以下代码展示了如何使用 Feature Builder 创建一个 Block Feature，然后根据这个 Feature 再创建一个新的 Feature Builder（相当于编辑之前创建的 Block Feature）。

```
Session* NXSession = Session::GetSession();
Part* workPart(NXSession->Parts()->Work());
Feature* nullFeature(NULL);
Point3d origin(0.0, 0.0, 0.0);

//创建 Block Feature
BlockFeatureBuilder* newBlock = NULL;
newBlock = workPart->Features()->CreateBlockFeatureBuilder(nullFeature);
newBlock->SetOriginAndLengths(origin, "50", "80", "100");
Feature* blockFeat = newBlock->CommitFeature();
newBlock->Destroy();

//编辑 Block Feature
BlockFeatureBuilder* oldBlock = NULL;
oldBlock = workPart->Features()->CreateBlockFeatureBuilder(blockFeat);
oldBlock->SetOriginAndLengths(origin, "100", "20", "50");
oldBlock->CommitFeature();
oldBlock->Destroy();
```

7.4　NXOpen C 与 C++对象转换

在 NX 二次开发过程中，有时开发者会切换使用 NXOpen C API 与 NXOpen C++ API。如前所述，NXOpen C 中对象是通过 tag_t 来标识的，而 NXOpen C++中是通过 Class 来描述的。

在文件"%UGII_BASE_DIR%\ UGOPEN\NXOpen\NXObjectManager.hxx"中，定义了 NXOpen C 对象转 NXOpen C++对象的函数。

在文件"%UGII_BASE_DIR%\UGOPEN\NXOpen\TaggedObject.hxx"中，定义了 NXOpen C++对象转 NXOpen C 对象的函数。

以下代码展示了它们之间的转换方法。

```
void do_it()
{
    //NXOpen C 对象转 NXOpen C++对象
    tag_t faceEid = 53118;
    Face* face = dynamic_cast<Face*>(NXObjectManager::Get(faceEid));

    //在 NXOpen C++中调用下面函数比用 UF_MODL_ask_face_edges 效率高
    std::vector<Edge*> edges = face->GetUnsortedEdges();

    //NXOpen C++对象转 NXOpen C 对象
    for (const auto& it : edges)
    {
        tag_t deltaEdge = it->Tag();
    }
}
```

简言之，NXOpen C 对象转 NXOpen C++对象，调用 NXObjectManager::Get(tag_t)；NXOpen C++对象转 NXOpen C 对象，直接调用 Tag( )函数，即 taggedObject->Tag( )。

第**8**章　部件与表达式操作

在本章中您将学习下列内容:
● 部件操作应用范围
● 部件操作常用 API
● 表达式操作

8.1　部件操作

8.1.1　部件操作应用范围

在 NX 系统中,大部分的操作是基于部件(Part)完成的,例如:创建 Feature、Line。如果没有部件,就无法创建对象。NX 二次开发应用程序时,经常会对部件进行操作。

典型应用场景:某公司产品设计团队已超过 100 人,当 100 人高频设计某一类零件时,面临的困境是如何保证设计数据的规范统一,如何不让 100 人所做工作是重复的。通常的解决方案是,将零件进行抽象并将零件设计为一个模板部件,再通过 NX 二次开发技术,做成可视化的交互工具。设计师只需要在用户界面上更改参数就可以完成复杂零件的设计。

8.1.2　部件操作常用 API

NXOpen C 中部件操作常用 API 如表 8-1 所示。更多 API 定义请参考"%UGII_BASE_DIR%\UGOPEN\uf_part.h"文件。

表 8-1　NXOpen C 部件操作常用 API

API	描述
UF_PART_ask_display_part	获取显示部件标识符,非装配环境下的显示部件与工作部件标识符相同
UF_PART_ask_nth_part	返回 NX 会话中第 n 个部件的标识符,从 0 开始计数
UF_PART_ask_num_parts	获取 NX 会话中加载部件的数量
UF_PART_ask_part_name	通过部件标识符查询部件名称
UF_PART_ask_part_tag	通过部件名称查询部件标识符
UF_PART_ask_units	查询部件单位(公制或英制)
UF_PART_close	关闭指定的部件
UF_PART_close_all	关闭 NX 会话中所有部件
UF_PART_export	导出指定对象到指定部件中
UF_PART_export_with_options	根据选项导出指定对象到指定部件中
UF_PART_free_load_status	释放加载的部件结构体(由打开或加载部件产生)
UF_PART_import	将磁盘上的 NX 部件或 Solid Edge 部件导入工作部件窗口中

API	描述
UF_PART_is_loaded	查询部件在 NX 会话中的加载状态
UF_PART_is_modified	查询部件是否在当前 NX 会话中加载并修改
UF_PART_new	在 NX 会话中创建新的部件并设它为工作部件
UF_PART_open	打开已存在的 NX 部件或 Solid Edge 部件，并设它为工作部件
UF_PART_open_quiet	打开已存在的 NX 部件或 Solid Edge 部件，但不设它为工作部件
UF_PART_rename	对指定部件重命名
UF_PART_save	将工作部件及其子部件（如果是装配体）保存到磁盘中
UF_PART_save_all	保存 NX 会话中所有部件到磁盘
UF_PART_save_as	将工作部件另存为新的部件到磁盘中，当前会话中它将使用新名称
UF_PART_save_work_only	保存工作部件到磁盘，如果是装配体，不保存子部件
UF_PART_set_display_part	设置指定部件为显示部件

在 NX 系统中，创建部件时默认以 "model" 开头的字符为部件名。对这类名称的部件，NX 系统认为是临时部件，不能直接使用 NXOpen C API 保存。开发者可以参考以下解决方案：

```
Session* theSession = NXOpen::Session::GetSession();
Part* workPart = theSession->Parts()->Work();
int exist = 0; //0 - file exists, 1 - file does not exist
UF_CFI_ask_file_exist(workPart->FullPath().GetLocaleText(), &exist);
if (exist == 1)
{
    //以给定名称保存临时部件
    workPart->AssignPermanentName(workPart->FullPath());
}
UF_PART_save_work_only();
```

以下代码展示了如何利用 NXOpen C 遍历 NX 会话中的部件并获取部件名与单位：

```
int nParts = UF_PART_ask_num_parts();
for (int i = 0; i < nParts; ++i)
{
    char partName[MAX_FSPEC_SIZE + 1] = { 0 };
    tag_t deltaPart = UF_PART_ask_nth_part(i);
    UF_PART_ask_part_name(deltaPart, partName);

    int partUnits = 1; //1-UF_PART_METRIC, 2-UF_PART_ENGLISH
    UF_PART_ask_units(deltaPart, &partUnits); //获取部件单位

    UF_UI_open_listing_window();
    UF_UI_write_listing_window(partName);
    UF_UI_write_listing_window("\n");
}
```

8.2　表达式操作

表达式（Expression）是 NX 参数化建模不可缺少的工具。在 NX 中表达式的一般格式为"name=value"，即它由三部分组成，表达式名称"name"、"="、表达式值"value"。

NXOpen C 中表达式操作常用 API 如表 8-2 所示。更多 API 定义请参考"%UGII_BASE_DIR%\UGOPEN\ uf_modl_expressions.h"文件。

表 8-2　NXOpen C 表达式常用 API

API	描述
UF_MODL_ask_exp	通过表达式名称查询完整表达式，输出格式"name=value"
UF_MODL_ask_exp_tag_string	通过表达式标识符查询完整表达式，输出格式"name=value"
UF_MODL_ask_exp_tag_value	通过表达式标识符查询表达式的值
UF_MODL_ask_exps_of_feature	通过特征标识符查询所有关联的表达式
UF_MODL_ask_exps_of_part	通过部件标识符获取指定部件中所有的表达式
UF_MODL_ask_features_of_exp	通过表达式标识符查询表达式所有关联的特征
UF_MODL_ask_owning_feat_of_exp	通过表达式标识符查询表达式所属的特征
UF_MODL_ask_suppress_exp_tag	通过特征标识符查询抑制表达式
UF_MODL_create_exp	创建表达式，不输出创建表达式的标识符
UF_MODL_create_exp_tag	创建表达式，同时输出创建表达式的标识符
UF_MODL_delete_exp	通过给定表达式名称，删除表达式
UF_MODL_delete_exp_tag	通过给定表达式标识符，删除表达式
UF_MODL_dissect_exp_string	分割表达式，输出表达式的名称、值以及表达式标识符
UF_MODL_edit_exp	编辑表达式
UF_MODL_eval_exp	获取表达式的值，如果是引用表达式，会计算引用表达式的值
UF_MODL_export_exp	将表达式导出为*.exp 文件
UF_MODL_import_exp	从*.exp 文件导入表达式
UF_MODL_is_exp_in_part	判断表达式是否在指定的部件中
UF_MODL_rename_exp	重命名已存在的表达式
UF_MODL_set_suppress_exp_tag	设置抑制表达式

以下代码展示了如何创建部件和使用不同方式创建表达式：

```
tag_t part = NULL_TAG, newExp = NULL_TAG;
UF_PART_new("nxopen_test_part.prt", 1, &part);   //创建部件
UF_MODL_create_exp("exp100=100"); //创建表达式
UF_MODL_create_exp_tag("3.131415", &newExp); //可以不输入表达式名称

char* expStr = NULL;
UF_MODL_ask_exp_tag_string(newExp, &expStr); //查询完整表达式
UF_free(expStr); //释放内存
```

NXOpen C++中表达式操作定义在目录"%UGII_BASE_DIR%\UGOPEN\NXOpen\"下与

Expression*.hxx 相关的文件中。根据第 6 章所述，开发者只需要使用 Journal 工具自动生成代码即可，以下展示了如何遍历工作部件中所有表达式，并获取表达式的字符串：

```
Session* theSession = NXOpen::Session::GetSession();
Part* workPart = theSession->Parts()->Work(); //获取工作部件

ExpressionCollection* expressions = workPart->Expressions();
ExpressionCollection::iterator it;
for (it = expressions->begin(); it != expressions->end(); ++it)
{
    Expression* expression = dynamic_cast<Expression*>(*it);
    NXString expressionName = expression->ExpressionString();

    theSession->ListingWindow()->Open(); //打开信息窗口
    theSession->ListingWindow()->WriteLine(expressionName); //打印信息
}
```

8.3　部件与表达式操作实例

本实例使用 NXOpen C 中部件与表达式操作相关 API 开发应用程序以解决本章开篇所提出的问题。

需求背景：在家电行业冰箱产品中，用于放置鸡蛋的零件称为"蛋架"，如图 8-1 所示。产品研发中心有几百名设计工程师，在各自设计新产品时，需要对其设计并 3D 建模。企业不期望设计师重复进行 3D 建模，同时期望提高企业标准化部门对零件的审核效率。

解决方案：根据企业标准，蛋架在不同的产品中，只是变化了放置鸡蛋的数量（3D 模型中孔数量）。因此，将 3D 零件设计成模板，配合 NX 二次开发工具，工程师只需更改放置鸡蛋的数量就自动完成新的 3D 建模。

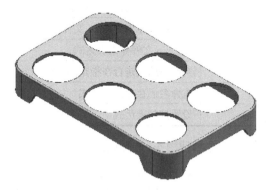

图 8-1　蛋架

实现应用程序的操作步骤如下：

（1）制作 3D 模板文件（这一部分知识属于 NX 基础应用，此处不再详述）。建模时使用一个表达式名称"eggsNumber"参数化控制放置鸡蛋的数量，如图 8-2 所示。本例模型保存为"D:\nxopen_demo\parts\eggs_tray_template.prt"。

（2）制作菜单与功能区（相关知识请参阅第 2 章）。针对本实例，菜单与功能区的制作已完成（请参阅 2.4 节）。

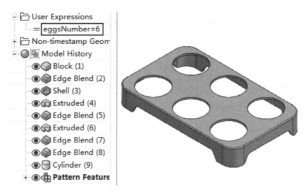

图 8-2　蛋架参数化模型

（3）制作对话框如图 8-3 所示（相关知识请参阅第 3 章）。

图 8-3　蛋架工具对话框

蛋架工具对话框使用的 UI Block 与 Property 信息如表 8-3 所示。本实例对话框文件保存为"D:\nxopen_demo\application\ch8_1.dlx"。

表 8-3　蛋架工具对话框使用的 UI Block 与 Property 信息

UI Block（UI 块）	Property（属性）	Value（值）
Integer	BlockID	m_eggsNumber
	Label	Eggs Number
	Value	6
	MinimumValue	4
	MaximumValue	20
	Group	True
Group	BlockID	m_previewGroup
	Label	Preview
Label/Bitmap	BlockID	m_previewBitmap
	Bitmap	eggs_tray_preview

（4）启动 Visual Studio，利用 NXOpen C++ Wizard 创建一个名为 ch8_1 的项目（本例代码保存在"D:\nxopen_demo\code\ch8_1"），删除原有 ch8_1.cpp 文件。将 Block UI Styler 模块自动生成的 ch8_1.hpp 与 ch8_1.cpp 拷贝到这个项目对应目录中，并将它们添加到 Visual Studio 项目中。

（5）在 ch8_1.hpp 中添加头文件和 do_it( )函数，代码格式如下：

```cpp
#include <uf.h>
#include <uf_assem.h>
#include <uf_csys.h>
#include <uf_modl.h>
#include <uf_mtx.h>
#include <uf_part.h>
#include <sstream>

class DllExport ch8_1
{
    //class members
public:
    ......

    void do_it(void);

private:
    ......
};
```

（6）在 ch8_1.cpp 中实现 do_it( )，代码如下：

```cpp
void ch8_1::do_it(void)
{
    //0.基于绝对坐标系创建临时坐标系
    tag_t absMtx = NULL_TAG;
    tag_t absCsys = NULL_TAG;
    double absOrigin[3] = { 0.0, 0.0, 0.0 };
    double absMtxValue[9] = { 0.0 };
    UF_MTX3_identity(absMtxValue);
    UF_CSYS_create_matrix(absMtxValue, &absMtx);
    UF_CSYS_create_temp_csys(absOrigin, absMtx, &absCsys);

    //1.设置wcs(工作坐标系)到绝对坐标系的位置
    tag_t oldWcs = NULL_TAG;
    UF_CSYS_ask_wcs(&oldWcs);
    UF_CSYS_set_wcs(absCsys);

    //2.导入模板部件
    tag_t group = NULL_TAG;
    const char* file = "D:\\nxopen_demo\\parts\\eggs_tray_template.prt";
    UF_import_part_modes_t modes = { 0, 0, 0, 0, 0, FALSE, FALSE };
    UF_PART_import(file, &modes, absMtxValue, absOrigin, 1.0, &group);

    //3.查找部件中的表达式"eggsNumber"，并为它赋新的值
    int nExps = 0;
    tag_t* exps = NULL;
```

```cpp
tag_t workPart = UF_ASSEM_ask_work_part();
UF_MODL_ask_exps_of_part(workPart, &nExps, &exps);
for (int i = 0; i < nExps; ++i)
{
    char* expStr = NULL;
    UF_MODL_ask_exp_tag_string(exps[i], &expStr);

    //分割表达式字符串
    tag_t temp = NULL_TAG;
    char* left = NULL;
    char* right = NULL;
    UF_MODL_dissect_exp_string(expStr, &left, &right, &temp);
    UF_free(expStr);

    if (strstr(left, "eggsNumber") != NULL)
    {
        //编辑表达式，值来源于对话框
        ostringstream tempStr;
        tempStr << left << "=" << m_eggsNumber->Value();
        string newExpStr = tempStr.str();

        UF_MODL_edit_exp(const_cast<char*>(newExpStr.c_str()));
        UF_MODL_update();
    }

    UF_free(left);
    UF_free(right);
}
UF_free(exps);

//4.重新设置 wcs (工作坐标系) 回到之前位置
UF_CSYS_set_wcs(oldWcs);
}
```

（7）在 ch8_1.cpp 的 apply_cb( )中调用 do_it( )函数：

```cpp
int ch8_1::apply_cb()
{
    do_it();
}
```

（8）在 ch8_1.cpp 的 ufusr( )中添加初始化与终止 API（初学者很容易忽略这一步，如果忽略它，代码编译链接成功，但在 NX 中执行应用程序时有异常），代码格式如下：

```cpp
extern "C" DllExport void ufusr(char* param, int* retcod, int param_len)
{
    ch8_1* thech8_1 = NULL;
    UF_initialize();
```

```
        thech8_1 = new ch8_1();
        thech8_1->Show();
        UF_terminate();

        delete thech8_1;
        thech8_1 = NULL;
    }
```

（9）编译链接生成*.dll 文件，并将该文件拷贝到 NX 二次开发根目录下的 application 目录中。

（10）在 NX 中新建或打开一部件文件，单击 Ribbon 工具条上的"NXOpen Demo"→"Eggs Tray"按钮，启动蛋架工具，更改对话框上"Eggs Number"的值，单击"OK"按钮，结果如图 8-4 所示。

图 8-4　蛋架工具运行结果

第**9**章　草图特征操作

在本章中您将主要学习下列内容:
- 草图特征操作应用范围
- 草图特征操作常用 API
- 草图特征创建流程

9.1　草图特征操作应用范围

草图（Sketch）是 3D 建模不可缺少的工具。简单的几何形状可以直接使用 NX 中与曲线相关的工具完成，但比较复杂的几何形状，如图 9-1 所示，用草图工具更为实用。

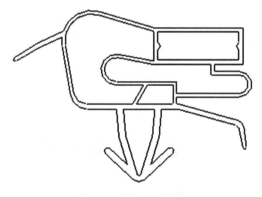

图 9-1　复杂几何形状

3D 模型通常是基于草图创建的，有了草图，就可以利用 Extrude、Revolve 等工具创建实体形状。因此，开发者有必要了解 NXOpen C/C++中与草图有关的 API。

9.2　草图特征操作常用 API

NXOpen C 中草图特征常用 API 如表 9-1 所示。更多 API 定义请参考"%UGII_BASE_DIR%\UGOPEN\uf_sket.h"文件。NXOpen C++中草图特征常用 API 定义在目录"%UGII_BASE_DIR%\ UGOPEN\NXOpen"下与 Sketch*.hxx 相关的文件中。

表 9-1　NXOpen C 中草图特征常用 API

API	描述
UF_SKET_add_objects	添加几何对象到指定的草图中
UF_SKET_ask_active_sketch	获取活动草图的标识符
UF_SKET_ask_dimensions_of_sketch	获取给定草图的所有尺寸约束
UF_SKET_ask_exps_of_sketch	获取给定草图的所有表达式

API	描述
UF_SKET_ask_feature_sketches	获取给定特征（Feature）关联的所有草图
UF_SKET_ask_geo_cons_of_geometry	获取给定草图对象的所有几何约束
UF_SKET_ask_geo_cons_of_sketch	获取给定草图的所有几何约束
UF_SKET_ask_geoms_of_sketch	获取给定草图的所有几何对象
UF_SKET_ask_sketch_features	获取给定草图关联的特征
UF_SKET_ask_sketch_info	获取给定草图的信息，例如：矩阵、草图名称、视图等
UF_SKET_ask_sketch_of_geom	通过给定几何对象标识符查询草图标识符
UF_SKET_ask_sketch_status	查询草图的状态（自由度）
UF_SKET_create_dimension	创建尺寸，输出尺寸标识符
UF_SKET_create_dimensional_constraint	创建尺寸约束，输出尺寸约束标识符
UF_SKET_create_geometric_constraint	创建几何约束
UF_SKET_create_sketch	创建一个空的草图
UF_SKET_delete_constraints	删除指定草图的几何约束
UF_SKET_delete_dimensions	删除指定草图的尺寸
UF_SKET_initialize_sketch	初始化草图环境
UF_SKET_mirror_objects	根据中心线镜像草图中的对象
UF_SKET_terminate_sketch	终止（退出）草图环境
UF_SKET_update_sketch	更新指定草图

9.3　草图特征创建流程

NXOpen C 创建草图特征流程如图 9-2 所示。

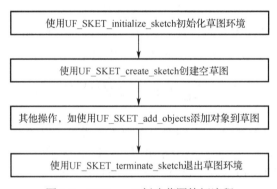

图 9-2　NXOpen C 创建草图特征流程

下面分别使用 NXOpen C 与 NXOpen C++创建空草图特征来展示相关 API 的用法。

（1）启动 Visual Studio，利用 NXOpen C++ Wizard 创建一个名为 ch9_1 的项目（本例代码保存在"D:\nxopen_demo\code\ch9_1"），删除原有内容再添加下列代码：

```
#include <uf.h>
#include <uf_cfi.h>
```

```cpp
#include <uf_sket.h>

#include <NXOpen/Part.hxx>
#include <NXOpen/PartCollection.hxx>
#include <NXOpen/Plane.hxx>
#include <NXOpen/PlaneCollection.hxx>
#include <NXOpen/Session.hxx>
#include <NXOpen/Sketch.hxx>
#include <NXOpen/SketchCollection.hxx>
#include <NXOpen/SketchInPlaceBuilder.hxx>

using namespace NXOpen;

static void CreateSketchByNXOpenC(void)
{
    UF_initialize();

    //初始化草图环境
    tag_t sketch = NULL_TAG;
    char name[UF_OBJ_NAME_BUFSIZE] = { 0 };
    uc4577(name); //获取临时唯一名称
    UF_SKET_initialize_sketch(name, &sketch);

    //创建空的草图
    int refDir[2] = { 1,1 };
    double mtx[9] = { 1.0, 0.0, 0.0, 0.0, 1.0, 0.0, 0.0, 0.0, 0.0 };
    tag_t objs[2] = { NULL_TAG, NULL_TAG };
    tag_t sketchId = NULL_TAG;
    UF_SKET_create_sketch(name, 2, mtx, objs, refDir, 1, &sketchId);

    //退出草图环境
    UF_SKET_terminate_sketch();
    UF_terminate();
}

static void CreateSketchByNXOpenCPP(void)
{
    Session* theSession = NXOpen::Session::GetSession();
    Part* workPart(theSession->Parts()->Work());

    theSession->BeginTaskEnvironment(); //初始化草图环境

    Sketch* nullObj(NULL);
    SketchInPlaceBuilder* builder;
    builder = workPart->Sketches()->CreateSketchInPlaceBuilder2(nullObj);

    Point3d origin1(0.0, 0.0, 0.0);
    Vector3d normal1(0.0, 0.0, 1.0);
```

```
    Plane* plane1 = NULL;
    plane1 = workPart->Planes()->CreatePlane(origin1, normal1,
        SmartObject::UpdateOptionWithinModeling); //根据点和法向量创建平面

    builder->SetPlaneReference(plane1);

    NXObject* nXObject1 = builder->Commit();
    builder->Destroy();
    plane1->DestroyPlane();

    theSession->EndTaskEnvironment(); //退出草图
}

extern "C" DllExport void ufusr(char* param, int* retCode, int paramLen)
{
    CreateSketchByNXOpenC(); //NXOpen C 方式创建空草图
    CreateSketchByNXOpenCPP(); //NXOpen C++方式创建空草图
}

extern "C" DllExport int ufusr_ask_unload()
{
    return UF_UNLOAD_IMMEDIATELY;
}
```

（2）编译链接生成*.dll 文件，并将该文件拷贝到 NX 二次开发根目录下的 application 目录中。

（3）在 NX 中新建或打开一部件文件，单击"File"→"Execute"→"NX Open"按钮，在弹出的对话框中选择动态链接库"ch9_1.dll"，运行结果如图 9-3 所示。

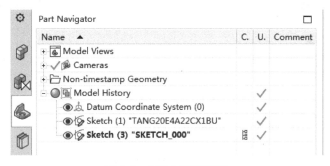

图 9-3   创建空草图结果

9.4   坐标系及转换

NX 中有多种不同的坐标系，三轴符号用于标识坐标系，轴的交点称为坐标系的原点。每条轴线均表示该轴的正向，如图 9-4 所示。

常用于设计和创建模型的坐标系有：绝对坐标系（Absolute Coordinate System，ABS）、工作坐标系（Work Coordinate System，WCS）、基准坐标系（Datum Coordinate System，CSYS）。它们之间的区别与联系如下：

● 绝对坐标系：定义模型空间中的概念性位置和方向。绝对坐标系原点为 $X = 0$、$Y = 0$、$Z = 0$，它是不可见的且不能移动。绝对坐标系定义模型空间中的一个固定点和方向，将不同对象之间的位置和方向关联。例如：一个对象在特定部件文件中位于绝对坐标 $X = 1.0$、$Y = 1.0$、$Z = 1.0$ 处，则在任何其他部件文件中均处于完全相同的绝对位置。绝对坐标系轴的方向与视图三重轴（如图 9-5 所示）相同，但原点不同（视图三重轴表示模型的绝对坐标系在关联视图中的方向，默认显示在所有视图的左下角）。

● 工作坐标系：一个笛卡尔右手坐标系，由相互间隔 90° 的 XC、YC 和 ZC 轴组成（如图 9-6 所示）。XC-YC 平面称为工作平面。工作坐标系是可以被移动的，在 NX 中建模通常是基于工作坐标系完成的。例如：Block Feature 的方位是由工作坐标系决定的。

图 9-4 坐标系   图 9-5 视图三重轴   图 9-6 工作坐标系

● 基准坐标系：提供一组关联的对象，包括三个轴、三个平面、一个坐标系和一个原点。基准坐标系显示为部件导航器中的一个特征（如图 9-7 所示）。它的对象可以单独选取，以支持创建其他特征和在装配中定位组件。创建新部件时，NX 会将基准坐标系定位在绝对零点并在部件导航器中将其创建为第一个特征。

在 NX 中创建新部件时，默认绝对坐标系、工作坐标系、基准坐标系的原点位置和方位相同。草图特征，通常是基于用户指定的坐标系而创建的。

NXOpen 中一部分 API 要求的坐标是基于绝对坐标系的，当点在不同的坐标系时，需要进行坐标转换。

如图 9-8 所示，已知点在工作坐标系的坐标，需要求它沿 XC 方向移动距离 S 后，新的点在绝对坐标系的坐标。

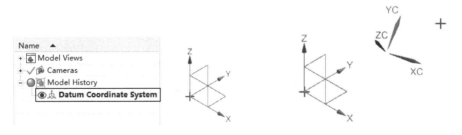

图 9-7 基准坐标系   图 9-8 点在不同的坐标系中

这种场景，可以考虑使用 UF_CSYS_map_point 进行坐标转换。该 API 可以在绝对坐标系与工作坐标系之间转换坐标。

如果已知点的绝对坐标，求它沿 XC 方向移动距离 S 后在绝对坐标系的坐标，可以使用 UF_VEC3_affine_comb 进行计算，除此之外开发者也可以直接用数学方法计算。

9.5   草图特征操作实例

本实例使用 NXOpen C 中与草图相关的 API 开发应用程序。

需求背景：产品设计工程师在建模时，需要在草图环境中大量绘制如图 9-9 所示的带圆角矩形，再标注尺寸、添加几何约束让其全约束，因此期望能高效地绘制这类几何形状。

图 9-9   带圆角矩形

解决方案：通过 NX 二次开发设计对话框，实现指点创建图形位置中心点，输入矩形的长、宽、圆角半径尺寸，快速创建几何形状，并自动添加尺寸和几何约束。

实现应用程序操作步骤如下：

（1）制作菜单与功能区（相关知识请参阅第 2 章）。针对本实例，菜单与功能区的制作已完成（请参阅 2.4 节）。

（2）制作对话框如图 9-10 所示（相关知识请参阅第 3 章）。

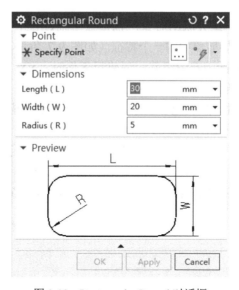

图 9-10   Rectangular Round 对话框

Rectangular Round 对话框使用的 UI Block 与 Property 信息如表 9-2 所示。本实例对话框文件保存为 "D:\nxopen_demo\application\ch9_2.dlx"。

表 9-2   Rectangular Round 对话框使用的 UI Block 与 Property 信息

UI Block（UI 块）	Property（属性）	Value（值）
Specify Point	BlockID	m_point
	Group	True
	Label	Point
Group	BlockID	m_dimensionsGroup
	Label	Dimensions

续表

UI Block（UI 块）	Property（属性）	Value（值）
Linear Dimension	BlockID Label Formula MinimumValue MinInclusive	m_length Length（L） 30 0 False
Linear Dimension	BlockID Label Formula MinimumValue MinInclusive	m_width Width（W） 20 0 False
Linear Dimension	BlockID Label Formula MinimumValue MinInclusive	m_radius Radius（R） 5 0 False
Group	BlockID Label	m_previewGroup Preview
Label/Bitmap	BlockID Bitmap	m_previewBitmap rectangular_round_preview

（3）启动 Visual Studio，利用 NXOpen C++ Wizard 创建一个名为 ch9_2 的项目（本例代码保存在 "D:\nxopen_demo\code\ch9_2"），删除原有 ch9_2.cpp 文件。将 Block UI Styler 模块自动生成的 ch9_2.hpp 与 ch9_2.cpp 拷贝到这个项目对应的目录中，并将它们添加到 Visual Studio 项目中。

（4）在 ch9_2.cpp 中添加坐标系之间的点坐标转换函数，代码如下：

```
//绝对坐标系与工作坐标系之间的点坐标转换
static void MapPoint(const bool wcsToAbs, double wcsP[3],double absP[3])
{
    int from = wcsToAbs ? UF_CSYS_ROOT_WCS_COORDS : UF_CSYS_ROOT_COORDS;
    int to = wcsToAbs ? UF_CSYS_ROOT_COORDS : UF_CSYS_ROOT_WCS_COORDS;
    UF_CSYS_map_point(from, wcsP, to, absP);
}
```

（5）在 ch9_2.cpp 中添加创建直线（Line）的函数，代码如下：

```
//创建直线
static void CreateLine(double start[3], double end[3], tag_t* lineId)
{
    UF_CURVE_line_t line = { 0 };
    memcpy(line.start_point, start, 3 * sizeof(double));
    memcpy(line.end_point, end, 3 * sizeof(double));
    UF_CURVE_create_line(&line, lineId);
}
```

（6）在 ch9_2.hpp 中添加头文件和 do_it( )函数，代码格式如下：

```
#include <uf.h>
#include <uf_csys.h>
#include <uf_curve.h>
#include <uf_sket.h>
#include <uf_vec.h>
class DllExport ch9_2
{
public:
    ......
        void do_it(void);
private:
    ......
};
```

（7）实现应用程序的整体流程如图 9-11 所示。

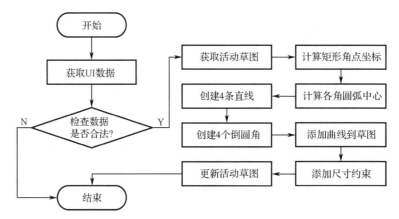

图 9-11　实现应用程序的整体流程

因此，按这个流程在 ch9_2.cpp 中实现 do_it( )函数，代码如下：

```
void ch9_2::do_it()
{
    //0.获取 UI 数据
    Point3d point = m_point->Point();
    double length = m_length->Value();
    double width = m_width->Value();
    double radius = m_radius->Value();
    double center[3] = { point.X, point.Y, point.Z };

    //1.检查数据合法性
    bool checkLength = length - 2 * radius > 0.001;
    bool checkWidth= width - 2 * radius > 0.001;
    if (!checkLength || !checkWidth)
    {
        return;
    }
```

```
//2.获取活动草图信息
tag_t sketch = NULL_TAG;
UF_SKET_info_t info = { 0 };
UF_SKET_ask_active_sketch(&sketch);
UF_SKET_ask_sketch_info(sketch, &info);
UF_SKET_initialize_sketch(info.name, &sketch);
double xDir[3] = { info.csys[0], info.csys[1], info.csys[2] };
double yDir[3] = { info.csys[3], info.csys[4], info.csys[5] };

//3.在 WCS 坐标系中,计算矩形 4 个角点坐标（按逆时针顺序）
//p3 +--------------+ p2
//   |        +center  |
//p4 +--------------+ p1
double points[5][3] = { 0 };
UF_VEC3_affine_comb(center, length / 2, xDir, points[0]);
UF_VEC3_affine_comb(points[0], -width / 2, yDir, points[0]); //p1

UF_VEC3_affine_comb(points[0], width, yDir, points[1]); //p2
UF_VEC3_affine_comb(points[1], -length, xDir, points[2]); //p3
UF_VEC3_affine_comb(points[2], -width, yDir, points[3]); //p4
memcpy(points[4], points[0], 3 * sizeof(double));

//4.计算 4 个角圆弧中心
double arcPs[4][3] = { 0 };
double moveX = length / 2 - radius;
double moveY = width / 2 - radius;
UF_VEC3_affine_comb(center, moveX, xDir, arcPs[0]);
UF_VEC3_affine_comb(arcPs[0], moveY, yDir, arcPs[0]); //p2 位置
UF_VEC3_affine_comb(arcPs[0], -2 * moveX, xDir, arcPs[1]); //p3 位置
UF_VEC3_affine_comb(arcPs[1], -2 * moveY, yDir, arcPs[2]); //p4 位置
UF_VEC3_affine_comb(arcPs[2], 2 * moveX, xDir, arcPs[3]); //p1 位置

//5.创建 4 条直线
int nLines = 4;
tag_t lines[5] = { NULL_TAG };
for (int i = 0; i < nLines; ++i)
{
    CreateLine(points[i], points[i + 1], &lines[i]);
}
lines[4] = lines[0];

//6.创建 4 个倒圆角
int filletType = UF_CURVE_2_CURVE;
int opts[2] = { true, true };
tag_t arcs[4] = { NULL_TAG };
for (int i = 0; i < nLines; ++i)
{
    tag_t objs[3] = { lines[i], lines[i + 1], NULL_TAG };
```

```
        UF_CURVE_create_fillet(filletType, objs, arcPs[i], radius,
            opts, NULL, &arcs[i]);
    }

    //7.添加曲线到草图中
    UF_SKET_add_objects(sketch, 4, lines); //添加直线到草图
    UF_SKET_add_objects(sketch, 4, arcs); //添加圆弧到草图

    //添加几何约束-高版本 NX 中不再需要此操作

    //8.添加 3 个尺寸约束
    UF_SKET_dim_object_t obj1 = { NULL_TAG, UF_SKET_end_point, 0 };
    UF_SKET_dim_object_t obj2 = { NULL_TAG, UF_SKET_end_point, 0 };

    double pts[3][3] = { 0 }; //三个尺寸放置点坐标
    UF_VEC3_affine_comb(center, width / 2 + 5.0, yDir, pts[0]);
    UF_VEC3_affine_comb(center, length / 2 + 3.5, xDir, pts[1]);
    MapPoint(true, pts[0], pts[0]);
    MapPoint(true, pts[1], pts[1]);
    MapPoint(true, center, pts[2]);

    UF_SKET_con_type_t type[3] = {
        UF_SKET_horizontal_dim, UF_SKET_vertical_dim, UF_SKET_radius_dim};

    tag_t dim = NULL_TAG;
    tag_t curves[3][2] = { { lines[0], lines[2] },
        { lines[1], lines[3] }, { arcs[2], NULL_TAG } };
    for (int i = 0; i < 3; ++i)
    {
        obj1.object_tag = curves[i][0];
        obj2.object_tag = curves[i][1];
        UF_SKET_create_dimension(sketch,type[i],&obj1,&obj2,pts[i],&dim);
    }

    //9.更新草图
    UF_SKET_update_sketch(sketch);
}
```

（8）在 *ch9_2.cpp* 的 update_cb( )中调用 do_it( )函数，代码格式如下：

```
int ch9_2::update_cb(BlockStyler::UIBlock* block)
{
    if (block == m_point)
    {
        do_it();
    }
}
```

（9）在 *ch9_2.cpp* 的 ufusr( )中添加初始化与终止 API（初学者很容易忽略这一步，如果

忽略它，代码编译链接成功，但在 NX 中执行应用程序时有异常），代码格式如下：

```
extern "C" DllExport void ufusr(char* param, int* retcod, int param_len)
{
    ch9_2* thech9_2 = NULL;
    UF_initialize();
    thech9_2 = new ch9_2();
    thech9_2->Show();
    UF_terminate();
    delete thech9_2;
    thech9_2 = NULL;
}
```

（10）编译链接生成*.dll 文件，并将该文件拷贝到 NX 二次开发根目录下的 application 目录中。

（11）进入 NX 草图环境，单击 Ribbon 工具条上的"NXOpen Demo"→"Rectangular Round"按钮，启动 Rectangular Round 工具，更改对话框上"Length""Width""Radius"的值，再指定放置图形的中心点位置，运行结果如图 9-12 所示。

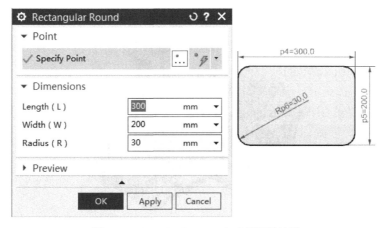

图 9-12　Rectangular Round 工具运行结果

第 **10** 章 实体特征操作

在本章中您将学习下列内容:
- 实体特征应用范围
- 实体特征操作常用 API

10.1 实体特征操作应用范围

实体特征是零件建模的重要组成部分。复杂的零件,如图 10-1 所示的减速机下底座,看似复杂,实际上是由 NX 中基本的特征构建而成的,主要包括:拉伸(Extrude)、旋转(Revolve)、边倒圆(Edge Blend)、倒斜角(Chamfer)、拔模(Draft)、孔(Hole)、阵列(Pattern)。

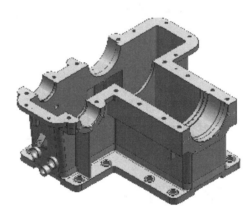

图 10-1 减速机下底座

现实场景中极少使用 NXOpen API 创建超过 15 个特征的零件。其原因是模型的复杂度使开发工作量变大且开发项目风险增加,例如:后期客户要求再加一个特征,就需要开发者更改代码。因此,复杂模型应用于 NX 二次开发项目时,通常采用模板导入方式提高开发效率(请参阅第 8 章相关内容)。

既然零件可以由多个特征构建而成,就存在组合特征的行为。在 NX 中,把多个体进行组合的操作称为"布尔操作"。它可对各个体进行合并(Unite)、减去(Subtract)或相交(Intersect)。

- 合并:将两个或多个工具体的空间体组合为一个目标体。
- 减去:从目标体中移除一个或多个工具体的体积。
- 相交:使用相交可以创建体,其中包含目标体与一个或多个工具体的共享空间体或区域。

布尔操作的过程与结果如图 10-2 所示。

在利用 NXOpen 开发应用程序时,经常使用布尔操作创建较复杂的模型。如图 10-3 所示包含孔的零件体，开发者可以使用 Block Feature、Hole 的相关 API 创建，也可以使用 Block Feature、Cylinder Feature 和布尔操作中"Subtract"创建。然而通过对比发现，如果直接使用 Hole 的 API 参数设置较为烦琐。因此，通常使用 Block Feature、Cylinder Feature 和布尔操作的相关 API 创建零件体。

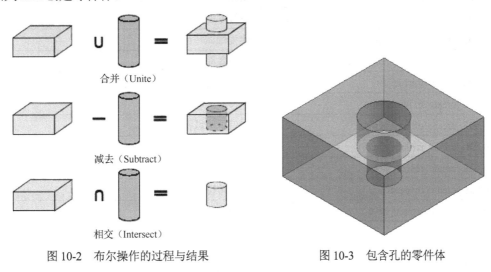

图 10-2 布尔操作的过程与结果   图 10-3 包含孔的零件体

10.2 创建实体特征常用 API

NXOpen C 中创建实体特征常用 API 如表 10-1 所示，将这些 API 组合使用可以创建复杂的模型。

表 10-1 NXOpen C 中创建实体特征常用 API

API	描述
UF_MODL_create_blend_faces	创建面倒圆特征
UF_MODL_create_block	创建块特征（允许同时布尔操作）
UF_MODL_create_block1	创建块特征（不允许同时布尔操作）
UF_MODL_create_boss	创建凸台特征
UF_MODL_create_chamfer	创建倒斜角特征
UF_MODL_create_circular_iset	创建圆形阵列特征
UF_MODL_create_circular_pattern_face	创建圆形的阵列面特征
UF_MODL_create_cone	创建圆锥特征（允许同时布尔操作）
UF_MODL_create_cone1	创建圆锥特征（不允许同时布尔操作）
UF_MODL_create_cylinder	创建圆柱特征（允许同时布尔操作）
UF_MODL_create_cyl1	创建圆柱特征（不允许同时布尔操作）
UF_MODL_create_edge_blend	创建边倒圆特征
UF_MODL_create_extruded	创建拉伸特征
UF_MODL_create_face_offset	创建偏置面特征
UF_MODL_create_face_taper	根据输入的点、方向、角度、面列表，创建拔模特征

API	描述
UF_MODL_create_feature_offset	根据输入的特征列表，创建偏置面特征
UF_MODL_create_feature_taper	根据输入的点、方向、角度、特征，创建拔模特征
UF_MODL_create_hollow	创建等厚度抽壳特征
UF_MODL_create_mirror_body	创建镜像体特征
UF_MODL_create_mirror_pattern_face	创建镜像面特征
UF_MODL_create_mirror_set	根据输入的特征集，创建镜像特征
UF_MODL_create_move_region	创建移动区域特征
UF_MODL_create_offset_region	创建偏置区域特征
UF_MODL_create_replace_face	创建替换面特征
UF_MODL_create_resize_face	创建调整面大小特征
UF_MODL_create_revolved	创建旋转特征
UF_MODL_create_simple_hole	创建简单孔特征
UF_MODL_create_sphere	创建球特征（允许同时布尔操作）
UF_MODL_create_sphere1	创建球特征（不允许同时布尔操作）
UF_MODL_create_subdiv_face	创建分割面特征
UF_MODL_create_sweep	创建扫掠特征
UF_MODL_create_taper_from_edges	根据输入的边，创建拔模特征
UF_MODL_create_tube	创建管道特征

在了解了 NXOpen C 创建实体特征常用 API 后，就可以将它们组合起来创建一些较复杂零件的 3D 模型了。如图 10-4 所示的固定座，初看它由孔、全圆角、块三部分组成。因此开发应用程序时，使用相关 API 即可创建对应的 3D 模型。

然而，创建孔特征使用 API 是 UF_MODL_create_simple_hole，它的设置比较烦琐，需要指定面（Face）创建相对定位约束（Relative Positioning Constraints）。因此，这样的解决方案不是最优的，使用 Block 与 Cylinder 再加上布尔操作完成建模，效率更高。固定座布尔操作如图 10-5 所示。

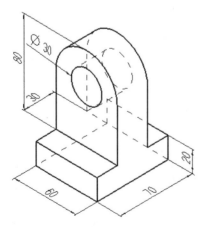

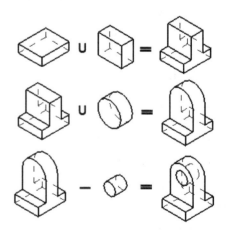

图 10-4　固定座　　　　　　　　　　图 10-5　固定座布尔操作

实现应用程序的操作步骤如下：

（1）启动 Visual Studio，利用 NXOpen C++ Wizard 创建一个名为 ch10_1 的项目（本例代码保存在 "D:\nxopen_demo\code\ch10_1"），删除原有内容再添加下列代码：

```cpp
#include <uf.h>
#include <uf_modl.h>
#include <uf_part.h>

static void do_it(void)
{
    //0.创建新的 part
    tag_t part = NULL_TAG;
    UF_PART_new("test_part", 1, &part);

    //1.创建两个 Block
    double corner[][3] = { { 0.0, 0.0, 0.0 }, { 0.0, 20.0, 20.0 } };
    UF_FEATURE_SIGN sign[] = { UF_NULLSIGN, UF_POSITIVE };
    tag_t targs[] = { NULL_TAG, NULL_TAG };
    char* size[] = { "60", "70", "20", "60", "30", "50" };
    for (int i = 0; i < 2; ++i)
    {
        tag_t feat = NULL_TAG;
        UF_MODL_create_block(sign[i],targs[i],corner[i],&size[3*i],&feat);
        if (i == 0 && feat != NULL_TAG)
        {
            UF_MODL_ask_feat_body(feat, &targs[1]);  //通过特征查询体标识符
        }
    }

    //2.创建两个 Cylinder
    double cent[] = { 30.0, 20.0, 70.0 };
    double dir[] = { 0.0, 1.0, 0.0 };
    char* h = "30";
    char* d[] = { "60", "30" };
    UF_FEATURE_SIGN sign1[] = { UF_POSITIVE, UF_NEGATIVE };
    for (int i = 0; i < 2; ++i)
    {
        tag_t cyl = NULL_TAG;
        UF_MODL_create_cylinder(sign1[i],targs[1],cent,h,d[i],dir,&cyl);
    }
}
extern "C" DllExport void ufusr(char* param, int* retCode, int paramLen)
{
    UF_initialize();
    do_it();
    UF_terminate();
}

extern "C" DllExport int ufusr_ask_unload()
{
```

```
        return UF_UNLOAD_IMMEDIATELY;
    }
```

（2）编译链接生成*.dll 文件。

（3）在 NX 界面中，单击"File"→"Execute"→"NX Open"按钮，在弹出的对话框中选择动态链接库"ch10_1.dll"，运行结果如图 10-6 所示。

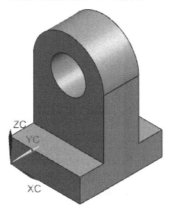

图 10-6   创建固定座应用程序运行结果

10.3   查询实体特征常用 API

查询实体特征信息是开发应用程序的重要环节，例如：获取指定面（Face）UV 中点的法向量。NXOpen C 中查询实体特征常用 API 如表 10-2 所示。

表 10-2   NXOpen C 中查询实体特征常用 API

API	描述
UF_MODL_ask_adjac_faces	查询指定面的相邻面
UF_MODL_ask_body_edges	查询指定体上所有的边
UF_MODL_ask_body_faces	查询指定体上所有的面
UF_MODL_ask_body_feats	查询指定体上所有的特征
UF_MODL_ask_body_type	查询指定体的类型
UF_MODL_ask_bounding_box	查询指定对象基于绝对坐标系的包围盒（不够精确）
UF_MODL_ask_bounding_box_aligned	查询指定对象基于指定坐标系的包围盒（不够精确）
UF_MODL_ask_bounding_box_exact	查询指定对象基于指定坐标系的包围盒（精确）
UF_MODL_ask_current_feature	查询当前特征
UF_MODL_ask_curve_closed	查询曲线是否封闭
UF_MODL_ask_edge_body	查询边关联的体
UF_MODL_ask_edge_faces	查询边关联的面
UF_MODL_ask_edge_feats	查询边关联的特征
UF_MODL_ask_edge_smoothness	查询边是否在指定公差范围内是光顺的
UF_MODL_ask_edge_tolerance	查询边的公差大小
UF_MODL_ask_edge_type	查询边的类型

API	描述
UF_MODL_ask_edge_verts	查询边的顶点
UF_MODL_ask_face_body	查询面关联的体
UF_MODL_ask_face_data	查询面相关数据，例如：面的类型、包围盒
UF_MODL_ask_face_edges	查询面关联的边
UF_MODL_ask_face_feats	查询面关联的特征
UF_MODL_ask_face_min_radii	查询面最小曲率半径，以及它的位置和 UV 参数
UF_MODL_ask_face_parm_2	查询面上指定点所在的位置及 UV 参数
UF_MODL_ask_face_props	查询面上指定 UV 位置的一阶与二阶导数
UF_MODL_ask_face_smoothness	查询面是否光顺（G1 连续）
UF_MODL_ask_face_type	查询面的类型
UF_MODL_ask_face_uv_minmax	查询面的 UV 边界范围
UF_MODL_ask_feat_body	查询特征关联的体
UF_MODL_ask_feat_edges	查询特征关联的边
UF_MODL_ask_feat_name	查询特征的名称（包含时间戳记）
UF_MODL_ask_feat_object	查询特征包含的对象
UF_MODL_ask_feat_sysname	查询特征的系统名称
UF_MODL_ask_feat_tolerance	查询特征公差
UF_MODL_ask_feat_type	查询特征类型
UF_MODL_ask_mass_props_3d	查询体的质量信息
UF_MODL_ask_minimum_dist_3	查询两个对象之间的最小距离
UF_MODL_ask_object	根据指定对象的类型和子类型遍历对象
UF_MODL_ask_point_containment	判断给定的点坐标相对于对象的位置
UF_MODL_ask_shared_edges	查询两个面的公共边
UF_MODL_trace_a_ray	查询射线与体的相交对象

　　以下通过一个实例展示如何通过 NXOpen C 相关 API 实现 3D 建模。如图 10-7 所示的接水盘，位于工作坐标系的原点位置，由 Block、Edge Blend、Shell（也称为 Hollow）三部分组成。

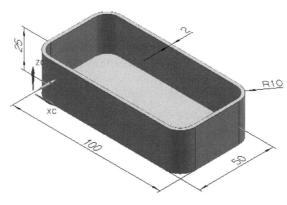

图 10-7　接水盘

利用 API 创建模型时，有两个难点：一是如何找出竖直的边；二是在创建 Shell 时，如何找到要被移除的顶面。找竖直边可以考虑判断边所组成的向量是否与 *ZC* 方向平行；找顶面，可以使用 UF_MODL_trace_a_ray 或者 UF_MODL_ask_point_containment 进行判断。

创建接水盘应用程序的实现流程如图 10-8 所示。

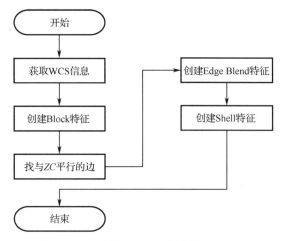

图 10-8　创建接水盘应用程序的实现流程

实现应用程序的操作步骤如下：

（1）启动 Visual Studio，利用 NXOpen C++ Wizard 创建一个名为 ch10_2 的项目（本例代码保存在 "D:\nxopen_demo\code\ch10_2"），删除原有内容再添加下列代码：

```
#include <uf.h>
#include <uf_csys.h>
#include <uf_modl.h>
#include <uf_vec.h>

static void do_it(void)
{
    //0.获取 WCS 信息
    tag_t wcs = NULL_TAG;
    tag_t wcsMtx = NULL_TAG;
    double wcsMtxValues[9] = { 0.0 };
    double wcsOrigin[3] = { 0.0, 0.0, 0.0 };
    UF_CSYS_ask_wcs(&wcs);
    UF_CSYS_ask_csys_info(wcs, &wcsMtx, wcsOrigin);
    UF_CSYS_ask_matrix_values(wcsMtx, wcsMtxValues);

    //1.创建 Block 特征
    tag_t blockFeat = NULL_TAG;
    char* size[] = { "100", "50", "25" };
    UF_MODL_create_block1(UF_NULLSIGN, wcsOrigin, size, &blockFeat);

    //2.找与 ZC 平行的边
    int nEdges = 0;
```

```
uf_list_p_t edgeList = NULL;
UF_MODL_ask_feat_edges(blockFeat, &edgeList);
UF_MODL_ask_list_count(edgeList, &nEdges);

uf_list_p_t blendList = NULL;
UF_MODL_create_list(&blendList);
for (int i = 0; i < nEdges; ++i)
{
    int nPoints = 0;
    double p1[3] = { 0.0, 0.0, 0.0 }, p2[3] = { 0.0, 0.0, 0.0 };
    tag_t edge = NULL_TAG;
    UF_MODL_ask_list_item(edgeList, i, &edge);
    UF_MODL_ask_edge_verts(edge, p1, p2, &nPoints);

    int parallel = 0;
    double magnitude = 0.0;
    double vec[3] = { p2[0] - p1[0], p2[1] - p1[1] , p2[2] - p1[2] };
    UF_VEC3_unitize(vec, 0.00001, &magnitude, vec);
    UF_VEC3_is_parallel(vec, &wcsMtxValues[6], 0.00001, &parallel);
    if (parallel == 1)
    {
        UF_MODL_put_list_item(blendList, edge);
    }
}

UF_MODL_delete_list(&edgeList);

//3.创建 Edge Blend 特征
tag_t blendFeat = NULL_TAG;
UF_MODL_create_blend("10", blendList, 0, 0, 0, 0.001, &blendFeat);
UF_MODL_delete_list(&blendList);

//4.创建 Shell 特征
int nFaces = 0;
tag_t sheelFeat = NULL_TAG;
uf_list_p_t faceList = NULL;
UF_MODL_ask_feat_faces(blockFeat, &faceList);
UF_MODL_ask_list_count(faceList, &nFaces);

int from = UF_CSYS_ROOT_WCS_COORDS;
int to = UF_CSYS_WORK_COORDS;
double testP[3] = { 50.0, 25.0, 25.0 };
UF_CSYS_map_point(from, testP, to, testP);

uf_list_p_t shellFaceList = NULL;
UF_MODL_create_list(&shellFaceList);
for (int i = 0; i < nFaces; ++i)
{
```

```
        int ptStatus = 0;
        tag_t face = NULL_TAG;
        UF_MODL_ask_list_item(faceList, i, &face);
        UF_MODL_ask_point_containment(testP, face, &ptStatus);
        if (ptStatus == 1) //Point is inside the face
        {
            UF_MODL_put_list_item(shellFaceList, face);
        }
    }

    UF_MODL_create_hollow("2", shellFaceList, &sheelFeat);
    UF_MODL_delete_list(&shellFaceList);
    UF_MODL_delete_list(&faceList);
}

extern "C" DllExport void ufusr(char* param, int* retCode, int paramLen)
{
    UF_initialize();
    do_it();
    UF_terminate();
}

extern "C" DllExport int ufusr_ask_unload()
{
    return UF_UNLOAD_IMMEDIATELY;
}
```

（2）编译链接生成*.dll 文件。

（3）在 NX 中新建或打开一部件文件，更改工作坐标系后，单击 "File" → "Execute" → "NX Open" 按钮，在弹出的对话框中选择动态链接库 "ch10_2.dll"，运行结果如图 10-9 所示。

图 10-9 创建接水盘应用程序运行结果

10.4 实体特征操作实例

本实例使用 NXOpen C 中与实体特征查询和创建相关的 API 结合 Block UI 开发应用程序。

需求背景：从事加工工作的用户希望在面上指定点，并按该点在此面的法向方向模拟创建球面铣刀，如图 10-10 所示。

解决方案：通过 NX 二次开发，制作对话框，实现按指定点位置和刀具相关尺寸，实时创建球面铣刀。

实现应用程序的操作步骤如下：

（1）制作菜单与功能区（相关知识请参阅第 2 章）。针对本实例，菜单与功能区的制作已完成（请参阅 2.4 节）。

（2）制作对话框如图 10-11 所示（相关知识请参阅第 3 章）。

图 10-10 创建的球面铣刀示意

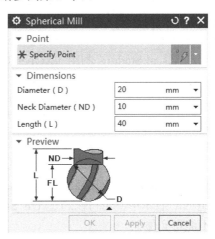

图 10-11 球面铣刀工具对话框

球面铣刀工具对话框使用的 UI Block 与 Property 信息如表 10-3 所示。本实例对话框文件保存为 "D:\nxopen_demo\application\ch10_3.dlx"。

表 10-3 球面铣刀工具对话框使用的 UI Block 与 Property 信息

UI Block（UI 块）	Property（属性）	Value（值）
Specify Point	BlockID	m_point
	Group	True
	Label	Point
	SnapPointTypesEnabled	0x800 （Point on Surface）
	SnapPointTypesOnByDefault	0x800 （Point on Surface）
Group	BlockID	m_dimensionsGroup
	Label	Dimensions
Linear Dimension	BlockID	m_diameter
	Label	Diameter（D）
	Formula	20
	MinimumValue	0
	MinInclusive	False
Linear Dimension	BlockID	m_neckDiameter
	Label	Neck Diameter（ND）
	Formula	10
	MinimumValue	0
	MinInclusive	False

续表

UI Block（UI 块）	Property（属性）	Value（值）
Linear Dimension	BlockID	m_length
	Label	Length（L）
	Formula	40
	MinimumValue	0
	MinInclusive	False
Group	BlockID	m_previewGroup
	Label	Preview
Label/Bitmap	BlockID	m_previewBitmap
	Bitmap	sphericalmillingtool

（3）启动 Visual Studio，利用 NXOpen C++ Wizard 创建一个名为 ch10_3 的项目（本例代码保存在 "D:\nxopen_demo\code\ch10_3"），删除原有 ch10_3.cpp 文件。将 Block UI Styler 模块自动生成的 ch10_3.hpp 与 ch10_3.cpp 拷贝到这个项目对应的目录中，并将它们添加到 Visual Studio 项目中。

（4）在开发本应用程序时，存在一个难点：怎么查询指定的点位于哪个面上。传统方法是将当前工作部件中的每个面逐个与指定的点比较，如果点不在面的外部，就表明该面是所求的面（用 UF_MODL_ask_point_containment 判断）。然而，当模型较大时，该方法效率较低。在早期 NX 版本中，也可以通过 UF_SO_ask_parents 来查询，但在高版本 NX 中此方法的准确率不能得到保证。

更为有效的方法是，通过指定点沿计算机屏幕垂直方向作射线，求部件中所有体与射线的交点，第一个交点对应的面即为所求之面（创建射线的 API 是 UF_MODL_trace_a_ray）。

创建球面铣刀应用程序的实现流程如图 10-12 所示。

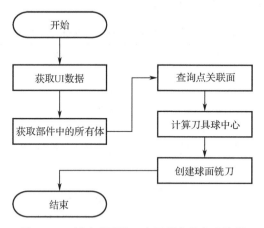

图 10-12　创建球面铣刀应用程序的实现流程

在 ch10_3.cpp 中添加查询部件中的所有体与查询点关联面的代码如下：

```
//查询部件中的所有体
static void FindBodies(int* nBodies, tag_t** bodies)
{
    uf_list_p_t bodyList = NULL;
    UF_MODL_create_list(&bodyList);
```

```
int type = UF_solid_type;
int subtype = UF_solid_body_subtype;
tag_t obj = NULL_TAG;
while (UF_MODL_ask_object(type, subtype, &obj) == 0 && obj != 0)
{
    int bodyType = 0;
    UF_MODL_ask_body_type(obj, &bodyType);
    if (bodyType == UF_MODL_SOLID_BODY && obj != 0)
    {
        UF_MODL_put_list_item(bodyList, obj);
    }
}

int err = 0;
UF_MODL_ask_list_count(bodyList, nBodies);
*bodies = (tag_t*)UF_allocate_memory(*nBodies * sizeof(tag_t), &err);
for (int i = 0; i < *nBodies; ++i)
{
    tag_t deltaBody = NULL_TAG;
    UF_MODL_ask_list_item(bodyList, i, &deltaBody);
    (*bodies)[i] = deltaBody;
}
UF_MODL_delete_list(&bodyList);
}

//查询指定点关联的面
static tag_t FindAssociateFace(double p[3], double dir[3])
{
    tag_t face = NULL_TAG;
    int nBodies = 0;
    tag_t* bodies = NULL;
    FindBodies(&nBodies, &bodies);
    if (nBodies == 0 || bodies == NULL)
    {
        UF_free(bodies);
        return face;
    }

    double mtx[16] = { 0.0 };
    UF_MTX4_identity(mtx);
    int nObjs = 0;
    UF_MODL_ray_hit_point_info_p_t objs = NULL;
    UF_MODL_trace_a_ray(nBodies, bodies, p, dir, mtx, 1, &nObjs, &objs);

    if (nObjs > 0)
    {
        face = objs[0].hit_face;
```

```
    }
    UF_free(bodies);
    UF_free(objs);
    return face;
}
```

（5）在 ch10_3.hpp 中添加头文件和 do_it( )函数，代码格式如下：

```
#include <uf.h>
#include <uf_modl.h>
#include <uf_mtx.h>
#include <uf_vec.h>
#include <uf_view.h>
#include <sstream>
class DllExport ch10_3
{
public:
    ......
        void do_it(void);
private:
    ......
}
```

（6）在 ch10_3.cpp 中实现 do_it( )函数，代码如下：

```
void ch10_3::do_it(void)
{
    //0.获取 UI 数据
    double diameter = m_diameter->Value();
    double nDiameter = m_neckDiameter->Value();
    double length = m_length->Value();
    Point3d point = m_point->Point();
    double origin[3] = { point.X, point.Y, point.Z };

    //1.查询指定点关联的面
    double viewMtx[9] = { 0.0 };
    uc6433("", viewMtx);
    UF_VEC3_scale(-1.0, &viewMtx[6], &viewMtx[6]);
    tag_t face = FindAssociateFace(origin, &viewMtx[6]);
    if (face == NULL_TAG)
    {
        return;
    }

    //2.计算球面铣刀球体中心
    double parm[2] = { 0.0, 1.0 };
    double ptOnFace[3] = { 0.0 };
    double dir[3] = { 0.0, 0.0, 1.0 };
    double no[3] = { 0.0 };
```

```
double center[3] = { 0.0 };
UF_MODL_ask_face_parm_2(face, origin, parm, ptOnFace);
UF_MODL_ask_face_props(face, parm, no, no, no, no, no, dir, no);
UF_VEC3_affine_comb(origin, diameter * 0.5, dir, center);
//3.创建球面铣刀——球面铣刀模型由一个球和一个圆柱组成
auto DoubleToString = [](double value) {
    ostringstream temp;
    temp << value;
    return (temp.str());
};

string diameterStr = DoubleToString(diameter);
char* diam = const_cast<char*>(diameterStr.c_str());
tag_t sphereFeat = NULL_TAG, body = NULL_TAG;
UF_MODL_create_sphere1(UF_NULLSIGN, center, diam, &sphereFeat);
UF_MODL_ask_feat_body(sphereFeat, &body);

string nDiameterStr = DoubleToString(nDiameter);
string lengthStr = DoubleToString(length - diameter * 0.5);
char* d = const_cast<char*>(nDiameterStr.c_str());
char* h = const_cast<char*>(lengthStr.c_str());
tag_t cyl = NULL_TAG;
UF_MODL_create_cylinder(UF_POSITIVE, body, center, h, d, dir, &cyl);
}
```

（7）在 ch10_3.cpp 的 update_cb( )中调用 do_it( )函数，代码格式如下：

```
int ch10_3::update_cb(NXOpen::BlockStyler::UIBlock* block)
{
    if (block == m_point)
    {
        do_it();
    }
}
```

（8）在 ch10_3.cpp 的 ufusr( )中添加初始化与终止 API（初学者很容易忽略这一步，如果忽略它，代码编译链接成功，但在 NX 执行应用程序时有异常），代码格式如下：

```
extern "C" DllExport void ufusr(char* param, int* retcod, int param_len)
{
    ch10_3* thech10_3 = NULL;
    UF_initialize();
    thech10_3 = new ch10_3();
    thech10_3->Show();
    UF_terminate();
    delete thech10_3;
    thech10_3 = NULL;
}
```

（9）编译链接生成*.dll 文件，并将该文件拷贝到 NX 二次开发根目录下的 application 目录中。

（10）在 NX 中打开一部件文件，单击 Ribbon 工具条上的"NXOpen Demo"→"Spherical Mill"按钮，启动球面铣刀工具，更改对话框上"Diameter""Neck Diameter""Length"的值，再指定面上的点，运行结果如图 10-13 所示。

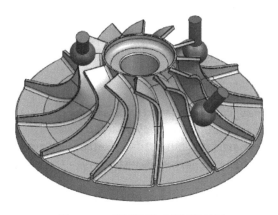

图 10-13   球面铣刀工具运行结果

第**11**章 自由曲面操作

在本章中您将学习下列内容：
- 自由曲面操作应用范围
- 自由曲面操作常用 API

11.1 自由曲面操作应用范围

自由曲面是 NX 模型的重要组成部分，在航空、汽车、家电等领域，许多零件外形都是由曲面组成的，如飞机机翼和汽车外壳。

自由曲面比较复杂，在 NX 二次开发项目中应用相对比实体建模少，但仍然有不少场景需要使用相关 API 开发应用程序。例如：开发叶轮叶片设计工具。

11.2 自由曲面操作常用 API

如您所知，曲面通常是由曲线构建而成的，NXOpen C 中与曲线操作相关的常用 API 如表 11-1 所示。

表 11-1 NXOpen C 中与曲线操作相关的常用 API

API	描述
UF_CURVE_create_arc	通过指定圆弧半径及位置创建圆弧
UF_CURVE_create_arc_thru_3pts	通过三点创建圆弧
UF_CURVE_create_bridge_curve	创建桥接曲线
UF_CURVE_create_combine_curves	创建组合投影曲线
UF_CURVE_create_conic	创建二次曲线（椭圆、双曲线、抛物线）
UF_CURVE_create_fillet	在指定对象之间创建倒圆角曲线
UF_CURVE_create_joined_curve	创建连接曲线（将多条相连曲线连接为一条曲线，不创建新特征）
UF_CURVE_create_joined_feature	创建连接曲线特征
UF_CURVE_create_line	创建直线
UF_CURVE_create_offset_curve	创建偏置曲线
UF_CURVE_create_proj_curves1	创建投影曲线
UF_CURVE_create_simplified_curve	创建简化曲线（将曲线转换为直线和圆弧线）
UF_CURVE_create_spline_thru_pts	通过指定点创建样条曲线
UF_CURVE_create_trim	创建修剪曲线
UF_MODL_create_fitted_spline	创建拟合曲线

NXOpen C 中与曲面操作相关的常用 API 如表 11-2 所示。

表 11-2　NXOpen C 中与曲面操作相关的常用 API

API	描述
UF_MODL_create_bplane	创建有界平面特征
UF_MODL_create_curve_mesh	通过曲线网格创建曲面特征（不允许同时布尔操作）
UF_MODL_create_curve_mesh1	通过曲线网格创建曲面特征（允许同时布尔操作）
UF_MODL_create_enlarge	创建扩大面特征
UF_MODL_create_sweep	创建扫掠特征
UF_MODL_create_thru_curves	通过曲线组创建曲面特征（不允许同时布尔操作）
UF_MODL_create_thru_curves1	通过曲线组创建曲面特征（允许同时布尔操作）

在 NX 系统中，与曲面操作相关的工具中有一个重要的概念叫"Sections"（截面）如图 11-1 所示。每个截面中包含不同数量的曲线，且截面中曲线还区分方向。当多个截面曲线的方向不一致时，创建的曲面可能出现扭曲，导致曲面质量不高。

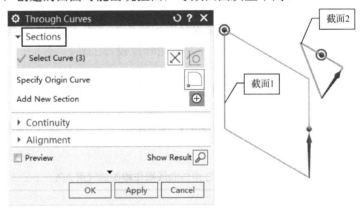

图 11-1　Sections 示意

在 NXOpen C 中，利用下列结构体来描述截面和截面中曲线之间的关系：

```
struct string_list
{
    int num;        //表示一共有多少个截面
    int* string;    //表示每个截面中包含曲线的数量
    int* dir;       //表示每个截面第一条曲线的方向（从起点开始或从终点开始）
    tag_t* id;      //表示所有截面的曲线
};
typedef struct string_list UF_STRING_t, * UF_STRING_p_t;
```

因此，图 11-1 中的两个截面及相应曲线，在 NXOpen C 中的定义格式如下（初学者要仔细理解其含义，否则会面临使用 API 创建曲面时不知如何传入参数的困境）：

```
tag_t curves[] = { 60776, 60775, 60778, 60777, 65126, 65125, 65129 };
UF_STRING_t strings = { 0 };
UF_MODL_init_string_list(&strings); //初始化结构体
UF_MODL_create_string_list(2, 7, &strings); //2 个截面共 7 条曲线

strings.num = 2; //共 2 个截面
```

```
strings.string[0] = 4; //第 1 个截面 4 条曲线
strings.dir[0] = UF_MODL_CURVE_START_FROM_BEGIN; //第 1 个截面曲线方向

strings.string[1] = 3; //第 2 个截面 3 条曲线
strings.dir[1] = UF_MODL_CURVE_START_FROM_BEGIN; //第 2 个截面曲线方向
for (int i = 0; i < 7; ++i)
{
    strings.id[i] = curves[i];
}
```

特殊情况下，截面也可以是一个点或一条曲线。

11.3　自由曲面建模实例

本实例展示如何通过 NXOpen C API 创建如图 11-2 所示的曲面。这是一个典型曲面建模案例，它有一定的难度，开发者必须有扎实的 NX 曲面建模能力，才可以熟练利用 NXOpen C 相关 API 实现建模。

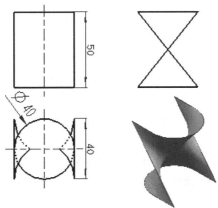

图 11-2　曲面实例

构建此曲面所需要的曲线如图 11-3 所示，图中标注了各曲线的端点。

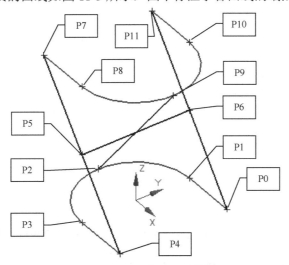

图 11-3　构建曲面所需曲线

曲线由直线和圆弧组成，创建曲线所需要的点坐标可以计算出来，如表 11-3 所示。点坐标计算仅为一种参考（对应图 11-3），开发者也可以将不同的点作为起点计算。

表 11-3　创建曲线所需要的点坐标

点序号	坐标
P0	（20，20，0）
P1	（0，20，0）
P2	（−20，0，0）
P3	（0，−20，0）
P4	（20，−20，0）
P5	（0，−20，25）
P6	（0，20，25）
P7	（−20，−20，50）
P8	（0，−20，50）
P9	（20，0，50）
P10	（0，20，50）
P11	（−20，20，50）

有了曲线后，利用通过曲线网格对应的 API（UF_MODL_create_curve_mesh）即可完成曲面建模。

实现应用程序的操作步骤如下（创建圆弧曲线时，本实例使用了对曲线倒圆角来得到圆弧曲线的技巧）：

（1）启动 Visual Studio，利用 NXOpen C++ Wizard 创建一个名为 ch11_1 的项目（本例代码保存在 "D:\nxopen_demo\code\ch11_1"），删除原有的内容再添加下列代码：

```
#include <uf.h>
#include <uf_curve.h>
#include <uf_modl.h>

//创建直线
static tag_t CreateLine(const double start[3], const double end[3])
{
    tag_t lineId = NULL_TAG;
    UF_CURVE_line_t line = { 0 };
    memcpy(line.start_point, start, 3 * sizeof(double));
    memcpy(line.end_point, end, 3 * sizeof(double));
    UF_CURVE_create_line(&line, &lineId);
    return lineId;
}

//创建圆弧
static tag_t CreateFillet(tag_t lines[2], const double centerZ)
{
    int type = UF_CURVE_2_CURVE;
```

```
    double cent[3] = { 0.0, 0.0, centerZ };
    int opts1[3] = { 1, 1, 1 };
    int opts2[3] = { 0, 0, 0 };
    tag_t arc = NULL_TAG;
    UF_CURVE_create_fillet(type, lines, cent, 20.0, opts1, opts2, &arc);
    return arc;
}


static void do_it(void)
{
    //0.定义点数据
    double points[][3] ={
        { 20.0, 20.0, 0.0 }, { 0.0, 20.0, 0.0 },
        { -20.0, 0.0, 0.0 }, { 0.0, -20.0, 0.0 },
        { 20.0, -20.0, 0.0 }, { 0.0, -20.0, 25.0 },
        { 0.0, 20.0, 25.0 }, { -20.0, -20.0, 50.0 },
        { 0.0, -20.0, 50.0 }, { 20.0, 0.0, 50.0 },
        { 0.0, 20.0, 50.0 }, { -20.0, 20.0, 50.0} };
    //1.创建 7 条主曲线
    tag_t primCurves[7] = { NULL_TAG };
    primCurves[0] = CreateLine(points[0], points[1]);
    primCurves[1] = CreateLine(points[3], points[4]);
    primCurves[2] = CreateFillet(&primCurves[0], 0.0); //创建圆弧
    primCurves[3] = CreateLine(points[5], points[6]); //第 1 方向中间曲线
    primCurves[4] = CreateLine(points[7], points[8]);
    primCurves[5] = CreateLine(points[10], points[11]);
    primCurves[6] = CreateFillet(&primCurves[4], 50.0); //创建圆弧


    //2.创建 3 条交叉曲线
    tag_t corssCurves[3] = { NULL_TAG };
    corssCurves[0] = CreateLine(points[0], points[11]);
    corssCurves[1] = CreateLine(points[2], points[9]);
    corssCurves[2] = CreateLine(points[4], points[7]);


    //3.通过曲线网格创建曲面特征
    UF_STRING_t sPrim = { 0 };
    UF_MODL_init_string_list(&sPrim);
    UF_MODL_create_string_list(3, 7, &sPrim); //主曲线：3 个截面共 7 条线
    sPrim.num = 3; //共 3 个截面
    sPrim.string[0] = 3; //第 1 个截面 3 条曲线
    sPrim.dir[0] = UF_MODL_CURVE_START_FROM_BEGIN; //第 1 个截面曲线方向
    sPrim.string[1] = 1; //第 2 个截面 1 条曲线
    sPrim.dir[1] = UF_MODL_CURVE_START_FROM_BEGIN; //第 2 个截面曲线方向
    sPrim.string[2] = 3; //第 3 个截面 3 条曲线
    sPrim.dir[2] = UF_MODL_CURVE_START_FROM_BEGIN; //第 3 个截面曲线方向
    memcpy(sPrim.id, primCurves, 7 * sizeof(tag_t));


    UF_STRING_t sCross = { 0 };
```

```cpp
    UF_MODL_init_string_list(&sCross);
    UF_MODL_create_string_list(3, 3, &sCross); //交叉曲线: 3 个截面共 3 条线
    sCross.num = 3; //共 3 个截面
    for (int i = 0; i < 3; ++i)
    {
        sCross.string[i] = 1; //每个截面只有 1 条曲线
        sCross.dir[i] = UF_MODL_CURVE_START_FROM_BEGIN; //截面曲线方向
        sCross.id[i] = corssCurves[i];
    }
    UF_STRING_t spine = { 0 };
    UF_MODL_init_string_list(&spine);

    int endPoint = 0; //0 = 不使用终点
    int emphasis = 3; //3 = 全部着重显示
    int bodyType = 0; //0 = 片体 (默认), 1 = 实体
    int splinePts = 0; //0 = 不重新参数化曲线

    UF_FEATURE_SIGN boolean = UF_NULLSIGN;
    double tol[3] = { 0.001, 0.005, 0.001 };
    tag_t cFaceId[4] = { NULL_TAG, NULL_TAG, NULL_TAG, NULL_TAG };
    int cFlag[4] = { 0, 0, 0, 0 };

    tag_t sheetBody = NULL_TAG;
    UF_MODL_create_curve_mesh(
        &sPrim, &sCross, &spine,
        &endPoint, &emphasis, &bodyType,
        &splinePts, boolean, tol,
        cFaceId, cFlag, &sheetBody);

    //释放内存
    UF_MODL_free_string_list(&sPrim);
    UF_MODL_free_string_list(&sCross);
    UF_MODL_free_string_list(&spine);
}

extern "C" DllExport void ufusr(char* param, int* retCode, int paramLen)
{
    UF_initialize();
    do_it();
    UF_terminate();
}

extern "C" DllExport int ufusr_ask_unload()
{
    return UF_UNLOAD_IMMEDIATELY;
}
```

（2）编译链接生成*.dll 文件。

（3）在 NX 界面中，创建一个新的部件，单击"File"→"Execute"→"NX Open"按钮，在弹出的对话框中选择动态链接库"ch11_1.dll"，运行结果如图 11-4 所示。

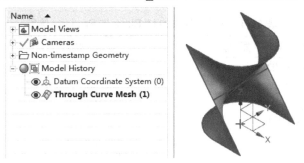

图 11-4　曲面建模应用程序运行结果

11.4　自由曲面操作综合实例

本实例使用 NXOpen C 中与曲面创建相关的 API 结合 Block UI，开发批量创建钻石纹的应用程序。钻石纹被大量应用在各行业的产品上，如皮箱、轮胎、皮具。

需求背景：如图 11-5 所示，图左为原始输入数据（点和曲面），图右为最终创建的钻石纹效果。期望通过工具框选点与曲面批量创建钻石纹。

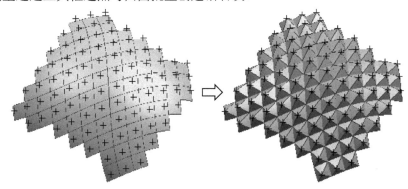

图 11-5　钻石纹

解决方案：通过 NX 二次开发，制作对话框，实现框选曲面和点，批量创建钻石纹。

实现应用程序的操作步骤如下：

（1）制作菜单与功能区（相关知识请参阅第 2 章）。针对本实例，菜单与功能区的制作已完成（请参阅 2.4 节）。

（2）制作对话框如图 11-6 所示（相关知识请参阅第 3 章）。

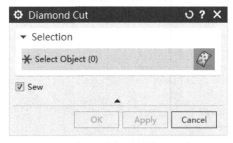

图 11-6　批量创建钻石纹应用程序对话框

对话框使用的 UI Block 与 Property 信息如表 11-4 所示。本实例对话框文件保存为"D:\nxopen_demo\application\ch11_2.dlx"。

表 11-4　对话框使用的 UI Block 与 Property 信息

UI Block（UI 块）	Property（属性）	Value（值）
Group	BlockID	m_selGroup
	Label	Selection
Select Object	BlockID	m_pntsFaces
	SelectMode	Multiple
	Bitmap	fromptcloud
Toggle	BlockID	m_sew
	Label	Sew
	Value	True

（3）启动 Visual Studio，利用 NXOpen C++ Wizard 创建一个名为 ch11_2 的项目（本例代码保存在"D:\nxopen_demo\code\ch11_2"），删除原有 ch11_2.cpp 文件。将 Block UI Styler 模块自动生成的 ch11_2.hpp 与 ch11_2.cpp 拷贝到这个项目对应的目录中，并将它们添加到 Visual Studio 项目中。

（4）在 ch11_2.hpp 中添加头文件和 do_it( )函数，代码格式如下：

```
#include <uf.h>
#include <uf_curve.h>
#include <uf_modl.h>
#include <uf_vec.h>
#include <uf_obj.h>
class DllExport ch11_2
{
public:
    void do_it(void);
}
```

（5）对话框中使用了 Select Object 这个 UI Block。在打开对话框时，类型过滤器中，列出了许多对象类型（如图 11-7 所示）。然而，在这个应用程序中，只需要选择点（Point）和片体（Sheet Body）类型即可。因此，需要在代码中设置类型过滤（Type Filter），开发者需要注意的是，类型过滤和对话框中的过滤回调是不同的概念。

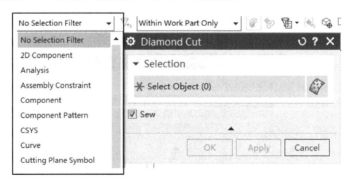

图 11-7　类型过滤器中的对象类型

在 ch11_2.cpp 的 initialize_cb( )回调中添加下列代码（目的是设置类型过滤，让用户打开对话框时只能选择点和片体）：

```
Selection::SelectionAction action =
    Selection::SelectionActionClearAndEnableSpecific;

std::vector<Selection::MaskTriple> masks(2);
masks[0] = Selection::MaskTriple(UF_point_type, 0, -1);
masks[1] = Selection::MaskTriple(UF_solid_type, UF_solid_body_subtype,
    UF_UI_SEL_FEATURE_SHEET_BODY);
BlockStyler::PropertyList* propertyList = m_pntsFaces->GetProperties();
propertyList->SetSelectionFilter("SelectionFilter", action, masks);
delete propertyList;
propertyList = NULL;
```

初学者若对类型过滤设置有疑惑之处，可以查阅官方帮助文档 *Block UI Styler* 中与"Blocks"相关的描述，在帮助文档中有清晰的描述和样例。

实现批量创建钻石纹应用程序的流程如图 11-8 所示：

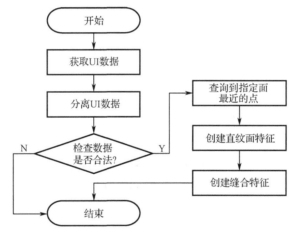

图 11-8　实现批量创建钻石纹应用程序的流程

（6）在 ch11_2.cpp 中添加下列代码，计算指定面的中心点，以及查询点集中到指定面最近的点（通过点与面的中点距离进行比较）：

```
//计算指定面的中心点
static void GetFaceCenter(const tag_t face, double center[3])
{
    double uv[4] = { 0.0, 0.0, 1.0, 1.0 };
    UF_MODL_ask_face_uv_minmax(face, uv);
    double no[3] = { 0.0, 0.0, 0.0 };
    double param[2] = { (uv[0] + uv[1]) * 0.5, (uv[2] + uv[3]) * 0.5 };
    UF_MODL_ask_face_props(face, param, center, no, no, no, no, no, no);
}

//查询点集中到指定面最近的点
static tag_t GetMinDistPoint(tag_t face, std::vector<tag_t>& points)
```

```cpp
{
    double dist = DBL_MAX;
    double faceCenter[3] = { 0.0, 0.0, 0.0 };
    GetFaceCenter(face, faceCenter);
    tag_t minDistFace = NULL_TAG;

    for (const auto& it : points)
    {
        double deltaDist = 0.0;
        double pointCoord[3] = { 0.0, 0.0, 0.0 };
        UF_CURVE_ask_point_data(it, pointCoord); //根据点标识符查询点坐标
        UF_VEC3_distance(faceCenter, pointCoord, &deltaDist);//获取两点距离
        if (deltaDist - dist < -0.001)
        {
            dist = deltaDist;
            minDistFace = it;
        }
    }
    return minDistFace;
}
```

（7）在 ch11_2.cpp 中添加创建直纹面的函数，代码如下：

```cpp
static tag_t CreateRuled(const tag_t face, std::vector<tag_t>& points)
{
    //查询面的边及创建直纹面需要的点
    int nEdges = 0;
    uf_list_p_t edgeList = NULL;
    tag_t firstSection = { GetMinDistPoint(face, points) };
    UF_MODL_ask_face_edges(face, &edgeList);
    UF_MODL_ask_list_count(edgeList, &nEdges);

    //创建直纹面
    UF_STRING_t section = { 0 }, spine = { 0 };
    UF_MODL_init_string_list(&section);
    UF_MODL_init_string_list(&spine);
    UF_MODL_create_string_list(2, nEdges + 1, &section); //2 个截面

    section.string[0] = 1; //第 1 个截面为 1 个点
    section.dir[0] = UF_MODL_CURVE_START_FROM_BEGIN;
    section.id[0] = firstSection;

    section.string[1] = nEdges; //第 2 个截面是片体的边
    section.dir[1] = UF_MODL_CURVE_START_FROM_END;
    for (int i = 0; i < nEdges; ++i)
    {
        tag_t edge = NULL_TAG;
        UF_MODL_ask_list_item(edgeList, i, &edge);
        section.id[i + 1] = edge;
```

```
}

    int alignment = 1; //Parameter
    double value[6] = { 0.0 };
    int endPoint = 1; //1 = Curve/point of first section string
    int bodyType = 0; //0 = Sheet (Default) 1 = Solid
    UF_FEATURE_SIGN boolean = UF_NULLSIGN;
    double tol[3] = { 0.0, 0.05, 0.0 };
    tag_t sheetBody = NULL_TAG;
    UF_MODL_create_ruled(&section, &spine, &alignment, value,
        &endPoint, &bodyType, boolean, tol, &sheetBody);

    //释放内存
    UF_MODL_delete_list(&edgeList);
    UF_MODL_free_string_list(&section);
    UF_MODL_free_string_list(&spine);
    UF_DISP_refresh(); //刷新 NX 图形窗口,拭除显示的临时箭头
    return sheetBody;
}
```

（8）在 ch11_2.cpp 中实现 do_it( )函数，代码如下：

```
void ch11_2::do_it(void)
{
    //0.获取 UI 信息
    std::vector<TaggedObject*> objs = m_pntsFaces->GetSelectedObjects();
    bool isCreateSew = m_sew->Value();

    //1.从选择对象中分离点与片面
    std::vector<tag_t> points, bodies;
    for (const auto& it : objs)
    {
        int type = 0, subtype = 0;
        UF_OBJ_ask_type_and_subtype(it->Tag(), &type, &subtype);
        tag_t pt = it->Tag();
        type==UF_point_type ? points.push_back(pt) : bodies.push_back(pt);
    }

    //2.检查数据是否合法（判断数据，点与片体的数量不等时，不用创建任何对象）
    int nPoints = (int)points.size();
    int nBodies = (int)bodies.size();
    if (points.empty() || bodies.empty() || nPoints != nBodies)
    {
        return;
    }

    for (const auto& it : bodies)
    {
        tag_t face = NULL_TAG;
```

```
        int nFaces = 0;
        uf_list_p_t faceLit = NULL;
        UF_MODL_ask_body_faces(it, &faceLit);
        UF_MODL_ask_list_count(faceLit, &nFaces);
        if (nFaces > 0)
        {
            UF_MODL_ask_list_item(faceLit, 0, &face);
        }
        UF_MODL_delete_list(&faceLit);

        //3.创建直纹面特征
        tag_t sheetBody = NULL_TAG;
        if (face != NULL_TAG)
        {
            sheetBody = CreateRuled(face, points);
        }

        //4.创建缝合特征
        if (m_sew->Value() && sheetBody != NULL_TAG)
        {
            tag_t tars[1] = { it };
            tag_t tools[1] = { sheetBody };
            tag_t sew = NULL_TAG;
            double tol = 0.001;

            uf_list_p_t disL = NULL;
            UF_MODL_create_sew(0, 1, tars, 1, tools, tol, 1, &disL, &sew);
            UF_MODL_delete_list(&disL);
        }
    }
}
```

（9）在 ch11_2.cpp 的 apply_cb( )中调用 do_it( )函数，代码格式如下：

```
int ch11_2::apply_cb()
{
    do_it();
}
```

（10）在 ch11_2.cpp 的 ufusr( )中添加初始化与终止 API（初学者很容易忽略这一步，如果忽略它，代码编译链接成功，但在 NX 执行应用程序时有异常），格式如下：

```
extern "C" DllExport void ufusr(char* param, int* retcod, int param_len)
{
    ch11_2* thech11_2 = NULL;
    UF_initialize();
    thech11_2 = new ch11_2();
    thech11_2->Show();
    UF_terminate();
```

```
        delete thech11_2;
        thech11_2 = NULL;
    }
```

（11）编译链接生成*.dll 文件，并将该文件拷贝到 NX 二次开发根目录下的 application 目录中。

（12）在 NX 中打开测试部件文件（本实例测试部件文件为"D:\nxopen_demo\parts\diamond_cut_test.prt"），单击 Ribbon 工具条上的"NXOpen Demo"→"Diamond Cut"按钮，启动 Diamond Cut 工具，框选点与片体后，再单击对话框中的 OK 按钮，运行结果如图 11-9 所示。

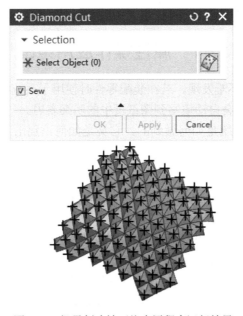

图 11-9　批量创建钻石纹应用程序运行结果

第**12**章　属性与对象变换操作

在本章中您将学习下列内容:
- 属性与对象变换操作应用范围
- 属性与对象变换操作常用 API
- 属性与对象变换操作应用

12.1　属性操作应用范围

熟练使用 NX 的读者不难发现,若在装配零件时使用了系统提供的标准件模型,则在生成工程图时,这些零件信息会自动填写到图纸页中的明细表内。

您是否思考过,NX 系统是如何做到的,它又是如何识别出某一零件的名称和规格呢?在人工智能没有被成熟应用到 NX 之前,系统并不知道某一零件的名称和规格,此时属性(Attribute)就登场了。

在 NX 系统中,部件及对象(如体、面、边)都可以被附加各种非几何信息。如图 12-1 所示,部件被赋予了标题为"DB_PART_NAME"的属性,在工程图明细表中直接引用了该属性的值。因此,它"聪明"地识别出该零件的名称及规格。

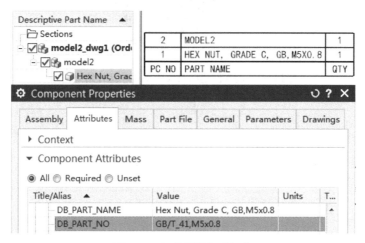

图 12-1　部件属性与明细表

属性被大量应用在 NXOpen 项目中,例如:模具设计工程师偏向将许多零件设计在同一个部件中,最后还期望能一键统计出所有零件的信息。常规的解决方案是在设计零件时,就同时赋予零件属性,最后遍历查找出零件的属性来统计所有信息。

12.2　属性操作常用 API

NXOpen C 中与属性操作相关的常用 API 如表 12-1 所示。

表 12-1 NXOpen C 中与属性操作相关的常用 API

API	描述
UF_ATTR_ask_part_attrs	查询部件中所有的属性（旧 API）
UF_ATTR_assign	创建属性，如果属性存在就编辑它（旧 API）
UF_ATTR_cycle	遍历属性（旧 API）
UF_ATTR_free_user_attribute_info_array	释放 UF_ATTR_info_t 结构体相关内存
UF_ATTR_free_user_attribute_iterator_strings	释放 UF_ATTR_iterator_t 结构体相关内存
UF_ATTR_get_integer_user_attribute	查询指定标题的整数类型属性值
UF_ATTR_get_real_user_attribute	查询指定标题的实数类型属性值
UF_ATTR_get_string_user_attribute	查询指定标题的字符串类型属性值
UF_ATTR_get_user_attributes	查询指定对象中所有的属性
UF_ATTR_init_user_attribute_iterator	初始化 UF_ATTR_info_t 结构体
UF_ATTR_read_value	查询指定标题的属性值（旧 API）
UF_ATTR_set_integer_user_attribute	设置整数类型属性
UF_ATTR_set_real_user_attribute	设置实数类型属性
UF_ATTR_set_string_user_attribute	设置字符串类型属性
UF_ATTR_set_user_attribute	创建或修改带有更新或不更新选项的属性

如何利用 NXOpen C API 创建、查询及获取对象所有属性？以下为实现该功能的核心代码，完整代码保存在 "D:\nxopen_demo\code\ch12_1"。

```
void PrintObjAllAttrs(tag_t obj)
{
    int i = 0;
    int type = UF_ATTR_any;
    char attrTitle[UF_ATTR_MAX_TITLE_LEN] = { 0 };
    UF_ATTR_value_t value = { 0 };
    while (UF_ATTR_cycle(obj, &i, type, attrTitle, &value) == 0 && i > 0)
    {
        switch (value.type)
        {
        case UF_ATTR_integer:
            ECHO("%s = %d\n", attrTitle, value.value.integer);
            break;
        case UF_ATTR_real:
            ECHO("%s = %f\n", attrTitle, value.value.real);
            break;
        case UF_ATTR_time:
            ECHO("%s = %d\n", attrTitle, value.value.time);
            break;
        case UF_ATTR_null:
            ECHO("null\n");
            break;
        case UF_ATTR_string:
```

```
            ECHO("%s = %s\n", attrTitle, value.value.string);
            UF_free(value.value.string);
            break;
        case UF_ATTR_reference:
            ECHO("%s = %s\n", attrTitle, value.value.reference);
            UF_free(value.value.reference);
            break;
        default:
            break;
        }
    }
}


static void do_it(void)
{
    tag_t workPart = UF_ASSEM_ask_work_part();

    //设置属性（旧 API）
    UF_ATTR_value_t attrValue = { 0 };
    attrValue.type = UF_ATTR_string;
    attrValue.value.string = "Attr Value";
    UF_ATTR_assign(workPart, "Attr Title", attrValue);

    //获取属性（旧 API）
    UF_ATTR_value_t out = { 0 };
    UF_ATTR_read_value(workPart, "Attr Title", UF_ATTR_string, &out);
    ECHO("UF_ATTR_read_value: %s\n", out.value.string);
    UF_free(out.value.string); //释放内存

    //获取部件中所有属性（旧 API）
    int nAttrs = 0;
    UF_ATTR_part_attr_p_t attrs = NULL;
    UF_ATTR_ask_part_attrs(workPart, &nAttrs, &attrs);
    for (int i = 0; i < nAttrs; ++i)
    {
        //添加用户代码
        ECHO("Old: %s = %s\n", attrs[i].title, attrs[i].string_value);
    }
    UF_free(attrs);

    //遍历对象属性（旧 API）
    PrintObjAllAttrs(workPart);

    //设置属性（新 API）
    int index = UF_ATTR_NOT_ARRAY;
    UF_ATTR_set_string_user_attribute(workPart, "New Api", index,
        "New Api Value", true);
```

```
//获取属性（新 API）
UF_ATTR_iterator_t it = { 0 };
UF_ATTR_init_user_attribute_iterator(&it);
UF_ATTR_info_t* allInfo = NULL;
UF_ATTR_get_user_attributes(workPart, &it, &nAttrs, &allInfo);
for (int i = 0; i < nAttrs; ++i)
{
    ECHO("%s=%s\n", allInfo[i].title, allInfo[i].string_value);
}

UF_ATTR_free_user_attribute_iterator_strings(&it);
UF_ATTR_free_user_attribute_info_array(nAttrs, allInfo);
}
```

12.3　对象变换操作应用范围

使用对象变换（Transform）操作可对部件中的对象执行高级重定位和复制操作，它对非参数化的对象和线框对象最有用。对象变换操作通常是非参数化的操作，如果期望参数化，可以考虑使用 NXOpen C++中与阵列（Pattern）相关的 API。

使用对象变换操作，通常可以实现以下功能：

- 移动对象，并调整大小。
- 通过直线或者平面创建镜像对象。
- 创建对象的矩形或圆形阵列。
- 使用参考点、重定位重构对象。
- 坐标转换。

12.4　对象变换操作常用 API

NXOpen C 中与对象变换操作相关的常用 API 如表 12-2 所示。

表 12-2　NXOpen C 中与对象变换操作相关的常用 API

API	描述
uf5940	计算坐标系到另一坐标系的变换矩阵
uf5941	根据点坐标与变换矩阵计算新的点坐标
uf5942	计算两个矩阵的乘积
uf5943	计算平移变换矩阵
uf5944	计算缩放变换矩阵
uf5945	计算旋转变换矩阵
uf5946	计算镜像变换矩阵
uf5947	根据变换矩阵移动或复制对象
UF_MODL_transform_entities	变换实体或组件
UF_MTX4_csys_to_csys	返回从一个 CSYS 映射到另一个 CSYS 的矩阵

在 NXOpen 项目中，经常会用到点在不同坐标系间的转换，除直接用数学方法计算外，还可以使用与对象变换操作相关的 API 进行转换，例如：将绝对坐标系的点坐标转换为指定坐标系中的点坐标，代码如下：

```
static void MapPointAbsToCsys(const tag_t inputCsys, double point[3])
{
    double absMtx[9] = { 0.0, 0.0, 0.0, 1.0, 0.0, 0.0, 0.0, 1.0, 0.0 };
    double csys[16] = { 0.0 };
    double mtx[16] = { 0.0 };
    int status = 0;
    tag_t csysMtxId = NULL_TAG;
    UF_CSYS_ask_csys_info(inputCsys, &csysMtxId, &csys[0]);
    UF_CSYS_ask_matrix_values(csysMtxId, &csys[3]);

    uf5940(absMtx, csys, mtx, &status);
    uf5941(point, mtx);
}
```

12.5　对象变换操作综合实例

本实例使用 NXOpen C 中与对象变换操作相关的 API 结合 Block UI，开发动态移动对象应用程序。

需求背景：用户期望像 NX 中 Move Object 工具那样，在选择对象后，通过方位操控器（Specify Orientation Block）动态移动对象。

解决方案：这个需求有一定的复杂度，在多选、增加选择与取消选择时都要处理很多逻辑。为此，笔者简化用户选择，直接在程序中创建一个 Block 特征，与您探讨对象变换及动态移动对象功能的实现。

实现应用程序的操作步骤如下：

（1）制作菜单与功能区（相关知识请参阅第 2 章）。针对本实例，菜单与功能区的制作已完成（请参阅 2.4 节）。

（2）制作对话框如图 12-2 所示（相关知识请参阅第 3 章）。

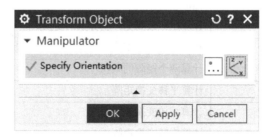

图 12-2　动态移动对象应用程序对话框

对话框使用的 UI Block 与 Property 信息如表 12-3 所示。本实例对话框文件保存为"D:\nxopen_demo\application\ch12_2.dlx"。

表 12-3　对话框使用的 UI Block 与 Property 信息

UI Block（UI 块）	Property（属性）	Value（值）
Specify Orientation	BlockID	m_csys
	Enable	True
	Group	True
	IsOriginSpecified	True

（3）启动 Visual Studio，利用 NXOpen C++ Wizard 创建一个名为 ch12_2 的项目（本例代码保存在 "D:\nxopen_demo\code\ch12_2"），删除原有 ch12_2.cpp 文件。将 Block UI Styler 模块自动生成的 ch12_2.hpp 与 ch12_2.cpp 拷贝到这个项目对应的目录中，并将它们添加到 Visual Studio 项目中。

（4）在 ch12_2.hpp 中添加头文件和定义两个变量，代码格式如下：

```
#include <uf.h>
#include <uf_csys.h>
#include <uf_modl.h>
#include <uf_mtx.h>
#include <uf_trns.h>
#include <uf_vec.h>

class DllExport ch12_2
{
    ......
public:
    tag_t blockBody;  //block 对应 Body 的标识符
    double oldMtx[9]; //移动对象起始矩阵
    ......
}
```

（5）实现动态移动对象应用程序的流程如图 12-3 所示。

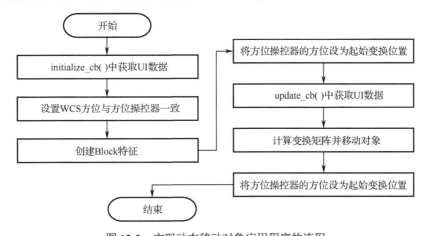

图 12-3　实现动态移动对象应用程序的流程

在 ch12_2.cpp 的 initialize_cb( )回调内添加下列代码（目的是创建一个 Block 特征以方便后期动态移动它）：

```
//0.获取 UI 数据
Point3d origin = m_csys->Origin();
Vector3d xDir = m_csys->XAxis();
Vector3d yDir = m_csys->YAxis();

//1.设置 WCS 与 UI 中的方位操控器位置一致
tag_t mtxId = NULL_TAG;
tag_t tempCsys = NULL_TAG;
double csysOrigin[3] = { origin.X, origin.Y, origin.Z };
double mtxValue[9] = { xDir.X, xDir.Y, xDir.Z, yDir.X, yDir.Y, yDir.Z };
UF_VEC3_cross(&mtxValue[0], &mtxValue[3], &mtxValue[6]); //计算 Z 方向
UF_CSYS_create_matrix(mtxValue, &mtxId);
UF_CSYS_create_temp_csys(csysOrigin, mtxId, &tempCsys);
UF_CSYS_set_wcs(tempCsys);

memcpy(&oldMtx[0], csysOrigin, 3 * sizeof(double));
memcpy(&oldMtx[3], &mtxValue[0], 6 * sizeof(double));

//2. 创建一个 Block 特征
tag_t blockFeat = NULL_TAG;
char* size[3] = { "100", "50", "25" };
UF_MODL_create_block1(UF_NULLSIGN, csysOrigin, size, &blockFeat);
UF_MODL_ask_feat_body(blockFeat, &blockBody);
```

（6）在 ch12_2.cpp 的 update_cb( )回调内添加下列代码：

```
if(block == m_csys)
{
    //0.获取 UI 数据
    Point3d origin = m_csys->Origin();
    Vector3d xDir = m_csys->XAxis();
    Vector3d yDir = m_csys->YAxis();

    double toOrigin[3] = { origin.X, origin.Y, origin.Z };
    double toX[3] = { xDir.X, xDir.Y, xDir.Z };
    double toY[3] = { yDir.X, yDir.Y, yDir.Z };

    //1.求变换矩阵
    double mtx[16] = { 0.0 };
    UF_MTX4_csys_to_csys(&oldMtx[0], &oldMtx[3], &oldMtx[6], toOrigin, toX,
toY, mtx);

    //2.移动对象
    int nBodies = 1;
    int action = 1;        //1-move, 2-copy
    int destLayer = 0;     //0 - the original layer
    int traceCurves = 2; //1 means on, 2 means off.
    tag_t group - NULL_TAG;
    int status = 0;
```

```
    uf5947(mtx, &blockBody, &nBodies, &action, &destLayer, &traceCurves,
NULL, &group, &status);
```

//3.将当前坐标系矩阵作为下一次移动的起始矩阵
```
memcpy(&oldMtx[0], toOrigin, 3 * sizeof(double));
memcpy(&oldMtx[3], toX, 3 * sizeof(double));
memcpy(&oldMtx[6], toY, 3 * sizeof(double));
}
```

（7）在 ch12_2.cpp 的 ufusr( )中添加初始化与终止 API（初学者很容易忽略这一步，如果忽略它，代码编译链接成功，但在 NX 执行应用程序时有异常），代码格式如下：

```
extern "C" DllExport void ufusr(char* param, int* retcod, int param_len)
{
    ch12_2* thech12_2 = NULL;
    UF_initialize();
    thech12_2 = new ch12_2();
    thech12_2->Show();
    UF_terminate();
    delete thech12_2;
    thech12_2 = NULL;
}
```

（8）编译链接生成*.dll 文件，并将该文件拷贝到 NX 二次开发根目录下的 application 目录中。

（9）在 NX 中新建或打开一部件文件，单击 Ribbon 工具条上的"NXOpen Demo"→"Transform Object"按钮，启动 Transform Object 工具，改变方位操控器的原点、方向、旋转角度等，Block 被动态移动，如图 12-4 所示。

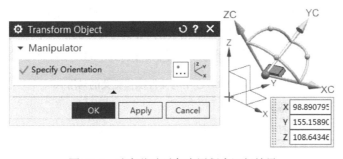

图 12-4　动态移动对象应用程序运行结果

第**13**章　数据文件操作

在本章中您将学习下列内容:
- 数据文件操作应用范围
- 文本文件操作
- 电子表格文件操作
- XML 文件操作

13.1　数据文件操作应用范围

数据文件在 NXOpen 应用程序中有着非常重要的地位,通常开发者会将数据与逻辑进行拆分,程序负责逻辑及功能实现,而数据通过数据文件进行配置。例如:对话框文件*.dlx 本身也是一个 XML 文件。当执行 NXOpen 应用程序时,NX 系统会基于这个 XML 文件创建对话框。

NX 系统中许多工具都使用了数据文件进行配置,如大家熟悉的 GC Tools 中的相关工具,开发者可以在 "%UGII_BASE_DIR%\LOCALIZATION\prc\gc_tools\configuration" 目录中找到数据文件的相关内容。

13.2　文本文件操作

NX 中常见的文本文件类型有*.dat、*.txt,访问这些类型的文本文件除了使用 C/C++的 API,还可以使用 NXOpen C 中与文件操作相关的 API。NXOpen C 中与文件操作相关的常用 API 如表 13-1 所示。更多 API 定义请参考 "%UGII_BASE_DIR%\UGOPEN\uf_cfi.h" 文件。

表 13-1　NXOpen C 中与文件操作相关的常用 API

API	描述
uc4504	打开一个文本文件
uc4514a	从 uc4504 打开的文本文件中读取一行
uc4524	写入一行文本到 uc4504 打开的文本文件中
uc4540	关闭文件
uc4561	删除文件
uc4562	更改文件名称
uc4567	拷贝或移动文件
uc4573	通过指定文件名与文件类型,输出组合字符串
uc4574	通过指定文件完整路径与文件类型,输出文件名字符串(不含扩展名)
uc4575	通过指定文件路径、类型、名称,组合成新字符串

续表

API	描述
uc4576	将指定文件完整路径分割为文件路径与文件名字符串
uc4577	返回系统唯一的临时名称
uc4578	移除指定文件名的扩展名
UF_CFI_ask_file_exist	判断文件是否存在

注：表中未指明操作对象为文本文件的 API，均适用于其他类型的数据文件。

利用 NXOpen C API 操作文本文件的流程如图 13-1 所示。

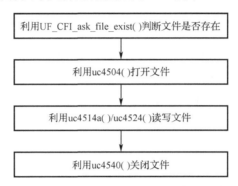

图 13-1　利用 NXOpen C API 操作文本文件的流程

如何利用 NXOpen C API 读取文本文件？以下为实现该功能的核心代码，完整代码保存在 "D:\nxopen_demo\code\ch13_1"。

```
static void do_it(void)
{
    const char* file = "F:\\Siemens\\NX1953\\UGII\\blockfont.txt";

    int exist = 0; //0 - file exists 1 - file does not exist
    UF_CALL(UF_CFI_ask_file_exist(file, &exist)); //0.判断文件是否存在
    if (exist == 0)
    {
        int open = uc4504(file, 1, 79); //1.打开文件
        char* line = NULL;
        while (open >= 0 && uc4514a(open, &line) >= 0) //2.循环读取每行
        {
            ECHO("%s\n", line);    //打印每行内容在信息窗口
            UF_free(line);         //释放内存
        }
        UF_CALL(uc4540(open, 0)); //3.关闭打开的文件
    }
}
```

13.3　电子表格文件操作

NX 系统中电子表格分为外部电子表格与内部电子表格。内部电子表格可以利用

NXOpen C 中 UF_XS_extract_spreadsheet 与 UF_XS_store_spreadsheet 进行操作；而对于外部电子表格，在 NX11 之前的版本中，没有相应的 NXOpen API，但可以使用 KF（Knowledge Fusion）中的 API 进行读写或使用 ADO、ODBC 等其他方式操作。

从 NX11 开始，NXOpen C++中提供了以下四个头文件定义的相关类来操作电子表格文件。

```
#include <NXOpen/Spreadsheet.hxx>
#include <NXOpen/SpreadsheetCellData.hxx>
#include <NXOpen/SpreadsheetExternal.hxx>
#include <NXOpen/SpreadsheetManager.hxx>
```

四个类各自实现的主要功能如表 13-2 所示。

表 13-2　NXOpen C++中与电子表格文件操作相关的类与描述

类	描述
Spreadsheet	代表内部电子表格类
SpreadsheetCellData	代表电子表格单元格数据类
SpreadsheetExternal	代表外部电子表格类
SpreadsheetManager	代表电子表格交互操作类

如何利用这些类读写电子表格文件？以下为实现该功能的核心代码，完整代码保存在"D:\nxopen_demo\code\ch13_2"。

```
static void do_it(void)
{
    //0.判断文件是否存在
    char* filePath = "c:\\test.xlsx";
    int exist = 0; //0 - file exists 1 - file does not exist
    UF_CALL(UF_CFI_ask_file_exist(filePath, &exist));
    if (exist == 1)
    {
        return;
    }

    //1.打开电子表格文件
    Session* theSession = Session::GetSession();
    SpreadsheetManager::OpenMode mode = SpreadsheetManager::OpenModeRead;
    SpreadsheetManager* manager = theSession->SpreadsheetManager();
    SpreadsheetExternal* openfile = manager->OpenFile(filePath, mode);

    //2.获取 Work Sheet
    int worksheet = openfile->GetWorksheetIndex("Sheet1");
    //3.读写操作
    ......

    //4.关闭电子表格文件
    openfile->CloseFile(false);
```

```
        delete openfile;
        openfile = NULL;
    }
```

开发者需要注意，Spreadsheet、SpreadsheetCellData 与 SpreadsheetExternal 这三个类都是继承于 TransientObject，因此最后需要删除相应对象（请参阅第 7 章相关内容）。

13.4　XML 文件操作

XML 文件在 NX 系统中被大量使用，仅 NX 安装目录中就有超过 4000 个 XML 文件。在 NXOpen 项目中，开发者也常常用它来配置外部数据，尤其对于记录树形结构数据非常方便。

操作 XML 文件的类库非常多，笔者以流行的 tinyxml2 为例展示读取 XML 文件的步骤。

以下是一个简单的 XML 文件数据，它包含了 Block、Cylinder、Sphere 的基本参数，在开发应用程序时，可能需要读取它们的参数进行 3D 建模。

```
<?xml version="1.0"?>
<Feature name="Test">

    <Feat type="Block">
        <Length>100</Length>
        <Width>50</Width>
        <Height>25</Height>
    </Feat>

    <Feat type="Cylinder">
        <Diameter>55</Diameter>
        <Height>80</Height>
    </Feat>

    <Feat type="Sphere">
        <Diameter>99</Diameter>
    </Feat>
</Feature>
```

如何利用 tinyxml2 读取这个 XML 文件？以下为实现该功能的核心代码，完整代码保存在 "D:\nxopen_demo\code\ch13_3"。

```
static void do_it(void)
{
    const char* test = "D:\\nxopen_demo\\configuration\\test.xml";

    XMLDocument doc;
    doc.LoadFile(test);
    XMLElement* root = doc.RootElement();
    XMLElement* feat = root->FirstChildElement("Feat");
    while (feat != nullptr)
    {
```

```
        XMLElement* child = feat->FirstChildElement();
        const XMLAttribute* atr = feat->FirstAttribute();
        ECHO("%s=%s\n", atr->Name(), atr->Value());
        while (child != nullptr)
        {
            ECHO("%s\n", child->GetText());
            child = child->NextSiblingElement();
        }
        feat = feat->NextSiblingElement();
    }
}
```

上方代码的含义是读取 XML 文件数据，并在 NX 的信息窗口中打印出来，最终显示在信息窗口的内容如下：

```
type=Block
100
50
25
type=Cylinder
55
80
type=Sphere
99
```

第 14 章　自定义特征

在本章中您将学习下列内容:
- 自定义特征应用范围
- 自定义特征分类
- Custom Feature 用法
- User Defined Feature（UDF）用法

14.1　自定义特征应用范围

一般情况下，对于 NXOpen 应用程序创建的特征，再次编辑（Edit）它时，系统不会打开利用 NXOpen 设计的对话框，而是打开 NX 系统中相关特征的对话框。

例如：利用 NXOpen 创建了 Block 与 Edge Blend 后，部件导航器显示如图 14-1 所示。当编辑或者回滚编辑（Edit With Rollback）时，系统不会打开利用 NXOpen 设计的对话框。

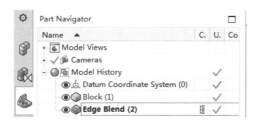

图 14-1　NXOpen 创建的特征在部件导航器上的显示

然而，在 NXOpen 的项目中，希望编辑时能打开利用 NXOpen 设计的对话框的需求非常多。

常规的解决方案是在创建对象时，通过设置对象属性或者名称来记录对象已经被创建。当用户再次执行 NXOpen 应用程序时，通过属性或者名称遍历对象，再读取对象的参数，初始化到对话框中，从而实现编辑功能。但这种解决方案，不能实现在 NX 图形窗口双击对象编辑时，打开利用 NXOpen 设计的对话框。

因此，越来越多的用户希望 NXOpen 应用程序能像 NX 系统中的原生工具那样，可以将多个特征"打包"为一个特征，并在编辑或者回滚编辑它时，能打开利用 NXOpen 设计的对话框，然后在对话框中调整特征的参数。

要实现这样的功能，就该自定义特征登场了。

14.2　自定义特征分类

自定义特征只是一个统称，在 NX 系统中，有许多方式可以实现自定义特征，这些自定义特征的分类及描述如表 14-1 所示。

表 14-1   自定义特征分类及描述

分类	描述
Custom Feature	利用 Custom Feature 相关 API 创建自定义特征，该方式官方自 NX11.0 开始开放 API，在目录 "%UGII_BASE_DIR%\UGOPEN\SampleNXOpenApplications\ C++\CustomFeatures\" 中有参考样例
User Defined Feature（UDF）	利用 UDF 相关的 API 创建自定义特征（需要先制作 UDF）
User Defined Objects（UDO）特征	利用 UDO 相关 API 创建自定义特征，这种方式不能更改特征显示在部件导航器上的位图
Knowledge Fusion（KF）特征	利用 KF 中类 "%nx_application" 实现自定义特征。开发者可以参考官方帮助文档 *Knowledge Fusion Help and Best Practices* 中与 "KF Applications" 相关的描述

14.3   Custom Feature

利用 NXOpen C++中与 Custom Feature 相关的 API 可以创建自定义特征，以修改、创建几何形状或将表达式作为输出，例如：创建一个分析测量特征。

Custom Feature 可以创建以下类型的特征：

● 基于体，包括体的创建或修改。

● 基于曲线。

● 基于 NX 特征集（这种类型最常用，实现将多个特征"打包"在一起）。

● 基于分析测量，输出为表达式。

但是，不能创建以下类型特征：

● 基于布尔操作。

● 具有任务环境的特征，例如：草图特征。

14.3.1   Custom Feature 的配置

在 NX 系统中，一个特征通常由三部分组成，即 UI、Builder、Parms，其中只有 Parms 对应的类是永久对象，它随部件一起保存，UI 与 Builder 都是临时对象。

特征之所以能被编辑，是因为特征的所有参数信息都存放到了 Feature Parms 中，当编辑特征时，NX 系统重构对话框，并从 Feature Parms 中读取之前保存的数据到 Builder 中，UI 再从 Builder 中读取数据，并设置它们到对话框上。

Builder 的主要目的是为了支持 Journal 工具以及 Auto Test，在 NXOpen 应用程序中，不需要处理与 Builder 相关的功能。

因此，从 NX 系统中特征的架构来看，利用 NXOpen 开发 Custom Feature 时，主要做两件事，一是处理 UI 相关逻辑，二是实现核心建模（对应 Parms 的功能）。

利用 Custom Feature 相关 API 开发自定义特征需要以下几个文件：

● 对话框文件（*.dlx）：利用 Block UI Styler 模块设计。

● XML 文件：XML 主要用来配置自定义特征的相关信息，比如特征的类名。

● FeatureUILibrary：对话框相关的库（一般为*.dll 文件）。

● FeatureLibrary：特征核心建模的库（一般为*.dll 文件）。

配置 Custom Feature 所需要的 XML 文件，代码格式如下（同一个 XML 文件中可以配置多个 Custom Feature 的信息）：

```xml
<?xml version="1.0" encoding="gb2312"?>
<CustomFeatureLib

    xmlns:xsi="http://www.w3.org/2001/XMLSchema-instance"
    xsi:noNamespaceSchemaLocation=
    "CustomFeatureConfiguration_schema.xsd">

    <CustomFeature
        FeatureClass="Class name of the feature"
        FeatureName="Display name of the feature"
        FeatureIcon="Bitmap to be displayed for the feature"
        FeatureLibrary="The core library of the feature code"
        FeatureUILibrary="Library of the Dialog to be invoked for Edit"
        IsWithoutBody="false/true"/>
</CustomFeatureLib>
```

配置 Custom Feature 的 XML 文件关键字段如表 14-2 所示。

表 14-2　配置 Custom Feature 的 XML 文件关键字段

关键字段	描述
FeatureClass	NX 系统中的对象，通常都对应着一个类（Class），特征也不例外，因此创建 Custom Feature 时，需要为特征指定一个唯一的类名
FeatureName	表示 Custom Feature 的名称，它通常显示在部件导航器与快速拾取对象的列表中
FeatureIcon	表示 Custom Feature 名称前面显示位图的名称
FeatureLibrary	表示 Custom Feature 实现核心功能需要的库文件的名称
FeatureUILibrary	表示 Custom Feature 实现 UI 层逻辑需要的库文件的名称
ISWithoutBody	Custom Feature 中的几何对象可直接使用 Parasolid 创建，但 Parasolid 是一个单独的产品，它未随 NX 一起开放，因此官方不提供开发相应 NXOpen 应用程序时所需要的头文件与静态库。但是在 NX 中开放了动态库 "%UGII_BASE_DIR%\NXBIN\pskernel.dll"，有经验的开发者可以动态调用其中的 API。如果 ISWithoutBody=true，则在回调 CreateGeometryCallback 中不应创建新的 Parasolid Body。如果 ISWithoutBody=false，则必须在回调中创建一个新的 Parasolid Body 同时添加 tracking 信息，tracking 的目的是为了让 NX 系统对新的 Parasolid 对象创建 Label（稳定的分配对象标识符）

14.3.2　Custom Feature 的创建流程

创建 Custom Feature 的整体流程如图 14-2 所示。

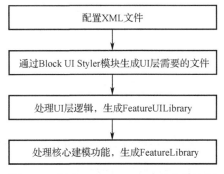

图 14-2　创建 Custom Feature 的整体流程

在处理 UI 层逻辑时，主要分为以下几个步骤：

（1）在 UI 层对应类（Class）的构造函数中，通过 Custom Feature 的类名，得到要创建或要编辑的 Custom Feature Class，代码格式如下：

```
cfManager = theSession->CustomFeatureClassManager();
cfClass = cfManager->GetClassFromName("custom feature class name");
```

（2）在 Show( )回调中，判断打开对话框的模式（创建或编辑模式），并以正确的模式打开对话框，代码格式如下：

```
//theDialog->Show();            //注释原有代码，也可以直接删除它
Features::CustomFeature* edit = cfManager->GetEditedCustomFeature();
BlockDialog::DialogMode mode = BlockDialog::DialogModeCreate;
if (edit != nullptr)
{
    mode = BlockDialog::DialogModeEdit;
}
theDialog->Show(mode);
```

（3）在 initialize_cb( )回调中，处理创建与编辑模式下不同的逻辑，例如：在创建模式下，如果有表达式数据，要创建表达式，而在编辑模式下，需要将 Custom Feature 中的对象设置到 UI Block 中。代码格式如下：

```
Features::CustomFeature* editFeat = cfManager->GetEditedCustomFeature();
if (editFeat == nullptr)
{
}
else
{
}
```

（4）在 dialogShown_cb( )回调中，将 Custom Feature 内已存储数据的值设置到 UI Block 上，这样就能保证打开对话框后，其上显示的参数信息是创建特征时的参数。

（5）创建属性（Attribute）并为属性设置值，这里的属性与 NXOpen C 中的属性是不同的概念，这里指为 Custom Feature 创建属性，这些属性会保存在特征中并随着部件一起保存。一般代码格式如下：

```
Part* workPart = theSession->Parts()->Work();
FeatureCollection* feats = workPart->Features();
CustomAttributeCollection* attrs = feats->CustomAttributeCollection();
std::vector<CustomAttribute::Property> proVec;

CustomTagAttribute* temp = attrs->CreateCustomTagAttribute("NO",proVec);
allAttrs.push_back(temp);
proVec.clear();
```

（6）在 apply_cb( )回调中，调用 CustomFeatureBuilder 创建特征。一般代码格式如下：

```
Part* workPart = theSession->Parts()->Work();
CustomFeatureBuilder* cfBuilder = NULL;
```

```
CustomFeature* edit = cfManager->GetEditedCustomFeature();
cfBuilder = workPart->Features()->CreateCustomFeatureBuilder(edit);

Features::CustomFeatureData* cfData = nullptr;
std::vector<Features::CustomAttribute*> attrs(0);

//创建属性
......

//Set Custom Feature data in Custom feature builder
cfBuilder->SetFeatureData(cfData);

//Commit the builder to create feature
Features::Feature* feature1 = cfBuilder->CommitFeature();

//Delete the builder
cfBuilder->Destroy();
cfBuilder = NULL;
```

（7）处理核心建模功能，核心建模功能中的卸载方式建议如下：

```
UF_UNLOAD_UG_TERMINATE;                         //NXOpen C 方式时使用
(int)Session::LibraryUnloadOptionAtTermination; //NXOpen C++方式时使用
```

在核心建模功能中，主要是先注册 Custom Feature 中的相关回调，再在回调中，创建几何对象。

14.3.3　Custom Feature 实例

在 NX 系统中，暂未发现可以直接创建圆环的工具，本实例通过 Custom Feature 相关 API 动态调用 Parasolid 内核中的 API 开发创建圆环的应用程序。实现应用程序的操作步骤如下：

（1）创建一个名为"CustomFeatureConfiguration.xml"的文件，让它位于 NX 二次开发根目录下的 application 目录中（本例 XML 文件保存为"D:\nxopen_demo\application\CustomFeatureConfiguration.xml"）。同时在这个 XML 文件中添加以下内容并保存。

```
<?xml version="1.0" encoding="gb2312"?>
<CustomFeatureLib
    xmlns:xsi="http://www.w3.org/2001/XMLSchema-instance"
    xsi:noNamespaceSchemaLocation=
    "CustomFeatureConfiguration_schema.xsd">
    <CustomFeature
    FeatureClass="NXOpen::CustomFeature::Demo"
    FeatureName="Demo Feature"
    FeatureIcon="userdefined"
    FeatureLibrary="ch14_1_core"
    FeatureUILibrary="ch14_1"
    IsWithoutBody="false"/>

</CustomFeatureLib>
```

（2）制作菜单与功能区（相关知识请参阅第 2 章）。针对本实例，菜单与功能区的制作已完成（请参阅 2.4 节）。

（3）制作对话框如图 14-3 所示（相关知识请参阅第 3 章）。

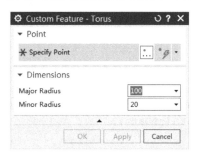

图 14-3　Custom Feature-Torus 对话框

对话框使用的 UI Block 与 Property 信息如表 14-3 所示。本实例对话框文件保存为"D:\nxopen_demo\application\ch14_1.dlx"。

表 14-3　对话框使用的 UI Block 与 Property 信息

UI Block（UI 块）	Property（属性）	Value（值）
Specify Point	BlockID	m_point
	Group	True
	Label	Point
Group	BlockID	m_dimensionsGroup
	Label	Dimensions
Linear Dimension	BlockID	m_majorRadius
	Label	Major Radius
	Formula	100
	MinimumValue	0
	MinInclusive	False
Linear Dimension	BlockID	m_minorRadius
	Label	Minor Radius
	Formula	20
	MinimumValue	0
	MinInclusive	False

（4）启动 Visual Studio，利用 NXOpen C++ Wizard 创建一个名为 ch14_1 的项目（本例代码保存在"D:\nxopen_demo\code\ch14_1"），删除原有 ch14_1.cpp 文件。将 Block UI Styler 模块自动生成的 ch14_1.hpp 与 ch14_1.cpp 拷贝到这个项目对应的目录中，并将它们添加到 Visual Studio 项目中。

（5）在 ch14_1.hpp 中添加以下格式的代码，主要申明变量与函数。

```
//添加的头文件
......
//定义 UI 上每个 block 对应的属性
#define CENTER        "TorusCenter"
#define MAJORRADIUS   "TorusMajorRadius"
#define MINORRADIUS   "TorusMinorRadius"
```

```cpp
class DllExport ch14_1
{
public:
    ......
    CustomFeatureClassManager* cfManager;      //声明 Custom feature 类管理器
    CustomFeatureClass* cfClass;               //声明 Custom feature 类
    void CreateFeatAttributes(vector<CustomAttribute*>& attrs);
    void PopulateAttributeValues(CustomFeatureData* cfData);
    //声明缓存数据
    double majorCache;
    bool   majorCached = false;
    double minorCache;
    bool   minorCached = false;
    ......
};
```

（6）变量初始化。在 ch14_1.cpp 构造函数中添加以下格式代码：

```cpp
ch14_1::ch14_1()
{
    ......
    cfManager = theSession->CustomFeatureClassManager();
    cfClass = cfManager->GetClassFromName("NXOpen::CustomFeature::Demo");
}
```

（7）设置打开对话框的模式。在 ch14_1.cpp 的 show( )回调中，添加以下代码：

```cpp
int ch14_1::Show()
{
    //theDialog->Show();           //注释原有代码，也可以直接删除它
    Features::CustomFeature* edit = cfManager->GetEditedCustomFeature();
    BlockDialog::DialogMode mode = BlockDialog::DialogModeCreate;
    if (edit != nullptr)
    {
        mode = BlockDialog::DialogModeEdit;
    }
    theDialog->Show(mode);
}
```

（8）初始化信息。在 ch14_1.cpp 的 initialize_cb( )回调中添加以下代码：

```cpp
void ch14_1::initialize_cb()
{
    //......
    Features::CustomFeature* editFeat=cfManager->GetEditedCustomFeature();
    if (editFeat == nullptr)
    {
        //创建特征需要的表达式
        auto CreateExp = [](BlockStyler::LinearDimension* block,
```

```
            const char* value) {
            tag_t exp = NULL_TAG;
            UF_MODL_create_exp_tag(value, &exp);
            Expression* expPtr = dynamic_cast<Expression*>(
                NXObjectManager::Get(exp));
            block->SetExpressionObject(expPtr);
        };
        CreateExp(m_majorRadius, "100");
        CreateExp(m_minorRadius, "10");
    }
    else
    {
        //编辑特征,从特征中获取数据
        CustomFeatureData* cfData = editFeat->FeatureData();
        CustomTagAttribute* attr=cfData->CustomTagAttributeByName(CENTER);
        if (attr != nullptr)
        {
            std::vector<TaggedObject*> pointVec;
            Point* origin = dynamic_cast<Point*>(attr->Value());
            pointVec.push_back(origin);
            m_point->SetSelectedObjects(pointVec);
            pointVec.clear();
            delete attr;
            attr = nullptr;
        }

        auto SetExp = [&](BlockStyler::LinearDimension* block,
            const char* name, double* value, bool* cached)
        {
            CustomExpressionAttribute* temp =
                cfData->CustomExpressionAttributeByName(name);
            if (temp != nullptr)
            {
                Expression* exp = temp->Value();
                *value = exp->Value();
                *cached = true;
                block->SetExpressionObject(exp);
                delete temp;
                temp = nullptr;
            }
        };
        SetExp(m_majorRadius, MAJORRADIUS, &majorCache, &majorCached);
        SetExp(m_minorRadius, MINORRADIUS, &minorCache, &minorCached);
    }
}
```

（9）设置表达式的值。在 ch14_1.cpp 的 dialogShown_cb( )回调中添加以下代码：

```
void ch14_1::dialogShown_cb()
```

```
{
    auto SetExpValue = [](BlockStyler::LinearDimension* block,
        double value, bool* cached)
        {
            if (*cached)
            {
                block->SetValue(value);
                *cached = false;
            }
        };
    SetExpValue(m_majorRadius, majorCache, &majorCached);
    SetExpValue(m_minorRadius, minorCache, &minorCached);
}
```

（10）在 ch14_1.cpp 中实现创建属性的函数 CreateFeatAttributes( )，代码如下：

```
void ch14_1::CreateFeatAttributes(vector<CustomAttribute*>& allAttrs)
{
    Part* workPart = theSession->Parts()->Work();
    FeatureCollection* feats = workPart->Features();
    CustomAttributeCollection* attrs=feats->CustomAttributeCollection();
    std::vector<CustomAttribute::Property> temp;

    //指定点
    temp.push_back(CustomAttribute::Property::PropertyMandatoryInput);
    CustomTagAttribute* oriAttr =
        attrs->CreateCustomTagAttribute(CENTER, temp);
    allAttrs.push_back(oriAttr);
    temp.clear();

    auto CreateAttr = [&](const char* name) {
        CustomExpressionAttribute* tempAttr =
            attrs->CreateCustomExpressionAttribute(name, temp);
        allAttrs.push_back(tempAttr);
    };

    CreateAttr(MAJORRADIUS);      //大半径
    CreateAttr(MINORRADIUS);      //小半径
}
```

（11）在 ch14_1.cpp 中实现设置属性的函数 PopulateAttributeValues( )，代码如下：

```
void ch14_1::PopulateAttributeValues(CustomFeatureData* cfData)
{
    Part* workPart = theSession->Parts()->Work();

    //指定点
    std::vector<TaggedObject*> SelectedObjVec;
    CustomTagAttribute* oriAttr =
```

```
        cfData->CustomTagAttributeByName(CENTER);
    SelectedObjVec = m_point->GetSelectedObjects();
    if (SelectedObjVec.size() == 1)
    {
        oriAttr->SetValue(SelectedObjVec[0]);
    }
    SelectedObjVec.clear();

    auto SetAttr = [&](BlockStyler::LinearDimension* block,
        const char* name) {
        CustomExpressionAttribute* temp =
            cfData->CustomExpressionAttributeByName(name);
        temp->SetValue(dynamic_cast<Expression*>(
            block->ExpressionObject()));
    };

    SetAttr(m_majorRadius, MAJORRADIUS);       //大半径
    SetAttr(m_minorRadius, MINORRADIUS);       //小半径
}
```

（12）在 ch14_1.cpp 的 apply_cb( )回调中，调用 CustomFeatureBuilder( )函数创建 Custom Feature，代码如下：

```
int ch14_1::apply_cb()
{
    Part* workPart = theSession->Parts()->Work();
    CustomFeatureBuilder* cfBuilder = NULL;
    CustomFeature* edit = cfManager->GetEditedCustomFeature();
    cfBuilder = workPart->Features()->CreateCustomFeatureBuilder(edit);

    Features::CustomFeatureData* cfData = nullptr;
    std::vector<Features::CustomAttribute*> attrs(0);
    if (edit == nullptr)
    {
        CreateFeatAttributes(attrs);            //创建属性
        //Create custom feature data to store attributes
        FeatureCollection* featCollection = workPart->Features();
        CustomFeatureDataCollection* cfs =
            featCollection->CustomFeatureDataCollection();
        cfData = cfs->CreateData(cfClass, attrs);
    }
    else
    {
        cfData = edit->FeatureData();
    }
    PopulateAttributeValues(cfData);            //设置属性

    //Set Custom Feature data in Custom feature builder
```

```
cfBuilder->SetFeatureData(cfData);

//Commit the builder to create feature
Features::Feature* feature1 = cfBuilder->CommitFeature();
cfBuilder->Destroy();
cfBuilder = NULL;

//CustomAttribute 属于临时对象,应该删除它
for (size_t i = 0; i < attrs.size(); ++i)
{
    delete attrs[i];
    attrs[i] = nullptr;
}
delete cfData;
cfData = nullptr;
}
```

至此，与 UI 层相关的逻辑处理完毕，编译链接生成*.dll 文件，并将该文件拷贝到 NX 二次开发根目录下的 application 目录中，接下来需要处理核心建模功能。

（13）启动 Visual Studio，利用 NXOpen C++ Wizard 创建一个名为 ch14_1_core 的项目（本例代码保存在 "D:\nxopen_demo\code\ch14_1_core"），删除原有的内容并添加卸载方式，代码如下：

```
extern "C" DllExport int ufusr_ask_unload()
{
    return UF_UNLOAD_UG_TERMINATE;
}
```

（14）添加 ufusr( )函数，代码如下（主要获取类名以及注册回调）：

```
extern "C" DllExport void ufusr(char* param, int* retCode, int paramLen)
{
    UF_initialize();

    Session* theSession = Session::GetSession();
    CustomFeatureClassManager* cfManager =
        theSession->CustomFeatureClassManager();
    CustomFeatureClass* cfClass =
        cfManager->GetClassFromName("NXOpen::CustomFeature::Demo");

    //注册 createGeometryCallBack()回调
    cfClass->AddCreateFeatureGeometryHandler(
        make_callback(&createGeometryCallBack));

    UF_terminate();
}
```

（15）实现 createGeometryCallBack( )回调的逻辑如下（仅展示核心功能，完整代码请读者查看源码）：

```cpp
static int createGeometryCallBack(
    CustomFeatureCreateFeatureGeometryEvent* event)
{
    //0.获取参数信息
    tag_t ptId = NULL_TAG;
    double major = 100.0;
    double minor = 10.0;
    double center[3] = { 0.0 };
    GetParameters(event, center, &major, &minor, &ptId);

    //1.动态调用 Parasolid 内核 API 创建圆环
    double zDir[3] = { 0.0, 0.0, 1.0 };
    double xDir[3] = { 1.0, 0.0, 0.0 };
    PK_AXIS2_sf_s axisInfo = { 0 };
    memcpy(axisInfo.location.coord, center, sizeof(center));
    memcpy(axisInfo.axis.coord, zDir, sizeof(center));
    memcpy(axisInfo.ref_direction.coord, xDir, sizeof(center));

    PK_BODY_t torusbody = 0;
    HMODULE pkHmodule = ::LoadLibrary(L"pskernel");
    typedef int (*TK_create_torus_fp_t)(double, double,
        PK_AXIS2_sf_t*, PK_BODY_t*);
    TK_create_torus_fp_t TK_create_torus = NULL;
    TK_create_torus = (TK_create_torus_fp_t)GetProcAddress(
        pkHmodule, "PK_BODY_create_solid_torus");
    if (TK_create_torus != NULL)
    {
        TK_create_torus(major, minor, &axisInfo, &torusbody);
    }

    //获取 Parasolid 体上所有 Face
    typedef int (*TK_BODY_ask_faces_fp_t)(PK_BODY_t, int*, PK_FACE_t**);
    TK_BODY_ask_faces_fp_t TK_BODY_ask_faces = NULL;
    TK_BODY_ask_faces = (TK_BODY_ask_faces_fp_t)GetProcAddress(
        pkHmodule, "PK_BODY_ask_faces");
    int numFaces = 0;
    PK_FACE_t* faces = NULL;
    if (TK_BODY_ask_faces != NULL)
    {
        TK_BODY_ask_faces(torusbody, &numFaces, &faces);
    }

    //2.添加 tracking
    ......

    //3.释放内存
    typedef int (*TK_MEMORY_free_fp_t)(void*);
```

```
TK_MEMORY_free_fp_t TK_MEMORY_free = NULL;
TK_MEMORY_free = (TK_MEMORY_free_fp_t)GetProcAddress(
    pkHmodule, "PK_MEMORY_free");
if (TK_MEMORY_free != NULL)
{
    TK_MEMORY_free(faces);
}
::FreeLibrary(pkHmodule);

for (size_t i = 0; i < trackingObjectVector.size(); ++i)
{
    delete trackingObjectVector[i];
    trackingObjectVector[i] = nullptr;
}
}
```

（16）编译链接生成*.dll 文件，并将该文件拷贝到 NX 二次开发根目录下的 application 目录中。

（17）在 NX 中新建或打开一部件文件，单击 Ribbon 工具条上的"NXOpen Demo"→"Custom Feature Demo"按钮，启动 Custom Feature-Torus 工具，指定一个位置点再单击对话框中的 OK 按钮，结果如图 14-4 所示。

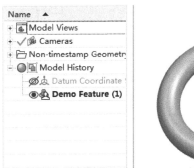

图 14-4　Custom Feature-Torus 应用程序运行结果

14.4　UDF

通过创建 User Defined Feature（UDF），用户可以扩展 NX 内部特征，将特征集合定义为一个特征，并将其存为一个特殊部件。添加 UDF 时，该特殊部件将作为一个特征插入目标位置。然而在创建或编辑 UDF 时，对话框样式是 NX 早期的风格，如图 14-5 所示，这是已经过时的对话框风格，使用它用户体验不太好。

如果您期望在插入 UDF 时，使用 Block UI，开发者可以考虑结合 NXOpen C 中的 API UF_MODL_create_instantiated_udf（官方帮助文档中有样例）开发

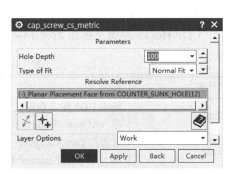

图 14-5　UDF 相关对话框样式

应用程序。如果期望在编辑 UDF 时，也能打开利用 NXOpen 设计的对话框，需要使用与 UDF Hooks 相关的 API 开发应用程序。

14.4.1　UDF Hooks 简介

UDF Hooks 允许开发者创建更健壮的 UDF，使它更接近标准的 NX 特征。UDF Hooks 中的回调函数允许开发者实现以下功能：

- 编辑 UDF 时，调用开发者设计的对话框。
- 设置在 Part Navigator（部件导航器）上显示 UDF 的自定义位图。
- 在创建和更新 UDF 时，设置附加功能。例如：验证或计算 UDF 参数。

要使用 UDF Hooks 的回调函数，在制作 UDF 时需要设置类（Class）名。默认情况下，NX 中设置类名的选项不可见。在早期 NX 版本中，添加环境变量 UGII_UDF_AUTHOR_HOOK 并设它的值为 1 即可。在后期 NX 版本中，需要更改用户默认设置。在 NX 界面中单击"File"→"Utilities"→"Customer Defaults..."按钮，打开 Customer Defaults 对话框。在对话框中单击"Modeling"→"Feature Settings"→"User Defined Feature"按钮，勾选"Show User Defined Feature Class Name"复选框，再重启 NX 即可。

重启 NX 后，再次制作 UDF 时，在 UDF 向导界面中显示了 Class Name，如图 14-6 所示。

图 14-6　UDF 向导界面显示 Class Name 结果

UDF 类名必须是唯一的，NX 系统将根据这些类名来区分不同的 UDF，开发者在开发应用程序时，也将根据这些类名，注册 UDF Hooks 回调。

UDF Hooks 回调及描述如表 14-4 所示。

表 14-4　UDF Hooks 回调及描述

回调	描述
Edit	编辑 UDF 时，自定义对话框。 用 NXOpen::Features::UserDefinedFeatureClass::EditCallback 实现此回调
Icon	设置在 Part Navigator（部件导航器）上显示 UDF 自定义位图。 用 NXOpen::Features::UserDefinedFeatureClass::IconCallback 实现此回调
Create	在创建 UDF 实例时执行附加功能。 用 NXOpen::Features::UserDefinedFeatureClass::CreateCallback 实现此回调

续表

回调	描述
Update	在更新 UDF 实例时执行附加功能。 用 NXOpen::Features::UserDefinedFeatureClass::UpdateCallback 实现此回调
Delete Suppress	在删除或抑制 UDF 时执行附加功能，例如：删除 UDF 时，删除关联的 PMI 对象。 用 NXOpen::Features::UserDefinedFeatureClass::DeleteOrSuppressCallback 实现此回调
Copy	在拷贝 UDF 实例时执行附加功能。 用 NOpen::Features::UserDefinedFeatureClass::CopyCallback 实现此回调

14.4.2　UDF Hooks 应用流程

应用 UDF Hooks 的流程如图 14-7 所示。

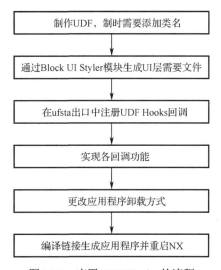

图 14-7　应用 UDF Hooks 的流程

在使用 UDF Hooks 开发应用程序时，开发者需要注意以下几点：

- 应用程序出口使用 ufsta。
- 应用程序卸载方式使用 Session::LibraryUnloadOptionAtTermination 或者 UF_UNLOAD_UG_TERMINATE。
- 编译链接生成的*.dll 文件放到 NX 二次开发根目录下的 startup 或 udo 目录中。

14.4.3　UDF Hooks 应用实例

本实例展示如何实现在使用 UDF Hooks 的相关 API 编辑 UDF 时，打开利用 NXOpen 设计的对话框，并实现在对话框中编辑参数单击 OK 按钮后更新 UDF 模型。

利用如图 14-8 所示的五角星 3D 模型创建 UDF（控制该 3D 模型主要有两个参数，一个是五角星的外接圆半径，另一个是厚度），并设置类名为"NXOpen::UDF::Star"。制作 UDF 属于 NX 的基础应用，笔者不在本书赘述。

应用 UDF Hooks 结合 Block UI 编码，实现应用程序的操作步骤如下：

（1）制作对话框如图 14-9 所示（相关知识请参阅第 3 章）。在这个对话框中，通过两个参数来设置 3D 模型的尺寸变更。

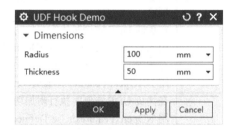

图 14-8　五角星 3D 模型　　　　　　图 14-9　UDF Hook Demo 对话框

UDF Hook Demo 对话框使用的 UI Block 与 Property 信息如表 14-5 所示。本实例对话框文件保存为"D:\nxopen_demo\application\ch14_2.dlx"。

表 14-5　UDF Hook Demo 对话框使用的 UI Block 与 Property 信息

UI Block（UI 块）	Property（属性）	Value（值）
Group	BlockID	m_dimensionsGroup
	Label	Dimensions
Linear Dimension	BlockID	m_radius
	Label	Radius
	Formula	100
	MinimumValue	0
	MinInclusive	False
Linear Dimension	BlockID	m_thickness
	Label	Thickness
	Formula	20
	MinimumValue	0
	MinInclusive	False

（2）启动 Visual Studio，利用 NXOpen C++ Wizard 创建一个名为 ch14_2 的项目（本例代码保存在"D:\nxopen_demo\code\ch14_2"），删除原有 ch14_2.cpp 文件。将 Block UI Styler 模块自动生成的 ch14_2.hpp 与 ch14_2.cpp 拷贝到这个项目对应的目录中，并将它们添加到 Visual Studio 项目中。

（3）在 ch14_2.hpp 中添加头文件和定义一个静态变量，代码格式如下：

```cpp
#include <uf.h>
#include <uf_modl.h>
#include <uf_ui.h>
#include <NXOpen/Expression.hxx>
#include <NXOpen/Features_Feature.hxx>
#include <NXOpen/Features_UserDefinedFeatureClassManager.hxx>
#include <NXOpen/Features_UserDefinedFeatureClass.hxx>
#include <NXOpen/Features_UserDefinedFeatureIconEvent.hxx>
#include <NXOpen/features_UserDefinedFeatureEditEvent.hxx>
#include <NXOpen/UIStyler_Dialog.hxx>

class DllExport ch14_2
{
```

```
public:
    ......
    static UserDefinedFeatureEditEvent* editEvent;
    ......
}
```

（4）在 ch14_2.cpp 中初始化变量"editEvent"，代码格式如下：

```
UserDefinedFeatureEditEvent* (ch14_2::editEvent) = nullptr;
ch14_2::ch14_2()
{
    ......
    editEvent = nullptr;
}
```

（5）在 ch14_2.cpp 中更改用户出口与应用程序卸载方式，并添加注册 UDF Hooks 回调，代码如下：

```
extern "C" DllExport void ufsta(char* param, int* retcod, int param_len)
{
    UF_initialize();
    //注册 UDF Hooks 回调
    Session* session = Session::GetSession();
    UserDefinedFeatureClassManager* udfManager =
        session->UserDefinedFeatureClassManager();
    UserDefinedFeatureClass* udfClass =
        udfManager->CreateClass("NXOpen::UDF::Star");
    udfClass->AddEditHandler(make_callback(EditUDFCallBack));
    udfClass->AddIconHandler(make_callback(IconCallback));

    //UserDefinedFeatureClass 继承临时对象,需要删除
    delete udfClass;
    udfClass = nullptr;
    UF_terminate();
}

extern "C" DllExport int ufusr_ask_unload()
{
    //return (int)Session::LibraryUnloadOptionExplicitly;
    //return (int)Session::LibraryUnloadOptionImmediately;
    return (int)Session::LibraryUnloadOptionAtTermination;
}
```

（6）在 ch14_2.cpp 中，实现 IconCallback( )，代码如下：

```
static int IconCallback(UserDefinedFeatureIconEvent* event)
{
    event->SetIconName("flag"); //设置 UDF 名称前显示位图的名称
    return 0;
}
```

（7）在 ch14_2.cpp 中，实现 EditUDFCallBack( )，代码如下：

```
int static EditUDFCallBack(UserDefinedFeatureEditEvent* event)
{
    int errorCode = 0;
    int resp = (int)UIStyler::DialogResponsePickResponse;
    ch14_2* thech14_2 = NULL;
    try
    {
        thech14_2 = new ch14_2();
        thech14_2->editEvent = event;
        resp = thech14_2->Show();
        event->SetResponse(resp);
    }
    catch (NXException& ex)
    {
        errorCode = ex.ErrorCode();
    }

    if (thech14_2 != NULL)
    {
        delete thech14_2;
        thech14_2 = NULL;
    }
    return errorCode;
}
```

（8）在 ch14_2.cpp 中，更改 Show( )函数，代码如下：

```
int ch14_2::Show()
{
    Selection::Response resp = Selection::ResponseObjectSelected;
    //由于期望在编辑 UDF 时启动这个对话框,因此以编辑模式打开对话框
    resp = theDialog->Show(BlockDialog::DialogModeEdit);
    if (resp == Selection::ResponseOk)
    {
        return (int)UIStyler::DialogResponseOk;
    }
    else
    {
        return (int)UIStyler::DialogResponseCancel;
    }
}
```

（9）由于 UDF 中有多个表达式，且并不知道哪一个表达式要与对话框中的 UI Block 对应，因此，在 ch14_2.cpp 的 initialize_cb( )回调函数中，通过获取 UDF 中表达式的顺序，重新设置 UI Block 的名称并与表达式关联。代码如下：

```
void ch14_2::initialize_cb()
```

```
{
    BlockStyler::LinearDimension* dimBlocks[] = { m_radius,m_thickness };
    vector<Expression*> exps = editEvent->Feature()->GetExpressions();
    for (size_t i = 0; i < exps.size(); ++i)
    {
        if (i < 2)
        {
            dimBlocks[i]->SetLabel(exps[i]->Name());
            dimBlocks[i]->SetExpressionObject(exps[i]);
        }
    }
}
```

（10）编译链接生成*.dll 文件，并将该文件拷贝到 NX 二次开发根目录下的 udo 目录中。

（11）重新启动 NX，并在工作部件界面中创建 UDF，如图 14-10 所示。

图 14-10　创建的 UDF

（12）双击特征编辑 UDF，弹出利用 NXOpen 设计的对话框，如图 14-11 所示，在其中更改尺寸参数并单击 OK 按钮即可完成对 UDF 的编辑。

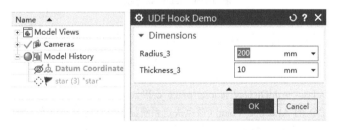

图 14-11　编辑 UDF 打开对话框结果

14.5　UDO

14.5.1　UDO 应用范围

对初学 NX 二次开发的读者而言，UDO（User Defined Object，用户自定义对象）的概念是比较抽象的。笔者认为，对于新的知识，不必立刻就要完全知道怎么用它，关键是要有相关方面的知识概念，并大概知道这一类知识可以应用在何种场景。当在实战项目中遇到棘手问题时，就可以快速想到用这一类知识解决。

为了最大化提高 NX 二次开发应用程序的生产力，UDO 允许开发者在 NX 中添加自定义的对象。当开发者需要一个 NX 中不存在的对象时，可以使用 UDO 来定义它的存储数据，并在 NX 中定义它的行为。

UDO 的应用非常广，可以利用它创建自定义特征（以下提及时将其称为 UDO 特征）；也可以为 NX 中的原生对象添加一些特殊数据信息，这些信息会一起保存在 NX 部件中，未来还可以根据添加的信息查询对象等。

这有一个简单需求：期望能实时追踪指定体（Body）的包围盒（Bounding Box）大小。这个需求的难点在于要实时追踪，因为指定的体，可能因为上游对象的更新（Update）而发生变化，这就需要一种技术手段在 NX 对象更新时通知系统重新计算包围盒大小。很显然，本书前面章节介绍的知识似乎都难以实现它。

UDO 为解决这一类问题提供了完美的解决方案。

14.5.2　UDO 基本介绍

与 Custom Feature 和 UDF Hooks 一样，为了让 NX 系统识别到 UDO，需要先对其注册类名。由于 UDO 随着部件保存而保存，因此打开一个已经包含 UDO 的部件之前，必须确保当前 NX 会话中已经包含了定义 UDO 所需要的库。默认情况下，NX 系统不会因为缺少库而给出警告或通知。

一个 UDO 通常包含以下信息：

● UDO 名称（UDO Name）：指 UDO 的类（Class）名称，类名必须唯一。

● 自由格式数据（Free Form Data）：包括整数、实数、字符串。

● 可转换的数据（Convertible Data）：可以是长度、面积、体积，数据随部件转换。

● 指向 NX 对象的链接（Links to NX Objects）：包含五种不同类型的链接，稍后详细说明，不同的链接方式将影响 UDO 的更新与删除事件。

NX 内部的 UDO 行为是通过回调来定制的，回调描述如表 14-6 所示。

表 14-6　UDO 回调描述

回调	描述
Display	通过点、直线、圆弧、曲线和小平面体（Facet）等原始形状在图形窗口上绘制 UDO。如果不实现这个回调，UDO 将是不可见的。NXOpen C/C++中的注册回调 API 为： UF_UDOBJ_register_display_cb( ) myUDOclass->AddDisplayHandler(make_callback(&myDisplayCB))
Attention Point	定义 UDO 的 Attention Point（该点决定系统显示临时对象的位置，例如：选中 UDO 后单击"Menu"→"Information"→"Object"按钮，启动 Object 工具后，UDO 上会显示临时的数字，而这个数字放置的位置是由 Attention Point 决定的）。一般该回调与 Display 回调的实现是一致的。NXOpen C/C++中的注册回调 API 为： UF_UDOBJ_register_attn_pt_cb( ) myUDOclass->AddAttentionPointHandler(make_callback(&myDisplayCB))
Fit	定义 UDO 的边界显示，当用户单击"Menu"→"View"→"Operation"→"Fit"按钮后，部件中的每个对象（包括 UDO）边界将被计算。一般该回调与 Display 回调的实现是一致的。NXOpen C/C++中的注册回调 API 为： UF_UDOBJ_register_fit_cb( ) myUDOclass->AddFitHandler(make_callback(&myDisplayCB))
Selection	定义 UDO 被选择时的行为，一般该回调与 Display 回调的实现是一致的。NXOpen C/C++中的注册回调 API 为： UF_UDOBJ_register_select_cb( ) myUDOclass->AddSelectionHandler(make_callback(&myDisplayCB))

续表

回调	描述
Update	定义 UDO 链接的对象更新时的行为（这个方法依赖于所使用的链接类型）。NXOpen C/C++中的注册回调 API 为： UF_UDOBJ_register_update_cb( ) myUDOclass->AddUpdateHandler(make_callback(&myUpdateCB))
Delete	定义 UDO 链接的对象删除时 UDO 的行为（这个方法依赖于所使用的链接类型）。NXOpen C/C++中的注册回调 API 为： UF_UDOBJ_register_delete_cb( ) myUDOclass->AddDeleteHandler(make_callback(&myDeleteCB))
Edit	定义编辑 UDO 时的行为。NXOpen C/C++中的注册回调 API 为： UF_UDOBJ_register_edit_cb( ) myUDOclass->AddEditHandler(make_callback(&myEditCB))
Information	定义单击"Menu"→"Information"→"Object"按钮，选择 UDO 后的行为。NXOpen C/C++中的注册回调 API 为： UF_UDOBJ_register_info_obj_cb( ) myUDOclass->AddInformationHandler(make_callback(&myInfoCB))

除了回调控制 UDO 的行为，以下设置也对 UDO 有所影响：

- Is Occurrenceable：用于定义 UDO 是否显示在装配中。在 NXOpen C 中用 UF_UDOBJ_register_is_occurrenceable_cb 进行设置；在 NXOpen C++中通过对应类（Class）中的 SetIsOccurrenceableFlag 函数进行设置。
- Allow Owned Object Selection：用于定义用户是否有权限选择 UDO。在 NXOpen C 中用 UF_UDOBJ_set_owned_object_selection 进行设置；在 NXOpen C++中通过对应类（Class）中的 SetAllowOwnedObjectSelectionOption 函数进行设置。
- Warn User Flag：用于定义当加载了包含 UDO 的部件时（如果 UDO 的类还没有在 NX 会话中注册）是否警告用户。此警告在每个会话中只会发生一次（即使有多个未注册的类）。在第一个警告之后，如果使用未注册的 UDO 类加载任何新部件，则会抑制额外的警告。在 NXOpen C 中使用 UF_UDOBJ_set_user_warn_flag 进行设置；在 NXOpen C++中通过对应类（Class）中的 SetWarnUserFlag 函数进行设置。

如前所述，UDO 有五种不同的链接类型，不同的链接方式会影响 UDO、关联对象及链接的更新与删除行为，具体如表 14-7 所示。

表 14-7　UDO 链接类型

链接类型	UDO 被删除		关联对象被删除		UDO 被更新	关联对象被更新
	链接	关联对象	链接	UDO	关联对象	UDO
Link type 1	删除	不受影响	删除	删除	不受影响*	更新
Link type 2	删除	删除	不受影响	不受影响	不受影响*	不受影响
Link type 3	删除	不受影响	删除	更新	不受影响*	更新
Link type 4	删除	不受影响	删除	不受影响	不受影响*	不受影响
Owning Link	删除	如果关联对象是实体不受影响，否则删除	不适用，不允许直接删除关联对象	不受影响*	不受影响

*尽管 UDO 被更新时，关联对象默认不受影响，但是开发者可以在 UDO 的类中注册更新函数，以更新关联对象。

14.5.3　UDO 应用流程

应用 UDO 需要三个步骤，如图 14-12 所示。

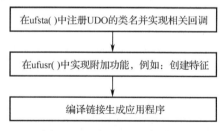

图 14-12　应用 UDO 的流程

大部分的情况下，也可以将注册 UDO 的逻辑放到 ufusr( )中，但有一种特殊情况：如果已经有一个 UDO 的部件被保存，重启 NX 再打开它时，很显然会找不到 UDO 对应的类，因为 ufusr( )还没有被触发，所以没有注册 UDO 的类名。

通常，使用 ufsta( )注册 UDO 的类名，并将生成的*.dll 文件放到 NX 二次开发根目录下的 udo 目录中，当 NX 启动时，就会执行注册 UDO 的类名。

14.5.4　UDO 应用实例

本实例展示如何使用 NXOpen C 中与 UDO 相关的 API 开发实时追踪体的包围盒，并以线框形式显示在 NX 图形窗口。

体（Body）可能因为上游对象的更新导致尺寸及位置的变化，需要在 UDO 与体之间创建链接，发生"父子"关系，当体在 NX 系统中有更新行为时，就会触发 UDO 更新。

实现本应用程序的操作步骤如下：

（1）启动 Visual Studio，利用 NXOpen C++ Wizard 创建一个名为 ch14_3 的项目（本例代码保存在"D:\nxopen_demo\code\ch14_3"），删除原有代码。添加一个函数，用于计算体的包围盒，并输出包围盒的顶点坐标。代码如下：

```
#include <uf.h>
#include <uf_csys.h>
#include <uf_modl.h>
#include <uf_udobj.h>
#include <uf_ui.h>
#include <uf_view.h>

#define UDOCLASS        "SolidBox"
#define UDOFEATNAME     "Solid Box"

static void GetBodyBoxCoords(const tag_t body, double* pointsCoord)
{
    //创建临时坐标系
    tag_t absMtxId = NULL_TAG, tempCsys = NULL_TAG;
    double absOrigin[3] = { 0.0,0.0, 0.0 };
    double absMtx[9] = { 1.0, 0.0, 0.0, 0.0, 1.0, 0.0, 0.0, 0.0, 1.0 };
    UF_CSYS_create_matrix(absMtx, &absMtxId);
    UF_CSYS_create_temp_csys(absOrigin, absMtxId, &tempCsys);
```

```
//求体基于绝对方位的包围盒
double dist[3] = { 0.0 };
double corner[3] = { 0.0 };
double dir[3][3] = { { 0.0 }, { 0.0 }, { 0.0 } };
UF_MODL_ask_bounding_box_exact(body, tempCsys, corner, dir, dist);

//计算包围盒的顶点坐标
double temp[] = {
    corner[0], corner[1], corner[2],
    corner[0] + dist[0], corner[1], corner[2],
    corner[0] + dist[0], corner[1] + dist[1], corner[2],
    corner[0], corner[1] + dist[1], corner[2],
    corner[0], corner[1], corner[2],
    corner[0], corner[1], corner[2] + dist[2],
    corner[0] + dist[0], corner[1], corner[2] + dist[2],
    corner[0] + dist[0], corner[1] + dist[1], corner[2] + dist[2],
    corner[0], corner[1] + dist[1], corner[2] + dist[2],
    corner[0], corner[1], corner[2] + dist[2]
};

    memcpy(pointsCoord, temp, sizeof(temp));
}
```

（2）注册 UDO 类名，并实现相应回调，代码如下：

```
static void udo_display_cb(tag_t udo, void* context)
{
    UF_initialize();

    //计算体的包围盒
    tag_t body = NULL_TAG;
    UF_UDOBJ_all_data_t data = { 0 };
    UF_UDOBJ_ask_udo_data(udo, &data);
    if (data.num_links > 0)
    {
        double points[30] = { 0.0 };
        GetBodyBoxCoords(data.link_defs[0].assoc_ug_tag, points);
        UF_UDOBJ_edit_doubles(udo, points);
        UF_UDOBJ_free_udo_data(&data);
    }

    //以线框显示包围盒
    UF_UDOBJ_ask_udo_data(udo, &data);
    if (data.num_doubles == 30)
    {
        UF_DISP_display_polyline(data.doubles, 10, context);
        for (int i = 1; i < 4; ++i)
        {
            double temp[6] = { 0.0 };
```

```
                memcpy(&temp[0],&data.doubles[3 * i], 3 * sizeof(double));
                memcpy(&temp[3],&data.doubles[15 + 3 * i],3 * sizeof(double));
                UF_DISP_display_polyline(temp, 2, context);
            }
        }

        UF_UDOBJ_free_udo_data(&data);
        UF_terminate();
    }

static void do_it(UF_UDOBJ_class_t udoId)
{
    //利用NXOpen C创建一个选择体的对话框
    char* msg = "Select Object";
    UF_UI_mask_t mask = { UF_solid_type, 0, UF_UI_SEL_FEATURE_BODY };
    UF_UI_selection_options_t opts = { 0 };
    opts.other_options = 0;
    opts.reserved = NULL;
    opts.num_mask_triples = 1;
    opts.mask_triples = &mask;
    opts.scope = UF_UI_SEL_SCOPE_WORK_PART;

    int response = 0;
    tag_t object = NULL_TAG, view = NULL_TAG;
    double cursor[3] = { 0.0 };
    UF_UI_select_single(msg, &opts, &response, &object, cursor, &view);
    if (object != NULL_TAG)
    {
        //计算包围盒
        double points[30] = { 0.0 };
        GetBodyBoxCoords(object, points);

        tag_t udo = NULL_TAG;
        UF_UDOBJ_link_t linkDefs[1] = { 0 };
        linkDefs[0].link_type = 1;
        linkDefs[0].assoc_ug_tag = object;

        UF_UDOBJ_create_udo(udoId, &udo); //创建UDO
        UF_UDOBJ_add_links(udo, 1, linkDefs);
        UF_UDOBJ_add_doubles(udo, 30, points);
        UF_DISP_add_item_to_display(udo);
        UF_DISP_set_highlight(object, 0);
    }
}
//注册UDO类名
static UF_UDOBJ_class_t register_udo()
{
    UF_UDOBJ_class_t udoId = 0;
    UF_UDOBJ_create_class(UDOCLASS, UDOFEATNAME, &udoId);
    UF_UDOBJ_register_display_cb(udoId, udo_display_cb);
```

```
    UF_UDOBJ_set_query_class_id(udoId, UF_UDOBJ_ALLOW_QUERY_CLASS_ID);
    return udoId;
}

extern "C" DllExport void ufusr(char* param, int* retCode, int paramLen)
{
    UF_initialize();
    UF_UDOBJ_class_t udoId = 0;
    if (UF_UDOBJ_ask_class_id_of_name(UDOCLASS, &udoId) > 0)
    {
        udoId = register_udo(); //如果 UDO 没有被注册, 在此重新注册
    }

    do_it(udoId);
    UF_terminate();
}

extern "C" DllExport void ufsta(char* param, int* retCode, int paramLen)
{
    UF_initialize();
    register_udo(); //注册 UDO
    UF_terminate();
}

extern "C" DllExport int ufusr_ask_unload()
{
    return UF_UNLOAD_UG_TERMINATE; //注意: UDO 一般使用这种方式卸载应用程序
}
```

（3）编译链接生成*.dll 文件，并将该文件拷贝到NX 二次开发根目录下的 UDO 目录中。

（4）在 NX 中新建一部件文件，创建一个 Cylinder，单击"File"→"Execute"→"NX Open"按钮，在弹出的对话框中选择动态链接库"ch14_3.dll"，运行结果如图 14-13 所示。

（5）更改 Cylinder 的位置或者方位后，UDO 线框包围盒将同步更新，从而实现实时追踪体的包围盒效果，如图 14-14 所示。

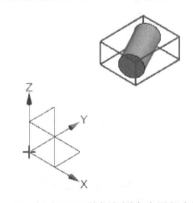

图 14-13　创建 UDO 线框包围盒应用程序运行结果

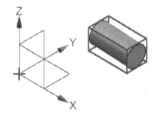

图 14-14　更改 Cylinder 后线框包围盒更新结果

14.5.5 UDO 特征应用实例

本实例使用 NXOpen C 中与 UDO 相关的 API 结合 Block UI，开发创建 UDO 特征应用程序。开发者也可以用 NXOpen C++的相关 API 开发应用程序，在目录 "%UGII_BASE_DIR%\UGOPEN\SampleNXOpenApplications\C++\UDO" 中有样例。

需求背景：在利用 NXOpen C 中的 UF_MODL_create_isocurve 开发应用程序时，创建的等参数曲线是非参数化的，它不能直接使用 NXOpen 设计的对话框进行编辑。期望能开发应用程序，使用 Block UI 创建与编辑等参数曲线。

解决方案：通过 NX 二次开发，设计对话框，实现让用户在选择面、指定创建等参数曲线方式（U 方向或 V 方向）以及指定参数位置后，创建等参数曲线。且再次编辑创建的曲线时，将自动打开利用 NXOpen 设计的对话框。

开发这个应用程序，需要考虑以下因素：

● 编辑 UDO 特征时，如何打开对话框，并让 UDO 参数输出到对话框中。

● 用户编辑 UDO 特征时，可能会选择其他的面，导致创建的等参数曲线数量发生变化，如何利用最新的数据与 UDO 匹配。

● 一旦 UDO 特征创建成功，系统分配了等参数曲线标识符，多次编辑后，如何保证对象标识符不变（如果对象标识符变更，会导致基于等参数曲线创建的对象更新失败，通常这不是用户期望的结果）。

实现应用程序的操作步骤如下：

（1）制作菜单与功能区（相关知识请参阅第 2 章）。针对本实例，菜单与功能区的制作已完成（请参阅 2.4 节）。

（2）制作对话框如图 14-15 所示（相关知识请参阅第 3 章）。

UDO Feature Demo 对话框使用的 UI Block 与 Property 信息如表 14-8 所示。本实例对话框文件保存为 "D:\nxopen_demo\application\ch14_4.dlx"。

图 14-15　UDO Feature Demo 对话框

表 14-8　UDO Feature Demo 对话框使用的 UI Block 与 Property 信息

UI Block（UI 块）	Property（属性）	Value（值）
Face Collector	BlockID	m_face
	Group	True
	SelectMode	Single
	DefaultFaceRules	Single Face
	FaceRules	0x1（Single Face）
Enumeration	BlockID	m_type
	Label	Direction
	Value	U　V
	Bitmaps	grid_u_constant　grid_v_constant
	PresentationStyle	Radio Box

续表

UI Block（UI 块）	Property（属性）	Value（值）
Double	BlockID	m_parameter
	Label	Parameter
	Value	0.5
	PresentationStyle	Scale
	MinimumValue	0
	MaximumValue	1

（3）启动 Visual Studio，利用 NXOpen C++ Wizard 创建一个名为 ch14_4 的项目（本例代码保存在 "D:\nxopen_demo\code\ch14_4"），删除原有 ch14_4.cpp 文件。将 Block UI Styler 模块自动生成的 ch14_4.hpp 与 ch14_4.cpp 拷贝到这个项目对应的目录中，并将它们添加到 Visual Studio 项目中。

（4）在 ch14_4.hpp 中添加头文件，代码如下：

```
#include <uf.h>
#include <uf_modl.h>
#include <uf_obj.h>
#include <uf_so.h>
#include <uf_udobj.h>
#include <NXOpen/NXObjectManager.hxx>
#define UDOCLASS    "NXOpen::UDOFeat::Demo"
#define UDOFEATNAME "UDO Feature Demo"
```

（5）在 ch14_4.cpp 中定义 "currentUdoTag" 与 "editMode" 两个全局变量，其目的是方便在不同的回调中使用变量获取数据，代码如下：

```
static tag_t currentUdoTag = NULL_TAG;       //当前操作的 UDO 标识符
static bool editMode = false;                //对话框是否以编辑模式打开
```

（6）在 ch14_4.cpp 中注册 UDO 类名，代码如下：

```
static UF_UDOBJ_class_t register_udo()
{
    UF_UDOBJ_class_t udoId = 0;
    UF_UDOBJ_create_class(UDOCLASS, UDOFEATNAME, &udoId);
    UF_UDOBJ_set_owned_object_selection(udoId, UF_UDOBJ_ALLOW_SELECTION);
    UF_UDOBJ_register_update_cb(udoId, update_udo_cb);
    UF_UDOBJ_register_edit_cb(udoId, edit_udo_cb);
    UF_UDOBJ_set_query_class_id(udoId, UF_UDOBJ_ALLOW_QUERY_CLASS_ID);
    return udoId;
}
```

注册编辑 UDO 时的回调函数，其目的是当编辑 UDO 时触发事件（需要开发者处理打开对话框的逻辑）。调用 UF_UDOBJ_set_owned_object_selection 是为了设置允许用户选择 UDO 对象。调用 UF_UDOBJ_set_query_class_id 是为了允许通过 API 查询 UDO。

（7）在 ch14_4.cpp 中，更改 ufusr_ask_unload( )的返回值，代码如下：

```
return (int)Session::LibraryUnloadOptionAtTermination;
```

（8）在 ch14_4.cpp 中，注册 UDO 以及处理创建 UDO 特征逻辑，代码如下：

```cpp
extern "C" DllExport void ufsta(char* param, int* retCode, int paramLen)
{
    UF_initialize();
    register_udo();                                     //注册 UDO
    UF_terminate();
}

extern "C" DllExport void ufusr(char *param, int *retcod, int param_len)
{
    UF_initialize();

    //查询类是否存在,不存在则创建它
    UF_UDOBJ_class_t udoId = 0;
    if (UF_UDOBJ_ask_class_id_of_name(UDOCLASS, &udoId) > 0)
    {
        udoId = register_udo();
    }
    UF_UDOBJ_create_udo(udoId, &currentUdoTag);   //创建 UDO

    //打开对话框
    ch14_4* thech14_4 = NULL;
    thech14_4 = new ch14_4();
    thech14_4->Show();
    if (thech14_4 != NULL)
    {
        delete thech14_4;
        thech14_4 = NULL;
    }

    //判断是否有链接对象，如果有则创建 UDO 特征
    UF_UDOBJ_all_data_t data = { 0 };
    UF_UDOBJ_ask_udo_data(currentUdoTag, &data);
    if (data.num_links > 0)
    {
        //创建特征
        tag_t udoFeat = NULL_TAG;
        UF_UDOBJ_create_udo_feature_from_udo(currentUdoTag, &udoFeat);
        UF_MODL_update();
    }
    else if (data.num_links == 0)
    {
        UF_OBJ_delete_object(currentUdoTag);
    }
    UF_UDOBJ_free_udo_data(&data);
    UF_terminate();
}
```

（9）在 ch14_4.cpp 的 show( )回调中设置打开对话框的模式，代码如下：

```
//判断打开对话框的模式，并以正确的方式打开
BlockDialog::DialogMode mode = BlockDialog::DialogModeCreate;
if (editMode)
{
    mode = BlockDialog::DialogModeEdit;
}
theDialog->Show(mode);
```

（10）在 ch14_4.cpp 中更改 dialogShown_cb( )回调，其目的是从 UDO 获取数据，并设置到对话框上，代码如下：

```
void ch14_4::dialogShown_cb()
{
    if (currentUdoTag != NULL_TAG)
    {
        UF_UDOBJ_all_data_t data = { 0 };
        UF_UDOBJ_ask_udo_data(currentUdoTag, &data);
        std::vector<TaggedObject*> faces;
        double scale = 0.5;
        for (unsigned int i = 0; i < data.num_links; ++i)
        {
            int type = 0, subtype = 0;
            tag_t deltaObj = data.link_defs[i].assoc_ug_tag;
            UF_OBJ_ask_type_and_subtype(deltaObj, &type, &subtype);
            if (type == UF_scalar_type)
            {
                tag_t exp = NULL_TAG;
                UF_SO_ask_exp_of_scalar(deltaObj, &exp);
                UF_MODL_ask_exp_tag_value(exp, &scale);
            }
            else if (type == UF_solid_type)
            {
                faces.push_back(NXObjectManager::Get(deltaObj));
            }
        }
        //将 UDO 中数据重新设置到对话框上
        BlockStyler::PropertyList* list = m_type->GetProperties();
        list->SetEnum("Value", data.num_ints > 0 ? data.ints[0] - 1 : 0);
        delete list;
        list = nullptr;
        m_face->SetSelectedObjects(faces);
        m_parameter->SetValue(scale);
        UF_UDOBJ_free_udo_data(&data);
    }
}
```

（11）在 ch14_4.cpp 中更改 apply_cb( )回调，其目的是创建等参数线，并添加数据到

UDO 中。代码如下：

```
int ch14_4::apply_cb()
{
    int errorCode = 0;
    //获取对话框信息
    std::vector<TaggedObject*> faces = m_face->GetSelectedObjects();
    BlockStyler::PropertyList* list = m_type->GetProperties();
    tag_t face = (faces.empty()) ? NULL_TAG : faces[0]->Tag();
    int type = list->GetEnum("Value");
    delete list;
    list = nullptr;

    //清除之前的链接数据
    UF_UDOBJ_all_data_t udoData = { 0 };
    UF_UDOBJ_ask_udo_data(currentUdoTag, &udoData);
    for (unsigned int i = 0; i < udoData.num_links; ++i)
    {
        UF_UDOBJ_delete_link(currentUdoTag, &udoData.link_defs[i]);
    }
    UF_UDOBJ_free_udo_data(&udoData);

    //通过 udo 找特征
    tag_t udoFeature = NULL_TAG;
    UF_UDOBJ_ask_udo_feature_of_udo(currentUdoTag, &udoFeature);

    //添加链接数据
    tag_t exp = NULL_TAG;
    tag_t soExp = NULL_TAG;
    UF_SO_update_option_t option = UF_SO_update_within_modeling;
    char erpStr[UF_MAX_EXP_LENGTH] = { 0 };
    sprintf(erpStr, "%f", m_parameter->Value());
    UF_MODL_create_exp_tag(erpStr, &exp);
    UF_SO_create_scalar_exp(exp, option, exp, &soExp);

    UF_UDOBJ_link_t linkDefs[2] = { 0 };
    linkDefs[0].link_type = 1;
    linkDefs[0].assoc_ug_tag = soExp;
    linkDefs[0].object_status = 0;
    linkDefs[1].link_type = 1;
    linkDefs[1].assoc_ug_tag = face;
    linkDefs[1].object_status = 0; //0 = Up to date 1 = Out of date
    UF_UDOBJ_add_links(currentUdoTag, 2, linkDefs);

    double tol = 0.01;
    int dir = type + 1; //1-U, 2-V
    UF_MODL_ask_distance_tolerance(&tol);
    if (udoFeature == NULL_TAG)
```

```
{
    UF_UDOBJ_add_integers(currentUdoTag, 1, &dir);
    UF_UDOBJ_add_doubles(currentUdoTag, 1, &tol);
}
else
{
    UF_UDOBJ_edit_integers(currentUdoTag, &dir);
    UF_UDOBJ_edit_doubles(currentUdoTag, &tol);
}

tag_t* curves = NULL_TAG;
int nCurves = 0;
double uvs[4] = { 0.0 };
UF_MODL_ask_face_uv_minmax(face, uvs);
double fparm = m_parameter->Value() * (uvs[2 * dir - 1] -
    uvs[2 * dir - 2]) + uvs[2 * dir - 2];
if (UF_MODL_create_isocurve(face, dir, fparm, tol, &curves,
    &nCurves) == 0 && nCurves > 0)
{
    UF_UDOBJ_add_owning_links(currentUdoTag, nCurves, curves);
    UF_free(curves);
}
return errorCode;
}
```

（12）在 ch14_4.cpp 中实现 UDO 的 update_udo_cb( )回调，代码如下：

```
static void update_udo_cb(tag_t udo, UF_UDOBJ_link_p_t link)
{
    UF_initialize();
    UF_UDOBJ_all_data_t data = { 0 };
    UF_UDOBJ_ask_udo_data(udo, &data);

    //从 UDO 中获取存储的数据
    tag_t face = NULL_TAG;
    int dir = data.num_ints > 0 ? data.ints[0] : 1;
    double parm = 0.5;
    double tol = data.num_doubles > 0 ? data.doubles[0] : 0.001;
    for (unsigned int i = 0; i < data.num_links; ++i)
    {
        int type = 0, subtype = 0;
        tag_t exp = NULL_TAG;
        tag_t deltaObj = data.link_defs[i].assoc_ug_tag;
        UF_OBJ_ask_type_and_subtype(deltaObj, &type, &subtype);
        if (type == UF_scalar_type)
        {
            UF_SO_ask_exp_of_scalar(deltaObj, &exp);
            UF_MODL_ask_exp_tag_value(exp, &parm);
        }
```

```
        else if (type == UF_solid_type)
        {
            face = deltaObj;
        }
    }

    if (face != NULL_TAG || UF_OBJ_ask_status(face) == UF_OBJ_ALIVE)
    {
        double uvs[4] = { 0.0 };
        UF_MODL_ask_face_uv_minmax(face, uvs);
        double fparm = parm * (uvs[2 * dir - 1] - uvs[2 * dir - 2]) + uvs[2
            * dir - 2];

        int ncurs = 0, nOlds = 0;
        tag_t* curs = NULL, *olds = NULL_TAG;
        UF_MODL_create_isocurve(face, dir, fparm, tol, &curs, &ncurs);
        UF_UDOBJ_ask_owned_objects(udo, &nOlds, &olds);

        int nCurves = (nOlds < ncurs) ? nOlds : ncurs;
        UF_OBJ_replace_object_array_data(nCurves, olds, curs);
        for (int j = nOlds; j < ncurs; ++j)
        {
            if (curs[j] != NULL_TAG)
            {
                UF_UDOBJ_add_owning_links(udo, j, &curs[j]);
            }
        }

        for (int k = ncurs; k < nOlds; ++k)
        {
            UF_UDOBJ_delete_owning_link(udo, olds[k]);
            UF_OBJ_delete_object(olds[k]); //删除指定的对象
        }
        UF_free(curs);
        UF_free(olds);
    }
    UF_UDOBJ_free_udo_data(&data);
    UF_terminate();
}
```

（13）在 ch14_4.cpp 中实现 UDO 的 edit_udo_cb( )回调，代码如下：

```
static void edit_udo_cb(tag_t udo)
{
    UF_initialize();
    editMode = true;
    currentUdoTag = udo;
    //打开对话框
    ch14_4* thech14_4 = NULL;
```

```
thech14_4 = new ch14_4();
thech14_4->Show();
if (thech14_4 != NULL)
{
    delete thech14_4;
    thech14_4 = NULL;
}
editMode = false;
UF_terminate();
}
```

（14）编译链接生成*.dll 文件，并将该文件拷贝到 NX 二次开发根目录下的 application 与 udo 目录中。

（15）在 NX 中打开一部件文件，单击 Ribbon 工具条上的"NXOpen Demo"→"UDO Feature Demo"按钮，启动 UDO Feature Demo 工具，在选择面、指定创建等参数线方式（U 方向或 V 方向）以及指定参数位置后，单击 OK 按钮，结果如图 14-16 所示。

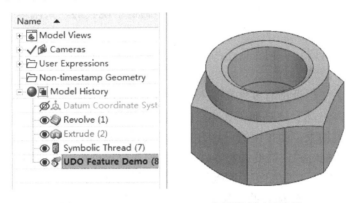

图 14-16　UDO Feature Demo 应用程序运行结果

（16）更改 UDO 特征后，等参数曲线自动变更位置，如图 14-17 所示。

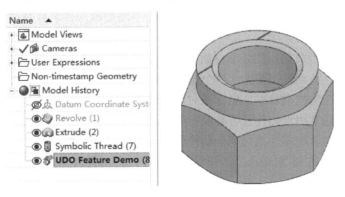

图 14-17　更改 UDO 特征后显示结果

第 **15** 章 装配操作

在本章中您将学习下列内容:
- 装配操作应用范围
- 装配操作常用术语
- 装配操作常用 API

15.1 装配操作应用范围

装配操作是产品设计过程中不可缺少的环节。在小型产品中,用户习惯将多个零件设计在同一个部件(*.prt)中。然而对大型产品,这样做是不现实的,如汽车、飞机,它们往往是由多个团队并行设计的。

多个团队并行设计时,如何保证产品装配没有缺陷呢?显然,利用 NX 虚拟装配后再设计验证就非常重要了。

在汽车领域,为了保证所有零件在载入 3D 软件进行装配时位置正确,往往都以绝对坐标系为基准,所有零件基于该基准在真实空间位置设计。这样做的优势在于,不需要再额外为每个零件添加位置约束。而传统的设计方式是各设计工程师在任意位置和方位 3D 建模,最后载入零件进行装配时,还需要调整零件方位,添加位置约束,这增加了许多工作量。

在 NX 二次开发时,与装配相关的操作以下几点最为常用:
- 添加组件。对已经建模好的零件进行装配,它有可能是按一定规则批量装配的。添加组件在自底向上的设计模式中应用较广。
- 克隆装配。通常情况下,工程师设计产品时,习惯将类似的 3D 装配打开,更改相关部件名称后,以此为基准再设计新产品。而手动更改部件名称是很烦琐的工作,通常使用克隆装配工具。
- 创建零件。在当前显示的装配导航器下,创建产品装配树结构。例如:设计注塑模具时,根据模具特点直接初始化整个模具零件的树形结构。
- 添加约束。在实战项目中,坐标系对坐标系约束应用最多。
- 装配查询。通常用于访问已有装配中的信息。
- 装配检查。对装配零件按规则自动检查是否符合设计目的。
- 提取 BOM (Bill of Material)。开发应用程序,一键提取当前装配的 BOM 表,统计相关信息传递给下游工艺环节。
- 创建爆炸图。开发应用程序,利用适当的算法,让 NX 系统自动创建美观的爆炸图。

15.2 装配操作常用术语

在利用 NXOpen 开发与装配相关的应用程序时,会涉及许多特殊的术语,开发者必须区分它们，否则会面临使用 API 时无从下手的困境。装配操作常用术语如表 15-1 所示。

表 15-1　装配操作常用术语

术语	描述
Tag	如第 5 章所述，这表示对象标识符，在装配环境中，对象不仅可以是几何对象，还可以是 Occurrence、Instance
Piece Part	单一部件（*.prt，从产品维度看它代表一个零件）。在模型中，它无子装配
Occurrence	NX 装配并不直接将部件几何对象拷贝到当前部件中，而是将模型加载到内存，通过引用内存数据，将其添加到装配中。每引用一次数据就对应产生一个 Instance 和一个 Occurrence。在 NXOpen C++中，NXOpen::Assemblies::Component 代表 Occurrence，NX 装配导航器上的树节点对象为 Occurrence
Object Occurrence	当单一部件中的对象出现在装配环境中时，对象也有对应的 Occurrence
Instance	表示一个部件在装配部件中的位置。每个 Instance 在装配导航器中都有对应的 Occurrence
Multi-level	多层次装配，代表装配下面还有子装配
Component Part	指装配中拥有位置及定位的部件。它可以是 Piece Part，也可以是包含子装配的部件。Component Part 中的对象指向几何模型的链接，当原始部件几何对象被修改时，它同步更新
Prototype	包含原始部件几何对象的 Piece Part。一个 Prototype 可以拥有多个 Occurrence
Reference Set	引用集。一个部件中有多种对象，如实体、坐标系，通常只期望实体在装配中显示，此时可以通过引用集进行控制
Displayed Part	显示部件。如果是单一部件，显示部件和工作部件是相同的。在装配中，显示部件指装配中最顶级的部件
Work Part	工作部件。如果是单一部件，当前显示在 NX 活动窗口的部件即为工作部件。在装配中，显示部件和工作部件可以不相同。在 NX 中操作对象时，如创建、编辑对象，都是在工作部件上进行的

在 NX 中，与部件（*.prt）相关的数据存储在以下四个部分：

- RM_part。主要存储点、部件属性、图层类别、NX 字体数据表、NX 对象颜色数据表、坐标系、矩阵、视图、基准轴、基准面、PMI（产品制造信息）、部件单位。
- CM_part。主要存储 Feature List、FACE_REFERENCE、EDGE_REFERENCE。
- ESS_part。主要存储表达式，以及 Knowledge Fusion（KF）相关对象。
- OCC_part。主要存储与 NX 装配相关的数据，包括装配的树结构信息、Instance 信息、装配分割信息。

举一个实例来说明将零件添加到装配中时 NX 的工作流程。假定当前显示部件名为 Root.prt，要将 Test.prt 添加到 Root.prt 中，NX 的工作逻辑为：

（1）引用 Test.prt 中 OCC_part 数据，产生一个 Instance，将 Instance 数据放到 Root.prt 的 OCC_part 中。

（2）引用 Test.prt 中 OCC_part 数据，创建 Part Reference（Prototype）。

（3）引用 Prototype 数据，创建 Component（Occurrence）。

（4）将 Occurrence 数据放置到 Root.prt 中 OCC_part 下的根节点下，从而形成装配树结构。同一个部件被多次装配，会有一个 Prototype、多个 Occurrence。

官方的帮助文档中，并未详细描述 Prototype、Instance、Occurrence 之间的区别与联系，无论是初学的读者还是已具有开发经验的读者，对这些概念都是比较模糊的。笔者经过深入研究，认为 NX 装配数据可以描述为如图 15-1 所示的结构。

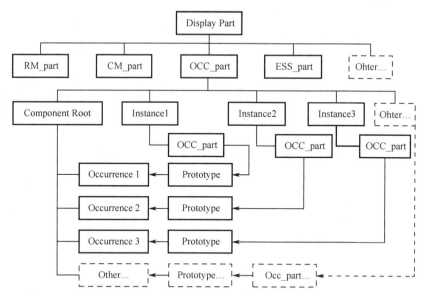

图 15-1　NX 装配数据结构描述

在利用 NXOpen C 开发与装配相关的应用程序时，经常会用到部件之间的转换，表 15-2 给出部件之间转换所用到的 API。

表 15-2　部件之间转换所用到的 API

输出	输入	API
Part Name	Part Tag	UF_PART_ask_part_name( )
Part Tag	Part Name	UF_PART_ask_part_tag( )
Part Tag	Part Occurrence Tag	UF_ASSEM_ask_prototype_of_occ( )
Part Tag	Instance tag	UF_ASSEM_ask_parent_of_instance( )或 UF_ASSEM_ask_child_of_instance( )
Part Tag	Entity Occurrence Tag	UF_ASSEM_ask_part_occurrence( )或 UF_ASSEM_ask_prototype_of_occ( )
Part Occurrence Tag	Part Tag	UF_ASSEM_ask_occs_of_part( )
Part Occurrence Tag	Part Occurrence Tag	UF_ASSEM_ask_part_occ_children( )或 UF_ASSEM_where_is_part_used( )
Part Occurrence Tag	Entity Occurrence Tag	UF_ASSEM_ask_part_occurrence( )
Part Occurrence Tag	Instance tag	UF_ASSEM_ask_part_occs_of_inst( )或 UF_ASSEM_ask_part_occ_of_inst( )
Instance Tag	Part tag	UF_ASSEM_cycle_inst_of_part( )
Instance Tag	Part occurrence tag	UF_ASSEM_ask_inst_of_part_occ( )
Instance Tag	Instance name	UF_ASSEM_ask_instance_of_name( )
Instance tag	Entity Occurrence tag	UF_ASSEM_ask_part_occurrence( )或 UF_ASSEM_ask_inst_of_part_occ( )

续表

输出	输入	API
Entity Tag	Entity occurrence tag	UF_ASSEM_ask_prototype_of_occ( )
Entity Tag	Entity handle	UF_TAG_ask_tag_of_handle( )
Entity Occurrence tag	Part occurrence tag	UF_ASSEM_cycle_ents_in_part_occ( )
Entity Occurrence tag	Entity tag	UF_ASSEM_find_occurrence( )或 UF_ASSEM_ask_occs_of_entity( )
Entity Occurrence tag	Entity handle	UF_TAG_ask_tag_of_handle( )
Entity Handle	Entity tag	UF_TAG_ask_handle_of_tag( )

15.3　装配操作常用 API

除了部件之间相互转换所用到的 API，还有一部分与装配操作相关的 API 使用频率也极高，如表 15-3 所示。

表 15-3　NXOpen C 中与装配操作相关的常用 API

API	描述
UF_ASSEM_add_part_to_assembly	添加组件，将部件装配到指定部件中
UF_ASSEM_ask_component_data	获取组件信息，如引用集、装配位置、变换矩阵
UF_ASSEM_is_occurrence	检查指定的对象是否是 Occurrence
UF_ASSEM_is_part_occurrence	检查指定的对象是否是 Part Occurrence
UF_ASSEM_ask_work_part	获取工作部件标识符
UF_ASSEM_occ_is_in_work_part	检查部件的 Occurrence 是否在工作部件中
UF_ASSEM_remove_instance	移动组件，输入的是 Part Instance Tag
UF_ASSEM_reposition_instance	重定位组件，用于编辑组件位置
UF_ASSEM_set_work_part	设置工作部件
UF_ASSEM_set_work_part_quietly	设置工作部件（后台设置，不会立即展示在 NX 会话中）

开发者在利用 NXOpen C API 开发与装配相关的应用程序时，需要注意 API 要求传入的对象标识符类型，如果要求是 Occurrence 的标识符，就不能传入 Instance 的标识符。

在 NX 后期版本中，NXOpen C 没有添加装配约束的 API，早期可以使用与"配对约束"相关的 API，然而这种约束已经在 NX 中被废弃。因此，要添加装配约束，需要使用 NXOpen C++中的相关 API 完成（NXOpen::Positioning::ComponentPositioner）。

15.4　自动装配解决方案

在 NX 二次开发需求中，自动装配所占的比重越来越大，然而自动装配有一定的技术难度，本节探讨实现它的几种解决方案。

两个零件在空间任意位置，要使用装配约束变换它们到用户期望的位置。在没有大量引入人工智能之前，自动实现它的可能性极低。因为 NX 系统不知道要如何约束，才能达到用户满意的结果。

因此，目前自动装配技术的主流解决方案，还是基于一定条件实现的。NX 系统提供的装配约束类型及描述如表 15-4 所示。

表 15-4　装配约束类型及描述

类型	描述
Touch Align	接触及对齐约束，约束两个对象以使它们接触或者对齐
Concentric	同心约束，约束圆形或椭圆形以使它们的中心重合，并使它们所在平面共面
Distance	距离约束，通过指定两个对象之间的 3D 距离进行约束
Fix	固定约束，将对象固定在当前位置
Parallel	平行约束，将两个对象的方向矢量定义为平行
Perpendicular	垂直约束，将两个对象的方向矢量定义为垂直
Align/Lock	对齐锁定约束，对齐两个对象的公共轴，同时防止公共轴旋转
Fit	等尺寸配对，将具有等半径的两个对象配对
Bond	胶合约束，约束对象在一起以使它们作为刚体运动
Center	中心对齐约束，使一个或两个对象处于一对对象中间，或使一对对象沿另一对象等距分布
Angle	角度约束，指定两个对象（可绕指定轴）之间的角度

使用 NX 装配约束时，相同输入条件下可能有多个解，如图 15-2 所示，以立方体顶面及两条边与圆台底面和底面的边作为输入条件添加接触及对齐约束，装配结果不一定相同。这样的场景，需要用户在装配时，人为判断哪种约束结果才是所需要的。

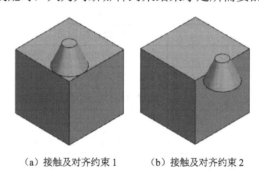

（a）接触及对齐约束 1　　　　（b）接触及对齐约束 2

图 15-2　装配约束多解情况

这只是一个较简单的场景，在复杂模型中，大量存在约束多解。因此，在利用 NX 二次开发自动装配应用程序时，如何添加约束使得装配结果才是用户期望的呢？这是一个棘手的问题，笔者分不同的情况给出解决方案。

● 自顶向下：如果产品上的零件都是使用 NXOpen 应用程序创建的，就建议使用自顶向下设计模式，每个零件以绝对坐标系方位装配。而约束可以直接使用固定约束（Fix），也可以使用坐标系对坐标系约束。这种方案项目风险最低，效率最高。

● 同一部件多个零件：在模具业，设计者偏向将所有的零件建模在同一个部件中，在最终完成后，期望一键转换为装配。这种场景，只有一个技术难点：在同一个部件中，有多个零件（体）是一样的，先要通过算法找出相同的零件（体），再记录它们的位置及方位，然后删除使最终只保留一个。通过新建装配（New Component）将部件变成装配结构，同时在其他位置添加这个零件，约束使用固定约束（Fix）即可。

● 自底向上：大部分的情况，用户是自底向上进行产品设计的，即先将各个零件建模好，再进行装配，零件载入装配后常常不在期望的位置。需要添加装配约束，使其变换到期望位置。这种场景，建议先识别出要用于装配的对象（面、边等），然后将数据都记录在外部数据文件中（如 XML），还要记录每个零件的装配父节点、装配子结点数据等，最后在装配时，通过解析 XML，来决定零件在装配树的位置，以及读取约束数据，添加装配约束满足零件空间位置。

15.5　装配操作实例

本实例使用 NXOpen C 与 NXOpen C++，实现在部件中添加组件，并添加坐标系对坐标系约束。在 NX 的装配约束中，没有现成的方法实现坐标系对坐标系约束，需要创建接触及对齐（Touch Align）约束三次。

为了方便描述本实例实现的逻辑，笔者准备了三个待装配部件，它们的描述如表 15-5 所示（本例部件保存在 "D:\nxopen_demo\parts"）。

表 15-5　待装配部件及描述

部件	描述
ch15_assem.prt	代表整个产品，装配最顶层，该部件中定义了两个新坐标系，均命名为 "TOCSYS"。两个子零件要被分别装配到这两个不同的坐标系位置
ch15_bottom_body.prt	在该部件中有一个原始的坐标系，它的名称为 "FROMCSYS1"。该部件在装配时，需要在 "FROMCSYS1" 与一个 "TOCSYS" 之间添加装配约束
ch15_top_body.prt	在该部件中有一个原始的坐标系，它的名称为 "FROMCSYS2"。该部件在装配时，需要在 "FROMCSYS2" 与另一个 "TOCSYS" 之间添加装配约束

在使用 NXOpenc C++中与装配约束相关的 API 时，需要注意约束所需的对象一般都是 Occurrence。例如：将 ch15_bottom_body.prt 装配到 ch15_assem.prt（工作部件）中，创建轴的接触及对齐约束，需要 ch15_bottom_body.prt 中轴的 Occurrence，而在部件 ch15_assem.prt 中轴属于自身所有部件，没有 Occurrence，就需要它的 Prototype。

在 ch15_assem.prt 中，未装配零件前活动窗口显示如图 15-3 所示。

在 ch15_assem.prt 活动窗口中，运行应用程序，自动装配零件后的期望显示结果如图 15-4 所示。

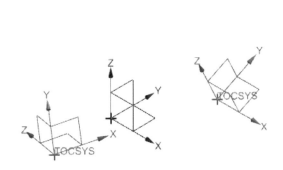

图 15-3　未装配零件前活动窗口显示

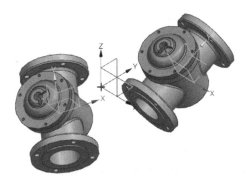

图 15-4　自动装配零件后的期望显示结果

开发坐标系对坐标系约束应用程序的流程如图 15-5 所示。

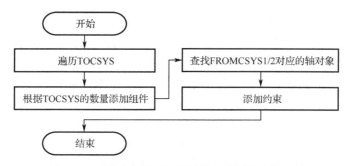

图 15-5　开发坐标系对坐标系约束应用程序的流程

实现该应用程序的操作步骤如下：

（1）启动 Visual Studio，利用 NXOpen C++ Wizard 创建一个名为 ch15_1 的项目（本例完整代码保存在 "D:\nxopen_demo\code\ch15_1"），删除原有代码。自定义一个函数，用于添加组件，代码如下：

```cpp
//添加组件
static int AddCoponent(tag_t parentPart, const char* part)
{
    tag_t instance = NULL_TAG;
    double origin[3] = { 0.0, 0.0, 0.0 };
    double mtx[6] = { 1.0, 0.0, 0.0, 0.0, 1.0, 0.0 };
    UF_PART_load_status_t errorStatus = { 0 };
    int error = UF_ASSEM_add_part_to_assembly(parentPart, part, NULL, NULL,
        origin, mtx, -1, &instance, &errorStatus);
    UF_PART_free_load_status(&errorStatus);
    return error;
}
```

（2）在 ch15_1.cpp 中添加自定义函数，用于根据 CSYS 标识符查询它对应的三个轴，代码如下：

```cpp
//通过 CSYS 标识符查询 X, Y, Z 三个轴, 用于后期添加装配约束
static void FindAxes(const tag_t csys, tag_t axes[3])
{
    tag_t csysId = csys;
    tag_t partOcc = NULL_TAG;
    logical isOcc = UF_ASSEM_is_occurrence(csys);
    if (isOcc)
    {
        csysId = UF_ASSEM_ask_prototype_of_occ(csys);
        partOcc = UF_ASSEM_ask_part_occurrence(csys);
    }

    int nObjs = 0;
    tag_t* objs = NULL;
    UF_SO_ask_children(csysId, UF_SO_ASK_ALL_CHILDREN, &nObjs, &objs);
    for (int i = 0; i < nObjs; ++i)
    {
```

```
        int type = 0, subtype = 0;
        UF_OBJ_ask_type_and_subtype(objs[i], &type, &subtype);
        if (type == UF_feature_type)
        {
            tag_t no[3] = { NULL_TAG };
            UF_MODL_ask_datum_csys_components(objs[i], &no[0], &no[0], axes, no);
        }
    }
    UF_free(objs);

    //查询轴的 Occurrence
    if (isOcc && partOcc != NULL_TAG)
    {
        for (int i = 0; i < 3; ++i)
        {
            axes[i] = UF_ASSEM_find_occurrence(partOcc, axes[i]);
        }
    }
}
```

（3）在 ch15_1.cpp 中添加自定义函数，用于根据 CSYS 的名称，查询它的 Occurrence 标识符，以及对应的 Part Occurrence 标识符，代码如下：

```
//根据 CSYS 名称找出 CSYS 的 Occurrence 与 Part Occurrence
static void FindPartCsysOcc(const char* name,
    const unordered_set<tag_t>& used, tag_t* part, tag_t* csys)
{
    tag_t obj = NULL_TAG;
    while (UF_OBJ_cycle_by_name(name, &obj) == 0 && obj != NULL_TAG)
    {
        logical isOcc = UF_ASSEM_is_occurrence(obj);
        *part = isOcc ? UF_ASSEM_ask_part_occurrence(obj) : NULL_TAG;
        if (isOcc && used.find(*part) == used.end())
        {
            *csys = obj;
            break;
        }
    }
}
```

（4）在 ch15_1.cpp 中添加自定义函数，用于添加接触及对齐约束，代码可以直接使用 NX 的 Journal 工具获得（相关知识请参阅第 6 章），代码如下：

```
//接触及对齐约束函数
static void AddConstraint(tag_t cop1,tag_t ais1,tag_t cop2,tag_t ais2)
{
    if (cop1 == 0 || ais1 == 0 || cop2 == 0 || ais2 == 0)
    {
        return;
```

```
}

Component* comp1 =
    dynamic_cast<Component*>(NXObjectManager::Get(cop1));
ComponentAssembly* comp2 =
    dynamic_cast<ComponentAssembly*>(NXObjectManager::Get(cop2));
DatumAxis* axis1 =
    dynamic_cast<DatumAxis*>(NXObjectManager::Get(ais1));
DatumAxis* axis2 =
    dynamic_cast<DatumAxis*>(NXObjectManager::Get(ais2));

Session* theSession = Session::GetSession();
Part* workPart = theSession->Parts()->Work();

ComponentPositioner* positioner = nullptr;
positioner = workPart->ComponentAssembly()->Positioner();
positioner->ClearNetwork();

ComponentAssembly* assembly = workPart->ComponentAssembly();
Arrangement* arrangement = assembly->ActiveArrangement();
positioner->SetPrimaryArrangement(arrangement); //当前布置中

positioner->BeginAssemblyConstraints(); //开始装配约束
Network* network = positioner->EstablishNetwork();
ComponentNetwork* compNet(dynamic_cast<ComponentNetwork*>(network));
compNet->SetMoveObjectsState(true);

Assemblies::Component* nullComponent(NULL);
compNet->SetDisplayComponent(nullComponent);
compNet->SetNetworkArrangementsMode(
    ComponentNetwork::ArrangementsModeExisting);

Constraint* tempConstraint = positioner->CreateConstraint(true);
ComponentConstraint* constraint(
    dynamic_cast<ComponentConstraint*>(tempConstraint));

constraint->SetConstraintAlignment(Constraint::AlignmentCoAlign);
constraint->SetConstraintType(Constraint::TypeTouch);
ConstraintReference* ref1 = nullptr, *ref2 = nullptr;
ref1 = constraint->CreateConstraintReference(comp1, axis1,
    false, false, false);
ref2 = constraint->CreateConstraintReference(comp2, axis2,
    false, false, false);
Point3d helpPoint1(0.0, 0.0, 0.0);
ref1->SetHelpPoint(helpPoint1);
ref2->SetHelpPoint(helpPoint1);
ref2->SetFixHint(true);
```

```
compNet->Solve(); //解算
positioner->ClearNetwork(); //清理

positioner->DeleteNonPersistentConstraints();
Arrangement* nullArrangement(NULL);
positioner->SetPrimaryArrangement(nullArrangement);
positioner->EndAssemblyConstraints(); //结束装配约束
}
```

（5）在 ch15_1.cpp 中添加 do_it( )函数，完善应用程序逻辑，代码如下：

```
static void do_it(void)
{
    Session* theSession = Session::GetSession();
    Part* workPart = theSession->Parts()->Work();
    const char* prts[2] = {
        "D:\\nxopen_demo\\parts\\ch15_bottom_body.prt",
        "D:\\nxopen_demo\\parts\\ch15_top_body.prt" };

    //0.遍历 TOCSYS 作为装配约束的目标坐标系
    tag_t csys = NULL_TAG;
    std::vector<tag_t> toCsysVec;
    std::vector<tag_t> components;
    while (UF_OBJ_cycle_by_name("TOCSYS", &csys) == 0 && csys != 0)
    {
        toCsysVec.push_back(csys);
    }

    std::unordered_set<tag_t> used;
    char* names[] = { "FROMCSYS1", "FROMCSYS2" };
    tag_t wPartOcc = workPart->ComponentAssembly()->Tag();
    for (const auto& it : toCsysVec)
    {
        tag_t to[3] = { NULL_TAG };
        FindAxes(it, to);
        for (int i = 0; i < 2; ++i) //有两个零件需要被装配
        {
            //1.添加组件
            AddCoponent(workPart->Tag(), prts[i]);

            //2.添加约束
            tag_t partOcc = NULL_TAG, csys = NULL_TAG;
            FindPartCsysOcc(names[i], used, &partOcc, &csys);
            if (partOcc != NULL_TAG && csys != NULL_TAG)
            {
                tag_t from[3] = { NULL_TAG };
                FindAxes(csys, from);
                for (int i = 0; i < 3; ++i)
                {
```

```
                        AddConstraint(partOcc, from[i], wPartOcc, to[i]);
                }
                used.insert(partOcc);
            }
        }
    }
}
```

（6）添加 ufusr( )函数。在 ch15_1.cpp 中添加下列代码：

```
extern "C" DllExport void ufusr(char* param, int* retCode, int paramLen)
{
    UF_initialize();
    do_it();
    UF_terminate();
}

extern "C" DllExport int ufusr_ask_unload()
{
    return UF_UNLOAD_IMMEDIATELY;
}
```

（7）编译链接生成*.dll 文件，并将该文件拷贝到 NX 二次开发根目录下的 application 目录中。

（8）在 NX 主界面打开 ch15_assem.prt，然后单击"File"→"Execute"→"NX Open"按钮，在弹出的对话框中选择动态链接库"ch15_1.dll"，运行结果如图 15-6 所示。可以看出当前部件中，添加了四个组件，并对它们添加了装配约束。

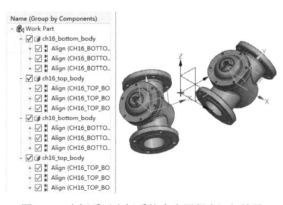

图 15-6　坐标系对坐标系约束应用程序运行结果

在目前开发的应用程序中，还有部分逻辑未处理：

● NX 图形窗口显示的坐标系太多，由于使用了坐标系对坐标系约束装配，每个部件中的坐标系默认都会显示在装配中。需要考虑将坐标系放置到一个不使用的图层中，再设置图层状态为不可见。

● 当重复执行应用程序时，总是在相同的位置添加组件，这显然不符合实际需求。因此，通常在添加组件前还要做一些基本条件判断。

请读者练习修改本书提供的源代码，尝试完善此应用程序。

第 **16** 章 工程图操作

在本章中您将学习下列内容:
- 工程图操作应用范围
- 工程图操作常用 API
- 自动创建工程图

16.1 工程图操作应用范围

工程图的重要性不言而喻,在产品制造过程中,通常需要工程图指导,也许未来 PMI(Product and Manufacturing Information)会代替工程图,但目前工程图还是产品设计制造中不可缺少的一部分。

NX 系统提供了不同的方式创建图纸,开发者需要重视:
- 2D 制图。不引用任何 3D 模型,直接创建 2D 图纸。
- 在主模型中新建图纸。主模型是一个部件文件,它包含零件或装配的模型几何体。这种创建图纸的方式称为"非主模型工作流"(可以理解为不引用主模型的制图流程),但是对应的图纸被称为"主模型图纸"(可以理解为图纸在主模型中)。这种方式下,3D 与 2D 数据在同一个部件(*.prt)中,官方不推荐使用此方式制图,因为它不便于数据管理,同时影响软件效率。
- 新建图纸并引用主模型。将 3D 模型与图纸分开管理(在不同的文件中),官方建议用此方式制图。这种制图方式称为"主模型工作流"(可以理解为需要引用主模型,基于主模型创建制图的流程),但对应的图纸被称为"非主模型图纸"(可以理解为不在主模型中的图纸)。

这些概念容易让人困惑,开发者可以参考官方帮助文档 *Drafting* 中与"Creating Drawings"相关的描述。

16.2 工程图操作常用 API

NX 中的制图(Drafting)模块提供了强大的工程图设计能力,在 NX 二次开发时,与制图相关的操作,以下几点最为常用:
- 创建图纸页。图纸页(Sheet)用于放置工程图中的对象,如视图、尺寸标注等。
- 添加视图。零件常常需要用不同的视图来描述,如主视图、俯视图、局部放大图。NX 中使用 Base View、Projected View、Detail View 来描述。
- 中心线标记。美观的工程图,中心线标记必不可少。
- 尺寸标注。对零件进行尺寸标注。
- 添加注释。添加注释以对工程图附加说明,如添加技术要求。

关于工程图的其他方面操作使用较少，明细表与标题栏一般会自动生成，开发者配置好模板即可，无须代码做额外工作。字体、标注样式等，也可以在模板中设置。在实战项目中，利用工程图模板就能完成的设置，一般不使用代码来实现。

16.2.1 图纸页与视图操作

NXOpen C 工程图图纸页与视图操作常用 API 如表 16-1 所示。

表 16-1　NXOpen C 工程图图纸页与视图操作常用 API

API	描述
UF_DRAW_add_circ_detail_view	添加（圆形）局部放大图。官方帮助文档有样例
UF_DRAW_add_detail_view	添加（矩形）局部放大图。官方帮助文档有样例
UF_DRAW_add_orthographic_view	添加正交投影视图。官方帮助文档有样例
UF_DRAW_add_sxline_sxseg	添加一段剖切线，一般用于创建阶梯剖视图
UF_DRAW_add_sxseg	与 UF_DRAW_add_sxline_sxseg 功能相同，只是传入参数不同
UF_DRAW_ask_current_drawing	查询当前图纸页的标识符
UF_DRAW_ask_display_state	查询制图模块视图显示状态（Modeling/Drawing View）
UF_DRAW_ask_displayed_objects	查询指定视图中的对象及数量
UF_DRAW_ask_drawing_info	查询指定图纸页的信息。官方帮助文档有样例
UF_DRAW_ask_drawing_ref_pt	查询指定视图的参考点
UF_DRAW_ask_drawings	查询工作部件中所有图纸页的标识符以及数量
UF_DRAW_ask_num_drawings	查询工作部件中所有图纸页的数量
UF_DRAW_ask_views	查询指定图纸页中视图的数量与所有视图的标识符
UF_DRAW_create_drawing	创建图纸页
UF_DRAW_create_half_sxview	创建半剖视图。官方帮助文档有样例
UF_DRAW_create_revolved_sxview	创建旋转剖视图。官方帮助文档有样例
UF_DRAW_create_view_label	为视图添加标签，如果已有标签就编辑它
UF_DRAW_delete_drawing	删除指定的图纸页
UF_DRAW_delete_sxline_sxseg	删除剖切线中的一段，一般用于编辑阶梯剖视图
UF_DRAW_import_view	将视图导入图纸页中，一般用于创建第一个视图（基本视图）
UF_DRAW_initialize_view_info	初始化视图结构体信息（该结构体定义为 UF_DRAW_view_info_t）
UF_DRAW_is_drafting_component	判断组件（Component）是否是制图中的组件
UF_DRAW_move_view	移动指定视图
UF_DRAW_open_drawing	打开指定的图纸页（同部件中有多个图纸页时使用）
UF_DRAW_rename_drawing	对图纸页名称重命名
UF_DRAW_set_drawing_info	设置图纸页信息，一般用于编辑图纸页
UF_DRAW_set_drawing_ref_pt	设置图纸页中指定视图的参考点
UF_DRAW_set_view_angle	设置视图角度。官方帮助文档有样例
UF_DRAW_set_view_scale	设置视图缩放比例。官方帮助文档有样例
UF_DRAW_set_view_status	设置制图模块视图显示状态（Modeling/Drawing View）
UF_DRAW_upd_out_of_date_views	更新所有过时的视图
UF_DRAW_update_one_view	更新指定的视图

接下来通过一个样例来说明如何利用 NXOpen C 中的相关 API 创建图纸页与视图，以下为实现本功能的核心代码（本例完整代码保存在 "D:\nxopen_demo\code\ch16_1"）。

```
static void do_it(void)
{
    char name[UF_CFI_MAX_FILE_NAME_LEN] = { 0 };
    uc4577(name);  //获取系统唯一的临时名称

    //创建图纸页
    UF_DRAW_info_t info;
    info.size_state = UF_DRAW_METRIC_SIZE;
    info.size.metric_size_code = UF_DRAW_A3;
    info.drawing_scale = 1.0;
    info.units = UF_PART_METRIC;
    info.projection_angle = UF_DRAW_FIRST_ANGLE_PROJECTION;
    tag_t drawing = NULL_TAG;
    UF_DRAW_create_drawing(name, &info, &drawing);

    //切换到工程图模块
    Session* theSession = Session::GetSession();
    Part* workPart = theSession->Parts()->Work();
    theSession->ApplicationSwitchImmediate("UG_APP_DRAFTING");

    //添加基本视图
    tag_t view1 = NULL_TAG;
    tag_t frontView = NULL_TAG;
    UF_DRAW_view_info_t viewInfo;
    double refPoint[2] = { 100.0, 150.0 };
    UF_VIEW_ask_tag_of_view_name("FRONT", &frontView);
    UF_DRAW_initialize_view_info(&viewInfo);
    UF_DRAW_import_view(drawing, frontView, refPoint, &viewInfo, &view1);

    //添加投影视图
    tag_t view2 = NULL_TAG;
    refPoint[0] = 300.0;
    UF_DRAW_proj_dir_t dir = UF_DRAW_project_infer;
    UF_DRAW_add_orthographic_view(drawing, view1, dir, refPoint, &view2);

    //更新视图
    UF_DRAW_upd_out_of_date_views(drawing);
}
```

在 NX 主界面中打开测试部件（部件为 "D:\nxopen_demo\parts\ch16_1_test.prt"）再运行应用程序，结果如图 16-1 所示。

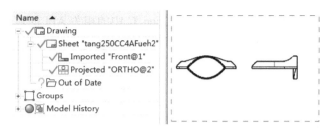

图 16-1　NXOpen C 创建图纸页与视图结果

从实现应用程序的逻辑及结果来看，利用 NXOpen C 创建图纸页与视图存在以下缺陷：

- 利用 UF_DRAW_create_drawing 创建图纸页时，必须指定图纸页的名称，这个名称必须在当前制图部件中不存在。因此，在开发应用程序时，通常要对名称做唯一性判断，或者使用系统唯一的临时名称。
- 需要使用 NXOpen C++ API 来切换工程图模块（NXOpen C 中暂未发现有相应 API），否则应用程序执行完以后，仍然在执行应用程序之前的 NX 应用模块中。
- 图纸页中没有图框及标题栏。
- 创建的图纸为主模型图纸。

若使用 NXOpen C++开发，这些缺陷就不存在，但如果开发者非常喜欢 NXOpen C，一定要解决这些缺陷，请参考以下解决方案：

- 图纸页名称问题：需要先遍历出当前部件中所有图纸页名称，判断是否有重名，然后按开发需求重新定义新的名称。
- 切换 NX 应用模块问题：可以使用 Windows API 发送消息或者通过虚拟按键切换 NX 应用模块。
- 没有图框及标题栏问题：需要开发者使用 UF_PART_import 将模板文件（包含图框及标题栏）导入当前工作部件中。
- 创建非主模型图纸问题：可以直接打开准备好的模板部件（包括图框及标题栏）再重命名，然后将需要出图的部件装配到重命名后的模板部件中，切换到工程图环境，再完成创建视图等其他操作。

16.2.2　中心线与注释操作

NXOpen C 将注释分为两种：一种是含指引线的注释，使用 UF_DRF_create_label 完成（官方帮助文档有样例）；另外一种是不含指引线的注释，使用 UF_DRF_create_note 完成（如果注释为多行，一般情况下，需要分配内存，请参阅 5.5.7 节动态内存）。

在 NX 制图中，创建中心线的工具有以下几种：

- 中心标记（Center Mark）。创建通过点或圆弧中心的标记。
- 螺栓圆中心线（Bolt Circle Centerline）。创建通过点或圆弧的完整或不完整螺栓圆中心线。螺栓圆的半径始终等于从螺栓圆中心到选择的第一个点的距离。
- 圆形中心线（Circular Centerline）。创建通过点或圆弧的完整或不完整圆形中心线。圆形中心线的半径始终等于从圆形中心到选取的第一个点的距离。
- 对称中心线（Symmetrical Centerline）。在图纸上创建对称中心线，以指明几何体中的对称位置。这样便节省了必须绘制对称几何体另一半的时间。
- 2D 中心线（2D Centerline）。在两条边、两条曲线或两个点之间创建中心线。

- 3D 中心线（3D Centerline）。根据圆柱面或圆锥面的轮廓创建中心线。该面可以是任意形式的旋转面或扫掠面，其遵循线性或非线性路径。例如：圆柱面、圆锥面、拉伸面、旋转面、环面以及扫掠面。
- 自动中心线（Automatic Centerline）：自动在任何现有的视图（其中孔或轴的轴向要与视图所在平面垂直或平行）中创建中心线。

在 NX 二次开发应用程序时，使用最多的工具是中心标记、螺栓圆中心线、圆形中心线、2D 中心线。

NXOpen C 工程图中心线与注释操作常用 API 如表 16-2 所示。

表 16-2　NXOpen C 工程图中心线与注释操作常用 API

API	描述
UF_DRF_ask_label_info	查询指定注释的信息，例如：注释的文本内容
UF_DRF_ask_origin	查询注释对象的原点
UF_DRF_create_3pt_cline_fbolt	使用 3 点创建并显示完整螺栓圆中心线
UF_DRF_create_3pt_cline_fcir	使用 3 点创建并显示完整圆形中心线
UF_DRF_create_3pt_cline_pbolt	使用 3 点创建并显示部分螺栓圆中心线
UF_DRF_create_3pt_cline_pcir	使用 3 点创建并显示部分圆形中心线
UF_DRF_create_block_cline	创建 2D 中心线
UF_DRF_create_cpt_cline_fbolt	使用中心点方法创建并显示完整螺栓圆中心线
UF_DRF_create_cpt_cline_fcir	使用中心点方法创建并显示完整圆形中心线
UF_DRF_create_cpt_cline_pbolt	使用中心点方法创建并显示部分螺栓圆中心线
UF_DRF_create_cpt_cline_pcir	使用中心点方法创建并显示部分圆形中心线
UF_DRF_create_label	创建带有指引线样式的注释
UF_DRF_create_linear_cline	创建中心标记
UF_DRF_create_note	创建不带有指引线样式的注释
UF_DRF_init_object_structure	初始化结构体（结构体定义为 UF_DRF_object_t）
UF_DRF_is_block_centerline	判断对象是否是 2D 中心线
UF_DRF_set_origin	设置注释对象原点
UF_DRF_set_vertical_note	设置指定注释为水平或竖直

接下来通过一个实例说明如何利用 NXOpen C 中的相关 API 创建中心线，该应用程序的目的是为已经有的视图创建三种不同的中心线。如图 16-2 所示，图（a）为创建中心线前的显示状态，图（b）为创建中心线后的显示状态（本例部件保存为 "D:\nxopen_demo\parts\ch16_2_test.prt"）。

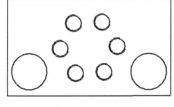
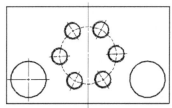

（a）未创建中心线　　　　　　　（b）创建中心线

图 16-2　NXOpen C 创建中心线前后显示状态

以下为实现本功能的核心代码（本例完整代码保存在"D:\nxopen_demo\code\ch16_2"）。

```cpp
static void do_it(void)
{
    //获取当前图纸页中视图的数量及标识
    int nViews = 0;
    tag_t* views = NULL;
    tag_t drawing = NULL_TAG;
    UF_DRAW_ask_current_drawing(&drawing);
    UF_DRAW_ask_views(drawing, &nViews, &views);

    //获取第一个视图的所有对象
    int nObjs = 0, nClis = 0;
    tag_t* objs = NULL, *clis = NULL;
    UF_VIEW_ask_visible_objects(views[0], &nObjs, &objs, &nClis, &clis);

    //定义用于创建中心线所需要结构体
    UF_DRF_object_t curves[9];
    for (int i = 0; i < 9; ++i)
    {
        UF_DRF_init_object_structure(&curves[i]);
        curves[i].object_view_tag = views[0];
    }

    //找曲线用于创建中心线
    int index = 3;
    for (int i = 0; i < nObjs; ++i)
    {
        char name[UF_OBJ_NAME_LEN] = { 0 };
        UF_OBJ_ask_name(objs[i], name);
        if (strcmp(name, "LEFTLINE") == 0||strcmp(name, "RIGHTLINE") == 0)
        {
            int temp = strcmp(name, "LEFTLINE") == 0 ? 1 : 2;
            curves[temp].object_tag = objs[i];
            curves[temp].object_assoc_type = UF_DRF_end_point;
            curves[temp].object_assoc_modifier = UF_DRF_first_end_point;
        }
        else if (strcmp(name, "LEFTARC") == 0)
        {
            curves[0].object_tag = objs[i];
            curves[0].object_assoc_type = UF_DRF_arc_center;
        }
        else if (strcmp(name, "MIDARCS") == 0 && index < 9)
        {
            curves[index].object_tag = objs[i];
            curves[index].object_assoc_type = UF_DRF_arc_center;
            index++;
        }
```

```
    }

    //创建中心标记（Center Mark）
    tag_t centerLine = NULL_TAG;
    UF_DRF_create_linear_cline(1, &curves[0], &centerLine);

    //创建 2D 中心线（2D Centerline）
    UF_DRF_create_block_cline(&curves[1], NULL, &centerLine);

    //创建螺栓圆中心线（Bolt Circle Centerline）
    UF_DRF_create_3pt_cline_fbolt(6, &curves[3], &centerLine);

    //释放内存
    UF_free(objs);
    UF_free(clis);
    UF_free(views);
}
```

创建中心线，需要指定一个或多个对象，而这些对象，通常是使用一定算法找到的。本实例在测试部件"D:\nxopen_demo\parts\ch16_2_test.prt"中给对象指定了名称，然后在程序中通过名称查找期望的对象。

16.2.3　尺寸标注

工程图中创建的视图表达了零件的形状和各部分的相互关系，但还必须标注足够多的尺寸才能明确形状的实际大小和各部分的相对位置。因此，利用 NXOpen 标注尺寸的操作也不可缺少。

NXOpen C 工程图尺寸标注常用 API 如表 16-3 所示（表中大部分 API 在官方帮助文档中都有样例）。

表 16-3　NXOpen C 工程图尺寸标注常用 API

API	描述
UF_DRF_create_angular_dim	创建并显示角度尺寸
UF_DRF_create_arclength_dim	创建并显示弧长尺寸
UF_DRF_create_chamfer_dim	创建并显示倒斜角尺寸
UF_DRF_create_concir_dim	创建并显示同心圆尺寸
UF_DRF_create_cylindrical_dim	创建并显示圆柱尺寸
UF_DRF_create_diameter_dim	创建并显示直径尺寸
UF_DRF_create_foldedradius_dim	创建并显示折叠半径尺寸
UF_DRF_create_hole_dim	创建并显示孔尺寸
UF_DRF_create_horizontal_baseline_dimension	创建并显示水平基线尺寸
UF_DRF_create_horizontal_chain_dimension	创建并显示水平链尺寸
UF_DRF_create_horizontal_dim	创建并显示水平尺寸
UF_DRF_create_orddimension	创建并显示坐标尺寸

API	描述
UF_DRF_create_ordinate_margin	创建坐标尺寸留边（Ordinate Margin）
UF_DRF_create_ordorigin	创建并显示坐标原点
UF_DRF_create_parallel_dim	创建并显示平行尺寸
UF_DRF_create_perpendicular_dim	创建并显示垂直尺寸
UF_DRF_create_radius_dim	创建并显示半径尺寸
UF_DRF_create_vertical_baseline_dimension	创建并显示竖直基线尺寸
UF_DRF_create_vertical_chain_dimension	创建并显示竖直链尺寸
UF_DRF_create_vertical_dim	创建竖直尺寸

16.3　自动创建工程图实例

3D 模型设计完成后，需要自动创建工程图，这在模具设计领域应用较广。

在模具设计领域，零件基本上没有曲面造型，在尺寸标注方面，常常采用坐标尺寸进行标注，一般只对零件的外形以及零件上的孔位置标注尺寸。

对此，本实例开发简易版的自动生成工程图应用程序，之所以是简易版，是因为相较于实战项目，零件的复杂度更低、标注需求单一，本实例重点为读者介绍自动生成工程图的实现原理。

如图 16-3 所示，一个简单的零件体上有 4 个孔，它们在工程图中显示的是圆弧曲线（本例部件保存为"D:\nxopen_demo\parts\ch16_3_test.prt"）。

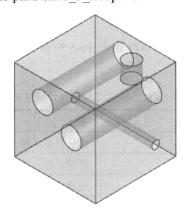

图 16-3　自动生成工程图应用程序所用的 3D 模型

如图 16-4 所示，期望应用程序实现自动创建三个视图，并标注孔的坐标尺寸，每个视图的左下角点作为坐标尺寸标注的原点。

实现本应用程序，主要需解决两方面难点，一是孔的识别，二是如何找出视图左下角的位置点作为坐标尺寸标注的原点。

自动生成工程图应用程序的实现流程如图 16-5 所示。在本例中，笔者假定视图中所有圆弧线都对应 3D 模型中的孔，但在现实场景中这是不确定的，它有可能是凸台，因此，实战项目需要开发者使用一定的算法识别特征。

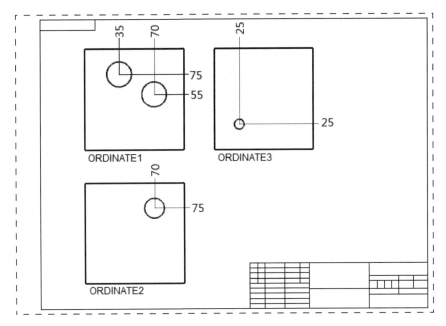

图 16-4　运行自动生成工程图应用程序的期望结果

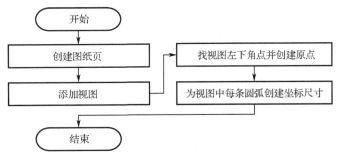

图 16-5　自动生成工程图应用程序的实现流程

实现应用程序的操作步骤如下：

（1）启动 Visual Studio，利用 NXOpen C++ Wizard 创建一个名为 ch16_3 的项目（本例完整代码保存在 "D:\nxopen_demo\code\ch16_3"），删除原有的代码。自定义一个函数，用于获取视图中直线中点 Y 坐标最小的直线，再在该直线的左侧端点上创建坐标原点，同时获取视图中所有的圆弧曲线的标识符，代码如下：

```
//查找视图中直线中点 Y 坐标最小的直线,再在该直线左侧端点上创建坐标原点
static tag_t GetCurves(const tag_t view, int nObjs, tag_t* objs,
bool* swap, StlTagVec& arcs)
{
    tag_t lineId = NULL_TAG;
    double yCoord = DBL_MAX;
    for (int i = 0; i < nObjs; ++i)
    {
        int type = 0, subtype = 0;
        UF_OBJ_ask_type_and_subtype(objs[i], &type, &subtype);
```

```
        if (type == UF_line_type)
        {
            UF_CURVE_line_t line = { 0 };
            double p1[3] = { 0.0, 0.0, 0.0 }, p2[3] = { 0.0, 0.0, 0.0 };
            UF_CURVE_ask_line_data(objs[i], &line);
            UF_VIEW_map_model_to_drawing(view, line.start_point, p1);
            UF_VIEW_map_model_to_drawing(view, line.end_point, p2);
            if (0.5 * (p1[1] + p2[1]) - yCoord < -0.001)
            {
                yCoord = 0.5 * (p1[1] + p2[1]);
                lineId = objs[i];
                *swap = (p1[0] - p2[0] < -0.001) ? false : true;
            }
        }
        else if (type == UF_circle_type)
        {
            arcs.push_back(objs[i]);
        }
    }
    return lineId;
}
//创建坐标尺寸原点
static tag_t CreateOrdorigin(tag_t line, tag_t view, bool swap)
{
    UF_DRF_object_t object;
    UF_DRF_init_object_structure(&object);
    object.object_tag = line;
    object.object_view_tag = view;
    object.object_assoc_type = UF_DRF_end_point;
    int modifier = swap ? UF_DRF_last_end_point : UF_DRF_first_end_point;
    object.object_assoc_modifier = modifier;
    tag_t originId = NULL_TAG;
    UF_DRF_create_ordorigin(&object, 1, 1, 1, NULL, &originId);
    return originId;
}
```

（2）在 ch16_3.cpp 中添加自定义函数，用于创建坐标尺寸留边，由于坐标尺寸有水平与竖直两种，因此要创建两种留边。代码如下：

```
//创建坐标尺寸留边
static void CreateOrdinateMargin(const tag_t pt, tag_t out[2])
{
    double temp[3] = { 0.0, 0.0, 0.0 };
    UF_DRF_ask_origin(pt, temp);
    double dir1[2] = { 1.0, 0.0 };
    double dir2[2] = { 0.0, 1.0 };
    double dist = 105.0;
    UF_DRF_create_ordinate_margin(1, pt, 0, temp, dir1, dist, &out[0]);
```

```
    UF_DRF_create_ordinate_margin(2, pt, 0, temp, dir2, dist, &out[1]);
}
```

（3）在 ch16_3.cpp 中添加自定义函数，用于创建坐标尺寸，代码如下：

```
//创建坐标尺寸
static void CreateOrddimension(tag_t arc, tag_t view, tag_t mar[2])
{
    UF_DRF_object_t temp;
    UF_DRF_init_object_structure(&temp);
    temp.object_tag = arc;
    temp.object_view_tag = view;
    temp.object_assoc_type = UF_DRF_arc_center;

    tag_t dm = NULL_TAG;
    double s = 0.0;
    double p[3] = { 0.0, 0.0, 0.0 };
    UF_DRF_text_t text = { 0 };
    UF_DRF_create_orddimension(mar[0], 1, &temp, s, s, &text, 1, p, &dm);
    UF_DRF_create_orddimension(mar[1], 2, &temp, s, s, &text, 1, p, &dm);
}
```

（4）在 ch16_3.cpp 中添加自定义函数，完善应用程序逻辑，代码如下：

```
static void do_it(void)
{
    Session* theSession = Session::GetSession();
    Part* workPart = theSession->Parts()->Work();

    //0.利用 NXOpen C++ API 创建图纸页
    const char* local = "UGII_LOCALIZATION_FILES";
    NXString path = theSession->GetEnvironmentVariableValue(local);
    path += "\\prc\\simpl_chinese\\startup\\A3-noviews-template.prt";

    theSession->ApplicationSwitchImmediate("UG_APP_DRAFTING");
    DrawingSheet* nullDraw(NULL);
    DrawingSheetBuilder* dsBuilder;
    dsBuilder = workPart->DrawingSheets()->DrawingSheetBuilder(nullDraw);

    dsBuilder->SetOption(DrawingSheetBuilder::SheetOptionUseTemplate);
    dsBuilder->SetMetricSheetTemplateLocation(path);
    NXObject* nXObject1 = dsBuilder->Commit();
    dsBuilder->Destroy();

    //1.创建主视图
    tag_t draw = nXObject1->Tag();
    tag_t views[3] = { NULL_TAG };
    tag_t frontView = NULL_TAG;
    UF_DRAW_view_info_t info;
```

```
double refP[6] = { 120.0, 200.0, 120.0, 80.0, 250.0, 200.0 };
UF_VIEW_ask_tag_of_view_name("FRONT", &frontView);
UF_DRAW_initialize_view_info(&info);
UF_DRAW_import_view(draw, frontView, &refP[0], &info, &views[0]);

//2.添加两个投影视图
UF_DRAW_proj_dir_t dir = UF_DRAW_project_infer;
UF_DRAW_add_orthographic_view(draw,views[0],dir,&refP[2],&views[1]);
UF_DRAW_add_orthographic_view(draw,views[0],dir,&refP[4],&views[2]);
UF_DRAW_upd_out_of_date_views(draw); //更新

//3.对三个视图创建坐标尺寸标注
for (int i = 0; i < 3; ++i)
{
    //3.1 找出视图中直线中点 Y 坐标最小的直线和所有圆弧
    StlTagVec arcs;
    bool swap = false;
    int nObjs = 0, nClis = 0;
    tag_t* objs = NULL, * clis = NULL;
    UF_VIEW_ask_visible_objects(views[i],&nObjs,&objs,&nClis,&clis);
    tag_t line = GetCurves(views[i], nObjs, objs, &swap, arcs);

    //3.2 在上述直线的左侧端点位置创建坐标原点
    tag_t originId = CreateOrdorigin(line, views[i], swap);

    //3.3 创建坐标尺寸留边（Ordinate Margin）
    tag_t margins[2] = { NULL_TAG };
    CreateOrdinateMargin(originId, margins);

    //3.4 在每条圆弧位置创建坐标尺寸
    for (const auto& it : arcs)
    {
        CreateOrddimension(it, views[i], margins);
    }
    UF_free(objs);
    UF_free(clis);
}
}
```

（5）在 ch16_3.cpp 的 ufusr( )中调用 do_it( )函数，代码如下：

```
extern "C" DllExport void ufusr(char* param, int* retCode, int paramLen)
{
    UF_initialize();
    do_it();
    UF_terminate();
}
extern "C" DllExport int ufusr_ask_unload()
{
```

```
        return UF_UNLOAD_IMMEDIATELY;
}
```

（6）编译链接生成*.dll 文件，并将该文件拷贝到 NX 二次开发根目录下的 application 目录中。

（7）在 NX 主界面打开 ch16_3_test.prt，然后单击"File"→"Execute"→"NX Open"按钮，在弹出的对话框中选择动态链接库"ch16_3.dll"，运行结果如图 16-6 所示，可以看出已经添加了三个视图并自动创建了坐标尺寸标注。

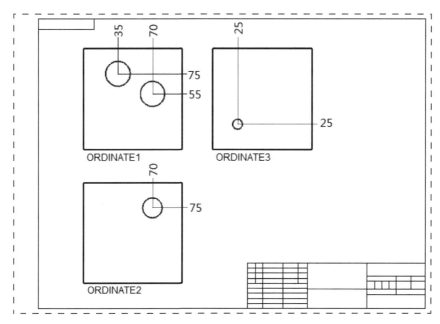

图 16-6　自动生成工程图应用程序运行结果

16.4　合并应用程序

在本书之前的章节中，每个应用程序最终都生成了一个*.dll 文件，很多时候需要将多个应用程序合并在一个*.dll 文件中。

对此，官方给出了样例，它们分别是：

```
%UGII_BASE_DIR%\UGOPEN\SampleNXOpenApplications\C++\MenuBarCppApp\
%UGII_BASE_DIR%\UGOPEN\ufx_sample_app.c
```

在官方样例中，使用了 ufsta( )出口，使用这个出口，修改代码后在 NX 中测试时，一般都需要重启 NX，比较烦琐。笔者介绍一种更为适用的方式，操作步骤如下：

（1）在菜单脚本（*.men 或*.btn）中，将需要合并的应用程序的 ACTIONS 设置为相同的*.dll 名称，格式如下：

```
BUTTON      TEST1_BTN
……
ACTIONS     dll_name

BUTTON      TEST2_BTN
```

······
```
ACTIONS      dll_name
```

（2）在 Visual Studio 的项目中，无论加入多少*.hpp 和*.cpp 文件，只能有一个入口点。使用 Block UI Styler 模块自动生成代码时，每一个应用程序都会生成 ufusr( )、ufusr_ask_unload( )、ufusr_cleanup( )三个函数。删除它们再使用以下代码格式编写代码：

```cpp
extern "C" DllExport void ufusr(char* param, int* retcod, int param_len)
{
    if (strcmp(param, "TEST1_BTN") == 0)
    {
        className* theClass = NULL;
        theClass = new className();
        theClass->Show();
        delete theClass;
        theClass = NULL;
    }
    else if (strcmp(param, "TEST2_BTN") == 0)
    {
    }
}
extern "C" DllExport int ufusr_ask_unload()
{
    return UF_UNLOAD_IMMEDIATELY;
}
extern "C" DllExport void ufusr_cleanup(void)
{
}
```

通过以上操作，将出口函数改为 ufusr( )，解决了需重启 NX 的问题。

第**17**章 预览操作

在本章中您将学习下列内容：
- 预览操作应用范围
- 预览方式分类
- 预览操作实现原理
- 曲线预览实例
- 体预览实例

17.1 预览操作应用范围

预览（Preview）是指用户在对话框中修改相应参数时，NX 图形窗口能动态展示对象当前状态，如图 17-1 所示。NX 原生工具在预览时，图形窗口动态更新对象的状态，但不在部件导航器上创建特征（Feature），只有当用户单击对话框中的"Show Result"、"OK"或"Apply"按钮才创建特征。

图 17-1　Offset Region 参数设置及预览结果

越来越多的用户期望 NX 二次开发的应用程序像 NX 原生工具一样有预览效果。它增强了用户体验，帮助用户迅速判断输入参数是否合理。

NX 二次开发时，如何做到动态预览，官方给出了样例，它位于目录"%UGII_BASE_DIR% \ UGOPEN\SampleNXOpenApplications\C++\BlockStyler\ExtrudewithPreview"中。实现的原理是先创建特征（Feature），当用户修改对话框参数时，调用 NXOpen C++中的 API 编辑特征。这种解决方案，实现简单，开发风险较低，但应用程序运行效率偏低。

17.2 预览方式分类

NX 系统中的预览方式可以分为以下几种：

- 标准预览：如图 17-2 所示的 Block 工具对话框，在对话框中编辑参数时，NX 图形窗口不会动态展示对象的状态，只有当用户单击对话框中的"Show Result"、"OK"或"Apply"按钮才创建特征并展示。在 NX 二次开发应用程序时，一般不使这种预览方式。
- 动态预览：官方将其称为"Delta Preview"。这种预览方式在 NX 系统中与同步建模（Synchronous Modeling）相关的工具中使用较多。
- 预览窗口：官方将其称为"Multiple Graphics Window"，简称 MGW，在 NX 系统中 Add Component 工具中使用，如图 17-3 所示。在 NX 二次开发应用程序时，可以调用内部 API 实现这种预览方式。

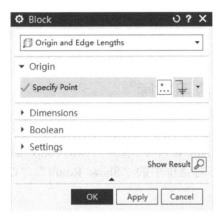

图 17-2　Block 工具对话框

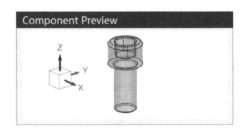

图 17-3　Add Component 预览窗口

- 信息窗口预览：如图 17-4 所示，这种预览方式在 NX 系统中与 Mold Wizard 模块相关的工具使用较多。在 NX 二次开发应用程序时，可以调用内部 API 实现这种预览方式。
- 曲线预览：如图 17-5 所示，尽管对话框中没有与预览相关的 UI Block，仍然可以动态预览。

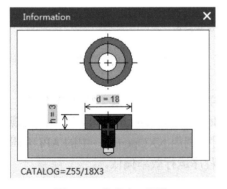

图 17-4　信息窗口预览

图 17-5　曲线预览

17.3　预览操作实现原理

在实战项目中，用得最多的是曲线预览与实体（Solid Body）或片体（Sheet Body）的动态预览，本小节探讨它们的实现原理以及 NX 二次开发应用程序时实现相同效果的可行性。

在 NX 系统中，无论是曲线的预览还是实体与片体的预览，它的实现原理都是利用 Parasolid 创建原始数据，再利用 Parasolid 数据创建 NX 对象，然后显示在 NX 图形窗口中，并且在部件导航器（Part Navigator）上不显示任何节点。

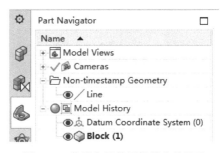

图 17-6　曲线在部件导航器上的显示

NX 二次开发应用程序时，如果使用 NXOpen C 中的相关 API，一般情况下，若创建的是曲线，它会显示在"Non-timestamp Geometry"节点下，如图 17-6 所示。若创建的是实体与片体，会直接在"Model History"节点下创建特征。

如果开发者期望 NX 二次开发创建的曲线工具像 NX 原生工具一样在图形窗口显示曲线，而部件导航器上不显示相应的节点，可以参考以下解决方案：

- 使用 User Defined Object（UDO）显示曲线，UDO 相关内容请参阅第 14 章。
- 使用 Smart Object 显示曲线，这种方式操作简单，推荐用此方式。
- 调用内部 API 显示曲线，这需要开发者花时间探索。

如果 NX 二次开发应用程序预览的对象是实体或片体，也期望像 NX 原生工具一样在图形窗口显示实体或片体，而部件导航器上不显示相应的特征。在 NXOpen C/C++中暂未发现较好的解决方案，需要考虑通过调用内部 API 完成。主要分两个步骤，一是利用 Parasolid 创建数据并转换为 NX 对象，二是调用内部 API 在图形窗口显示 NX 对象。

17.4　曲线预览实例

本实例展示如何使用 NXOpen C 中与 Smart Object 相关的 API 来实现曲线预览。为了更好地理解这个实例，有必要先了解 Smart Object 的概念。

Smart Object 是一种能记忆它父对象（Parent）并知道自身是如何定义的 NX 对象，它拥有一个参数（parms）存储相关定义。一般情况下，Smart Object 不直接显示在 NX 的图形窗口中。

如果有一个 Smart Point 在直线（Line）上，它在 NX 中的存储信息如图 17-7 所示。由于 Smart Point 记忆它的 Parent，因此当直线的位置和长度发生变化时，Smart Point 会同步更新。

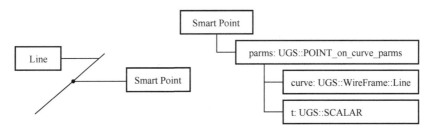

图 17-7　直线上 Smart Point 的存储信息

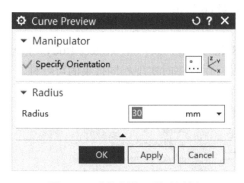

图 17-8　曲线预览工具对话框

接下来通过利用 NXOpen C 中与 Smart Object 相关的 API 开发预览曲线（Curve）的应用程序，操作步骤如下：

（1）制作菜单与功能区（相关知识请参阅第 2 章）。针对本实例，菜单与功能区的制作已完成（请参阅 2.4 节）。

（2）制作对话框如图 17-8 所示（相关知识请参阅第 3 章）。

曲线预览工具对话框使用的 UI Block 与 Property 信息如表 17-1 所示。本实例对话框文件保存为 "D:\nxopen_demo\application\ch17_1.dlx"。

表 17-1　曲线预览工具对话框使用的 UI Block 与 Property 信息

UI Block（UI 块）	Property（属性）	Value（值）
Specify Orientation	BlockID	m_csys
	Group	True
	Enable	True
	IsOriginSpecified	True
Linear Dimension	BlockID	m_radius
	Group	True
	Label	Radius
	ShowHandle	True
	MinimumValue	0
	MinInclusive	False
	Formula	30

（3）启动 Visual Studio，利用 NXOpen C++ Wizard 创建一个名为 ch17_1 的项目（本例代码保存在 "D:\nxopen_demo\code\ch17_1"），删除原有 ch17_1.cpp 文件。将 Block UI Styler 模块自动生成的 ch17_1.hpp 与 ch17_1.cpp 拷贝到这个项目对应的目录中，并将它们添加到 Visual Studio 项目中。

（4）在 ch17_1.hpp 中添加头文件和 CreateSoArc ( )函数声明，代码格式如下：

```
#include <uf.h>
#include <uf_assem.h>
#include <uf_obj.h>
#include <uf_so.h>
class DllExport ch17_1
{
public:
    ......
    void CreateSoArc(void);
private:
    ......
}
```

（5）在 ch17_1.cpp 的 ufusr( )中添加初始化与终止 API（初学者很容易忽略这一步，如果忽略它，代码编译链接成功，但在 NX 中执行应用程序时有异常），代码如下：

```
static tag_t oldArc = NULL_TAG;
extern "C" DllExport void ufusr(char* param, int* retcod, int param_len)
{
    UF_initialize();
    ch17_1* thech17_1 = NULL;
    thech17_1 = new ch17_1();
    thech17_1->Show();
    delete thech17_1;
    thech17_1 = NULL;
    UF_terminate();
}
```

（6）在 ch17_1.cpp 的 update_cb( )中调用 CreateSoArc ( )函数，代码如下：

```
int ch17_1::update_cb(NXOpen::BlockStyler::UIBlock* block)
{
    if (block == m_csys || block == m_radius)
    {
        CreateSoArc();
    }
}
```

（7）在 ch17_1.cpp 的 dialogShown_cb( )中调用 CreateSoArc( )函数，代码如下：

```
void ch17_1::dialogShown_cb()
{
    CreateSoArc();
}
```

（8）在 ch17_1.cpp 中实现 CreateSoArc( )函数，代码如下：

```
void ch17_1::CreateSoArc(void)
{
    Point3d origin = m_csys->Origin();
    Vector3d xDirection = m_csys->XAxis();
    Vector3d yDirection = m_csys->YAxis();
    double pt[3] = { origin.X, origin.Y, origin.Z };
    double xDir[3] = { xDirection.X, xDirection.Y, xDirection.Z };
    double yDir[3] = { yDirection.X, yDirection.Y, yDirection.Z };
    double offset[3] = { 0.0, 0.0, 0.0 };
    tag_t wPart = UF_ASSEM_ask_work_part();
    UF_SO_update_option_t opt = UF_SO_update_within_modeling;
    //创建 Xform
    tag_t scale = NULL_TAG, xform = NULL_TAG;
    UF_SO_create_scalar_double(wPart, opt, 1.0, &scale);
    UF_SO_create_xform_doubles(wPart, opt, pt, xDir, yDir, scale,&xform);
    //创建圆弧
    tag_t arc = NULL_TAG;
    tag_t rad = NULL_TAG, ang[2] = { NULL_TAG, NULL_TAG };
```

```
UF_SO_create_scalar_double(wPart, opt, m_radius->Value(), &rad);
UF_SO_create_scalar_double(wPart, opt, 0.0, &ang[0]);
UF_SO_create_scalar_double(wPart, opt, 2 * PI, &ang[1]);
UF_SO_create_arc_radius_angles(wPart, opt, xform, rad, ang, &arc);
//显示圆弧
UF_SO_set_visibility_option(arc, UF_SO_visible);
//隐藏前一次创建的圆弧
if (oldArc != NULL_TAG)
{
    UF_SO_set_visibility_option(oldArc, UF_SO_invisible);
}
oldArc = arc;
//设置 Handle 的原点
m_radius->SetHandleOrigin(origin);
}
```

（9）删除未使用的 Smart Object。在 ch17_1.cpp 的 apply_cb( )中添加以下代码：

```
int ch17_1::apply_cb()
{
    int errorCode = 0;
    //删除未使用的 Smart Object
    tag_t wPart = UF_ASSEM_ask_work_part();
    UF_SO_delete_non_deletables(wPart);
    return errorCode;
}
```

（10）编译链接生成*.dll 文件，并将该文件拷贝到 NX 二次开发根目录下的 application 目录中。

（11）在 NX 中新建一部件文件，单击 Ribbon 工具条上的"NXOpen Demo"→"Preview Curve Test"按钮，启动曲线预览工具，更改对话框中"Radius"的值或更改方向，运行结果如图 17-9 所示。通过以上操作，就实现了曲线的预览，且预览期间在部件导航器上不显示相关节点。

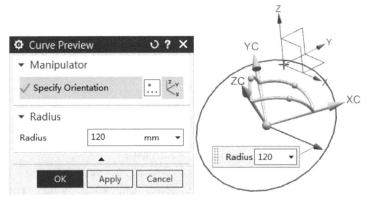

图 17-9　曲线预览工具运行结果

17.5　体预览实例

本实例展示如何调用内部 API 实现官方原生工具中体（Body）的预览功能。NX 系统中与体预览相关的工具具有以下特点：

- 当对话框中的输入满足要求时，OK 按钮上的名称变为"＜ OK ＞"。
- 对话框中的 Preview 复选框未勾选时，不执行预览。
- 单击对话框中的 Show Result 按钮，取消预览，此时一般会创建特征（Feature）。同时 Show Result 按钮名称变更为"Undo Result"。
- 单击对话框中的 Undo Result 按钮时，执行撤销操作。
- 预览时，预览的体被着重（Emphasis）显示。

很显然，相关对话框的变化很复杂，开发者如果在 Block UI Styler 中去模仿 NX 原生工具的这种效果，是可以做到的，但工作量会大一些。

在 NX 的对话框中，默认都带有 Preview 的 UI Block，如图 17-10 所示。利用 Block UI Styler 模块设计的对话框，也自带了 Preview 的 UI Block，但是该 UI Block 默认不显示。如果开发者调用内部 API 将其显示，开发的工作量会减少许多。

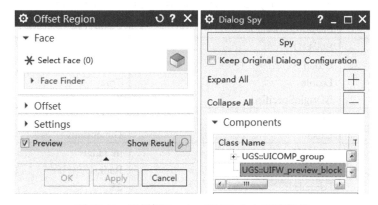

图 17-10　对话框 Preview UI Block 与对应的类

经过分析，实现体的预览功能，其流程可以归纳为如图 17-11 所示。

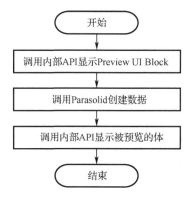

图 17-11　体预览功能实现流程

实现体预览应用程序的操作步骤如下：

（1）制作菜单与功能区（相关知识请参阅第 2 章）。针对本实例，菜单与功能区的制作已完成（请参阅 2.4 节）。

（2）制作对话框如图 17-12 所示（相关知识请参阅第 3 章）。

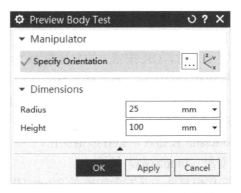

图 17-12　Preview Body Test 工具对话框

Preview Body Test 工具对话框使用的 UI Block 与 Property 信息如表 17-2 所示。本实例对话框文件保存为 "D:\nxopen_demo\application\ch17_2.dlx"。

表 17-2　Preview Body Test 工具对话框使用的 UI Block 与 Property 信息

UI Block（UI 块）	Property（属性）	Value（值）
Specify Orientation	BlockID	m_csys
	Group	True
	Enable	True
	IsOriginSpecified	True
Group	BlockID	m_dimensions
	Label	Dimensions
Linear Dimension	BlockID	m_radius
	Label	Radius
	Formula	25
	MinimumValue	0
	MinInclusive	False
	ShowHandle	True
Linear Dimension	BlockID	m_height
	Label	Radius
	Formula	100
	MinimumValue	0
	MinInclusive	False
	ShowHandle	True

（3）启动 Visual Studio，利用 NXOpen C++ Wizard 创建一个名为 ch17_2 的项目（本例代码保存在 "D:\nxopen_demo\code\ch17_2"），删除原有 ch17_2.cpp 文件。将 Block UI Styler 模块自动生成的 ch17_2.hpp 与 ch17_2.cpp 拷贝到这个项目对应的目录中，并将它们添加到 Visual Studio 项目中。

（4）在 ch17_2.hpp 中添加头文件和三个函数声明，代码格式如下：

```
#include <sstream>
#include <uf.h>
```

```
#include <uf_csys.h>
#include <uf_modl.h>
#include <uf_vec.h>
#include <afx.h>
#undef CreateDialog
class DllExport ch17_2
{
public:
    ......
    bool enableOKButton_cb(void);       //声明回调函数
    void ShowPreviewUIBlock(void);      //设置对话框显示 Preview UI Block
    void PreviewBody(void);             //创建预览体
private:
    ......
}
```

（5）在 ch17_2.cpp 中定义基本的数据结构，代码如下：

```
//定义 Parasolid 数据结构
typedef struct PK_VECTOR_s
{
    double coord[3];
} PK_VECTOR_t, PK_VECTOR1_t;

typedef struct PK_AXIS2_sf_s
{
    PK_VECTOR_t  location;
    PK_VECTOR1_t axis;
    PK_VECTOR1_t ref_direction;
} PK_AXIS2_sf_t;
typedef int(*PsCreateCyl_fp_t)(double, double, PK_AXIS2_sf_t*, int*);
typedef void* (*AskPointerOfTag_fp_t)(tag_t);
typedef void* (*AskPreviewBlock_fp_t)(void*);
typedef bool  (*AskEnablePreview_fp_t)(void*);
typedef void  (*SetVisibility_fp_t)(void*, bool);
typedef void* (*GetPreview_fp_t)(void*);
typedef void  (*DisplayBodies_fp_t)(void*, int, int*);

//定义变量
static HMODULE psDll = NULL;
static HMODULE syDll = NULL;
static HMODULE uiDll = NULL;
static PsCreateCyl_fp_t psCreateCyl = NULL;
static AskPointerOfTag_fp_t tagToPtr = NULL;
static AskPreviewBlock_fp_t askPrevieBlock = NULL;
static SetVisibility_fp_t showPreview = NULL;
static AskEnablePreview_fp_t askEnablePreview = NULL;
static GetPreview_fp_t getPreview = NULL;
static DisplayBodies_fp_t displayBodies = NULL;
```

```
//定义内部 API 的名称（NX 版本不同,名称可能会不相同）
#define cyl "PK_BODY_create_solid_cyl"
#define ttp "?TAG_ask_pointer_of_tag@@YAPEAXI@Z"
#define epre "?set_visibility@UICOMP@UGS@@UEAAX_N@Z"
#define enb "?ask_enable_preview@UIFW_preview_block@UGS@@UEAA_NXZ"
#define apre "?GetPreview@UICOMP@UGS@@QEBAPEAVUIFW_preview@2@XZ"
#define disb "?DisplayBodies@UIFW_preview@UGS@@UEAAXHPEAH@Z"
```

（6）在 ch17_2.cpp 中添加自定义函数 LoadLibraries( )，代码如下：

```
//动态加载库
static void LoadLibraries()
{
    syDll = ::LoadLibrary(L"libsyss");
    uiDll = ::LoadLibrary(L"libuifw");
    psDll = ::LoadLibrary(L"pskernel");

    const char* pre =
        "?ask_preview_block@UICOMP@UGS@@UEBAPEAVUIFW_preview_block@2@XZ";
    psCreateCyl = (PsCreateCyl_fp_t)GetProcAddress(psDll, cyl);
    tagToPtr = (AskPointerOfTag_fp_t)GetProcAddress(syDll, ttp);
    askPrevieBlock = (AskPreviewBlock_fp_t)GetProcAddress(uiDll, pre);
    showPreview = (SetVisibility_fp_t)GetProcAddress(uiDll, epre);
    askEnablePreview = (AskEnablePreview_fp_t)GetProcAddress(uiDll, enb);
    getPreview = (GetPreview_fp_t)GetProcAddress(uiDll, apre);
    displayBodies = (DisplayBodies_fp_t)GetProcAddress(uiDll, disb);
}
```

（7）在 ch17_2.cpp 中实现 ShowPreviewUIBlock( )函数，代码如下：

```
//设置对话框显示 Preview UI Block
void ch17_2::ShowPreviewUIBlock(void)
{
    void* uicomp = tagToPtr(theDialog->TopBlock()->Tag());
    void* previewBlock = uicomp != NULL ? askPrevieBlock(uicomp) : NULL;
    if (previewBlock != NULL && showPreview != NULL)
    {
        showPreview(previewBlock, true);
    }
}
```

（8）在 ch17_2.cpp 中实现 PreviewBody( )函数，主要是通过调用 Parasolid 创建 Cylinder 数据，代码如下：

```
//创建并显示预览对象
void ch17_2::PreviewBody(void)
{
    //0.获取对话框信息
    Point3d pt = m_csys->Origin();
```

```
Vector3d xAxis = m_csys->XAxis();
Vector3d yAxis = m_csys->YAxis();
double radius = m_radius->Value() * 0.001;
double height = m_height->Value() * 0.001;

double origin[3] = { pt.X * 0.001, pt.Y * 0.001, pt.Z * 0.001 };
double xDir[3] = { xAxis.X, xAxis.Y, xAxis.Z};
double yDir[3] = { yAxis.X, yAxis.Y, yAxis.Z};
double zDir[3] = { 0.0, 0.0, 1.0 };

void* uicomp = tagToPtr(theDialog->TopBlock()->Tag());
void* previewBlock = uicomp != NULL ? askPrevieBlock(uicomp) : NULL;
bool enable = askEnablePreview(previewBlock);
void* preview = getPreview(uicomp);
if (enable && preview != NULL)
{
    //1.创建 Parasolid 数据
    int body = 0;
    PK_AXIS2_sf_t axis = { 0 };
    UF_VEC3_cross(xDir, yDir, zDir);
    memcpy(axis.location.coord, origin, sizeof(origin));
    memcpy(axis.axis.coord, zDir, sizeof(origin));
    memcpy(axis.ref_direction.coord, xDir, sizeof(origin));
    int error = psCreateCyl(radius, height, &axis, &body);

    //2.显示
    if (error == 0 && body != 0)
    {
        displayBodies(preview, 1, &body);
    }
}

//3.设置 Handle
Vector3d zVector(zDir[0], zDir[1], zDir[2]);
m_radius->SetHandleOrigin(pt);
m_height->SetHandleOrigin(pt);
m_radius->SetHandleOrientation(xAxis);
m_height->SetHandleOrientation(zVector);
}
```

（9）在 ch17_2.cpp 中实现 enableOKButton_cb( )，代码如下：

```
bool ch17_2::enableOKButton_cb(void)
{
    PreviewBody();
    return true;
}
```

（10）在 ch17_2.cpp 中，更改 ufusr( )，代码如下：

```
extern "C" DllExport void ufusr(char* param, int* retcod, int param_len)
{
    UF_initialize();
    LoadLibraries(); //动态加载 DLL
    ch17_2* thech17_2 = NULL;
    thech17_2 = new ch17_2();
    thech17_2->Show();
    delete thech17_2;
    thech17_2 = NULL;
    UF_terminate();
}
```

（11）在 ch17_2.cpp 中更改 ufusr_cleanup( )，代码如下：

```
extern "C" DllExport void ufusr_cleanup(void)
{
    //释放加载的 Dll
    ::FreeLibrary(psDll);
    ::FreeLibrary(syDll);
    ::FreeLibrary(uiDll);
}
```

（12）在 ch17_2.cpp 的构造函数中，添加注册 enableOKButton_cb( )回调的代码：

```
ch17_2::ch17_2()
{
    ......
    theDialog->AddEnableOKButtonHandler(make_callback(
        this, &ch17_2::enableOKButton_cb));
}
```

（13）在 ch17_2.cpp 的 dialogShown_cb( )中调用 ShowPreviewUIBlock( )，让其在对话框中显示 Preview 的 UI Block，代码如下：

```
void ch17_2::dialogShown_cb()
{
    ShowPreviewUIBlock();
}
```

（14）在 ch17_2.cpp 中，更改 update_cb( )，目的是调用 PreviewBody( )，当用户更改对话框中的参数时，会动态创建 Parasolid 数据，并显示在图形窗口，代码如下：

```
int ch17_2::update_cb(BlockStyler::UIBlock* block)
{
    //调用 PreviewBody()避免拖拽 Handle 时图形窗口的对象更新延迟问题
    if (block == m_csys || block == m_radius || block == m_height)
    {
        PreviewBody();
    }
}
```

（15）在 ch17_2.cpp 中，更改 apply_cb( )，主要目的是创建圆柱（Cylinder）。由于 NXOpen C 中创建圆柱的方位是由 WCS 方位决定的，所以代码要动态地调节 WCS 方位，代码如下：

```
int ch17_2::apply_cb()
{
    //0.获取对话框信息
    Point3d pt = m_csys->Origin();
    Vector3d x = m_csys->XAxis();
    Vector3d y = m_csys->YAxis();

    //1.设置WCS到CSYS
    tag_t mtxId = NULL_TAG, csys = NULL_TAG;
    double origin[3] = { pt.X, pt.Y, pt.Z };
    double mtx[9] = { x.X, x.Y, x.Z, y.X, y.Y, y.Z, 0.0, 0.0, 0.0 };
    UF_VEC3_cross(&mtx[0], &mtx[3], &mtx[6]);
    UF_CSYS_create_matrix(mtx, &mtxId);
    UF_CSYS_create_temp_csys(origin, mtxId, &csys);
    UF_CSYS_set_wcs(csys);

    //2.创建圆柱特征
    auto DoubleToStr = [](double value) {
        ostringstream temp;
        temp << value;
        return temp.str();
    };

    tag_t cylFeat = NULL_TAG;
    string dStr = DoubleToStr(m_radius->Value() * 2.0);
    string hStr = DoubleToStr(m_height->Value());
    char* dCstr = const_cast<char*>(dStr.c_str());
    char* hCstr = const_cast<char*>(hStr.c_str());

    UF_FEATURE_SIGN sign = UF_NULLSIGN;
    UF_MODL_create_cyl1(sign, origin, hCstr, dCstr, &mtx[6], &cylFeat);
}
```

（16）编译链接生成*.dll 文件，并将该文件拷贝到 NX 二次开发根目录下的 application 目录中。

（17）在 NX 中新建一部件文件，单击 Ribbon 工具条上的"NXOpen Demo"→"Preview Body Test"按钮，启动 Preview Body Test 工具，更改对话框中"Height""Radius"的值，再指定放置位置，动态预览效果如图 17-13 所示。

本实例实现了：

● 在对话框中显示 NX 原生的 Preview UI Block。

● 创建的体被着重（Emphasis）显示。

● 更改对话框中的相关参数时，NX 图形窗口动态创建预览的体。

- 单击 Show Result 按钮时，创建圆柱（Cylinder）特征。
- 单击 Undo Result 按钮时，执行撤销操作。

这个实例调用 Parasolid 创建数据，通常情况下，开发者需要在不使用 Parasolid 数据时，将其及时删除。由于这里完全使用了内部 API，NX 的 Preview Framework 会统一处理，因此无须考虑删除对象的问题，通过这种方式完全实现了与 NX 原生工具一模一样的预览。

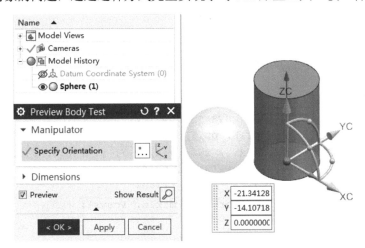

图 17-13　Preview Body Test 工具动态预览效果

第 **18** 章 混合开发

在本章中您将学习下列内容:
- NXOpen C 与 GRIP 混合开发
- NXOpen C/C++与 KF 混合开发
- NXOpen 与内部 API 混合开发
- NXOpen 与 Parasolid 混合开发

18.1 NXOpen C 与 GRIP 混合开发

由于 NX 不同开发方式各有优势,因此常常结合不同方式开发应用程序。

GRIP(Graphics Interactive Programming)是官方最早提供的 NX 二次开发方式,尽管它现在已过时。但在 GRIP 中,还有许多非常实用的 API,开发者常常在 NXOpen C 中调用GRIP 的 API 开发更强壮的应用程序。

由于 GRIP 已过时且其应用又是另一个话题了,笔者在此不赘述如何使用它。只探讨如何使用 NXOpen C 与 GRIP 结合开发应用程序。

在 NX 系统中,单击"Menu"→"Analysis"→"Advanced Mass Properties"→"Area using Curves..."按钮,可以使用弹出的 Area Using Curves 工具计算 2D 曲线包络面积。在NXOpen C/C++中暂未发现与之对应的 API,而在 GRIP 中有对应的 API。

利用 NXOpen C 调用 GRIP API 计算 2D 曲线包络面积的操作步骤如下:

(1)编写 GRIP 程序,在任意目录中创建一个文本文件,添加下述代码保存后,更改文本文件扩展名为"grs"(本例代码保存为"D:\nxopen_demo\code\ch18_1\ch18_1.grs")。代码的基本含义是为最多 2000 条曲线创建边界对象,再分析边界对象的信息,分析信息的操作与NXOpen C 中 UF_MODL_ask_mass_props_3d 类似,但输出的结果没有该 API 的多。

```
ENTITY/ curves(2000), tempBound
NUMBER/ result(32), nCurves

UFARGS/ curves, nCurves, result
tempBound = BOUND/CLOSED,curves(1..nCurves)
ANLSIS/TWOD, tempBound, MMETER, result

DELETE/tempBound
HALT
```

(2)编译链接 ch18_1.grs 文件,生成 ch18_1.grx。编译链接的过程稍微烦琐一点,笔者一般使用脚本编译。在 ch18_1.grs 所在的目录中,创建一个文本文件,并添加下述代码保存后,更改扩展名为"vbs"(本例脚本文件保存为"D:\nxopen_demo\code\ch18_1\ create_grs_ file.vbs")。

```
dim Wshell
set WshShell = CreateObject("WScript.Shell")
WshShell.run "%UGII_BASE_DIR%\UGOPEN\grade.exe"

wscript.sleep 500
wshshell.sendkeys "2"
wshshell.sendkeys "{ENTER}"

wshshell.sendkeys "ch18_1"
wshshell.sendkeys "{ENTER}"
wscript.sleep 2000

wshshell.sendkeys "{ENTER}"
wscript.sleep 1000

wshshell.sendkeys "3"
wshshell.sendkeys "{ENTER}"
wscript.sleep 1000

wshshell.sendkeys "{ENTER}"
wscript.sleep 1000
wshshell.sendkeys "{ENTER}"
wscript.sleep 1000

wshshell.sendkeys "q"
wshshell.sendkeys "{ENTER}"
Wscript.quit
```

（3）双击 create_grs_file.vbs 文件，在该文件所在目录下新产生了"ch18_1.grx"文件，将它拷贝到 NX 二次开发根目录下的 application 目录中。

（4）启动 Visual Studio，利用 NXOpen C++ Wizard 创建一个名为 ch18_1 的项目（本例代码保存在"D:\nxopen_demo\code\ch18_1"），删除原有内容再添加以下代码：

```
#include <uf.h>
#include <uf_ui.h>
#include <sstream>

//NXOpen C 调用 GRIP
void Grip2dAnalysis(int nCurves, tag_t* curves, double results[32])
{
    tag_t curvesTag[2000] = { NULL_TAG };
    double dnCurves = (double)nCurves;

    UF_args_t args[3] = { 0 };
    args[0].type = UF_TYPE_TAG_T_ARRAY;
    args[0].length = 2000;
    args[0].address = curvesTag;
```

```
        args[1].type = UF_TYPE_DOUBLE;
        args[1].length = 0;
        args[1].address = &dnCurves;

        args[2].type = UF_TYPE_DOUBLE_ARRAY;
        args[2].length = 32;
        args[2].address = results;
        for (int i = 0; i < nCurves; ++i)
        {
            curvesTag[i] = curves[i];
        }

        char* grxPath = "D:\\nxopen_demo\\application\\ch18_1.grx";
        UF_call_grip(grxPath, 3, args);
}

static int SelProc(UF_UI_selection_p_t select, void* user_data)
{
    int error = 0;
    int nMasks = 4;
    UF_UI_mask_t masks[] = {
        { UF_line_type, 0, 0 },
        { UF_circle_type, 0, 0 },
        { UF_conic_type, 0, 0 },
        { UF_spline_type, 0, 0 } };
    UF_UI_sel_mask_action_t se = UF_UI_SEL_MASK_CLEAR_AND_ENABLE_SPECIFIC;
    error = UF_UI_set_sel_mask(select, se, nMasks, masks);
    if (error == 0)
    {
        return UF_UI_SEL_SUCCESS;
    }
    else
    {
        return UF_UI_SEL_FAILURE;
    }
}

static void do_it(void)
{
    //创建 NXOpen C 选择对象对话框
    char cue[] = "Select Curves";
    char title[] = "Select Curves";
    int resp = 0, nObjs = 0;
    int scope = UF_UI_SEL_SCOPE_WORK_PART;
    tag_t* objs = NULL;
    UF_UI_select_with_class_dialog(cue, title, scope, SelProc,
        NULL, &resp, &nObjs, &objs);
    if (resp == UF_UI_OK && nObjs > 0)
    {
        UF_DISP_set_highlights(nObjs, objs, 0);
```

```
        //计算面积
        double results[32] = { 0.0 };
        Grip2dAnalysis(nObjs, objs, results);

        auto DoubleToStr = [](const double value) {
            std::ostringstream temp;
            temp << value;
            return temp.str();
        };

        //将周长及面积显示在信息窗口中
        UF_UI_open_listing_window();
        std::string length = DoubleToStr(results[0]);
        std::string area = DoubleToStr(results[1]);

        std::string allStr = "周长:" + length + ",面积:" + area;
        UF_UI_write_listing_window(allStr.c_str());

        UF_free(objs);
    }
}
extern "C" DllExport void ufusr(char* param, int* retCode, int paramLen)
{
    UF_initialize();
    do_it();
    UF_terminate();
}


extern "C" DllExport int ufusr_ask_unload()
{
    return UF_UNLOAD_IMMEDIATELY;
}
```

（5）编译链接生成*.dll 文件，并将该文件拷贝到 NX 二次开发根目录下的 application 目录中。

（6）在 NX 中新建一部件文件，绘制 2D 封闭曲线，然后单击 "File" → "Execute" → "NX Open" 按钮，在弹出的对话框中选择动态链接库 "ch18_1.dll"，再选择所绘制的 2D 封闭曲线，运行结果如图 18-1 所示。

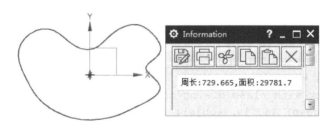

图 18-1　计算 2D 曲线面积应用程序运行结果

18.2　NXOpen C/C++与 KF 混合开发

KF（Knowledge Fusion）是一种以知识驱动为基础的 NX 二次开发语言，简单、易学，但功能没有 NXOpen C/C++健全，且原则上官方不再更新 API。但是，有些功能是 KF 独有的，例如：Check-Mate 中的检查包是通过 KF 编写代码的。

在实战项目中，很多时候也需要对零件做设计检查，例如：检查零件的壁厚是否满足设计要求，工程图中是否有手动标注的尺寸，零件的名称是否符合企业规范等，最终将所有的检查结果输出到检查报告。如图 18-2 所示，使用 Check-Mate 检查工程图尺寸是否是手动标注的，当尺寸是手动标注时，相应的对象上会显示"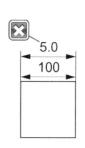"。这种需求如果使用 NXOpen C/C++开发，工作量较大，且有些功能没有直接的 API。

图 18-2　Check-Mate 显示结果

KF 的知识体系比较庞大，若读者有兴趣，请参考官方帮助文档中与"Knowledge Fusion Help and Best Practices"相关的描述。

为了探讨 NXOpen C/C++与 KF 的结合，让我们从一个实际的需要出发：在 NX 空间中有许多任意方位的零件（模具设计领域将多个零件建模在同一个部件中），期望计算每个零件的下料尺寸（可以理解为对每个体求最小包围盒）。在 NXOpen C/C++开放的 API 中，暂未发现有 API 可以直接求给定体的最小包围盒尺寸，NX 后期版本中增强了 Bounding Body 工具，可以创建最小包围体，然而在实际的需求中并不需要创建包围体，如果创建再删除，会严重影响应用程序的运行效率。

值得庆幸的是，在 KF 中，有一个 API（askNonAlignedBoundingBox）可以求任意方位零件体的最小包围盒。

利用 NXOpen C 调用 KF 计算零件体最小包围盒的操作步骤如下：

（1）启动 Visual Studio，利用 NXOpen C++ Wizard 创建一个名为 ch18_2 的项目（本例代码保存在"D:\nxopen_demo\code\ch18_2"），删除原有内容再添加以下代码：

```
#include <uf.h>
#include <uf_csys.h>
#include <uf_kf.h>
#include <uf_mtx.h>
#include <uf_ui.h>
#include <uf_vec.h>
#include <uf_view.h>
#include <sstream>

//求零件体最小包围盒
static void GetBodyBox(const tag_t body, double box[6], double mtx[12])
{
    char* name = NULL;
    char text[UF_OBJ_NAME_LEN] = { 0 };
    UF_KF_ask_rule_text_of_referencing_object(body, &name);
    sprintf_s(text, sizeof(text), "askNonAlignedBoundingBox(%s)", name);
    char ruleName[UF_OBJ_NAME_LEN] = { 0 };
    uc4577(ruleName);
```

```
        UF_KF_create_rule_no_update("Root:", ruleName, "List", text, NULL);

        char fullRuleName[UF_OBJ_NAME_LEN] = { 0 };
        sprintf_s(fullRuleName, sizeof(fullRuleName), "Root:%s:", ruleName);

        UF_KF_value_p_t instance = NULL;
        UF_KF_list_p_t list = NULL;
        UF_KF_evaluate_rule(fullRuleName, &instance);
        UF_KF_ask_list(instance, &list);

        int count = 0;
        UF_KF_value_p_t listValue = NULL;
        UF_KF_ask_list_count(list, &count);
        for (int i = 1; i <= count; ++i)
        {
            UF_KF_ask_list_item(list, i, &listValue);
            if (i <= 6)
            {
                UF_KF_ask_number(listValue, &box[i - 1]);
            }
            else if (i == 7)
            {
                UF_KF_ask_point(listValue, &mtx[0]);//包围盒中心(mtx[0]～mtx[2])
            }
            else if (i == 8)
            {
                UF_KF_ask_vector(listValue, &mtx[3]);  //x方向(mtx[3]～mtx[5])
            }
            else if (i == 9)
            {
                UF_KF_ask_vector(listValue, &mtx[9]);  //z方向(mtx[9]～mtx[11])
            }
            UF_KF_free_rule_value(listValue);
        }
        UF_VEC3_cross(&mtx[9], &mtx[3], &mtx[6]);     //y方向(mtx[6]～mtx[8])

        UF_KF_free_rule_value(instance);
        UF_KF_free_list_object_contents(list);
        UF_free(name);
        UF_KF_delete_instance_rule("Root:", ruleName);
    }

//显示最小包围盒
static void ShowBox(double box[6], double mtx[12])
{
    //计算包围盒的所有顶点
    double size[3] = { box[3]-box[0], box[4]-box[1], box[5]-box[2] };
    UF_MTX3_vec_multiply_t(&box[0], &mtx[3], &box[0]);
```

```
UF_VEC3_add(&mtx[0], &box[0], &box[0]);


double pts[10][3] = { 0.0 };
memcpy(pts[0], &box[0], 3 * sizeof(double));
UF_VEC3_affine_comb(pts[0], size[0], &mtx[3], pts[1]);
UF_VEC3_affine_comb(pts[1], size[1], &mtx[6], pts[2]);
UF_VEC3_affine_comb(pts[2], -size[0], &mtx[3], pts[3]);
memcpy(pts[4], pts[0], sizeof(pts[0]));
for (int i = 0; i < 4; ++i)
{
    UF_VEC3_affine_comb(pts[i], size[2], &mtx[9], pts[i + 5]);
}
memcpy(pts[9], pts[5], sizeof(pts[5]));

//以临时线显示最小包围盒
tag_t vi = NULL_TAG;
UF_OBJ_disp_props_t dis = { 0 };
UF_DISP_view_type_t ty = UF_DISP_USE_WORK_VIEW;
UF_VIEW_ask_work_view(&vi);
for (int i = 0; i < 9; i++)
{
    UF_DISP_display_temporary_line(vi, ty, pts[i], pts[i + 1], &dis);
}

for (int i = 1; i < 4; ++i)
{
    UF_DISP_display_temporary_line(vi, ty, pts[i], pts[i + 5], &dis);
}
}
static void do_it(void)
{
    //利用 NXOpen C 创建对话框
    char* msg = "Select Object";
    UF_UI_mask_t mask = { UF_solid_type, 0, UF_UI_SEL_FEATURE_BODY };

    UF_UI_selection_options_t opts = { 0 };
    opts.other_options = 0;
    opts.reserved = NULL;
    opts.num_mask_triples = 1;
    opts.mask_triples = &mask;
    opts.scope = UF_UI_SEL_SCOPE_WORK_PART;

    int response = 0;
    tag_t object = NULL_TAG, view = NULL_TAG;
    double cursor[3] = { 0.0 };
    UF_UI_select_single(msg, &opts, &response, &object, cursor, &view);
    if (object != NULL_TAG)
    {
```

```
        //计算最小包围盒尺寸
        double box[6] = { 0.0 }, mtx[12] = { 0.0 };
        GetBodyBox(object, box, mtx);

        //以临时线显示最小包围盒
        ShowBox(box, mtx);
        UF_DISP_set_highlight(object, 0);
    }
}

extern "C" DllExport void ufusr(char* param, int* retCode, int paramLen)
{
    UF_initialize();
    do_it();
    UF_terminate();
}

extern "C" DllExport int ufusr_ask_unload()
{
    return UF_UNLOAD_IMMEDIATELY;
}
```

（2）编译链接生成*.dll 文件，并将该文件拷贝到 NX 二次开发根目录下的 application 目录中。

（3）在 NX 中打开一部件文件，单击"File"→"Execute"→"NX Open"按钮，在弹出的对话框中选择动态链接库"ch18_2.dll"，再选择零件体，运行结果如图 18-3 所示。

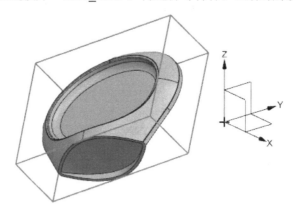

图 18-3　NXOpen C 调用 KF 计算零件体最小包围盒结果

18.3　NXOpen 与内部 API 混合开发

尽管 NXOpen 开放了许多 API，但仍然不能满足实战项目中的需求。客户认为 NX 原生工具中拥有的功能，NX 二次开发就应该可以实现它，但事实上官方并未将所有功能都开放 API。例如如图 18-4 所示，使用 Add Component 工具时，可以显示 Component Preview 窗口，官方就未直接开放相关 API 让开发者可以利用 NX 二次开发功能实现相同显示效果。

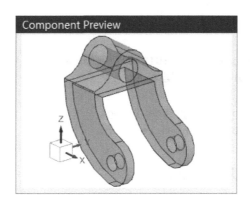

图 18-4　Component Preview 窗口

如果开发者追求 NX 二次开发的应用程序与 NX 原生工具中的功能一致，需要考虑调用内部 API。在"%UGII_BASE_DIR%\NXBIN"目录中，有超过 2000 个*.dll 文件，它们实现了 NX 绝大部分功能，开发者可以动态调用被导出的 API。

例如，NX 二次开发应用程序时，常常需要在 Block UI Styler 模块中设计对话框，有没有一种无须生成*.dlx 文件，而直接通过代码方式添加 UI Block 的方法呢？笔者从 Simple NX Application Programming（SNAP）开发方式中找到了灵感。在目录"%UGII_BASE_DIR%\UGOPEN\SNAP\examples\More Examples"提供的样例中，部分实例没有使用*.dlx 文件。而如第 1 章所述，NX 二次开发方式，最终都可以统一为 C/C++方式，因此笔者认为 NXOpen C/C++中也可以使用这种无*.dlx 文件的方法来设计对话框。

NX 二次开发无*.dlx 应用程序，调用内部 API 的操作步骤如下：

（1）启动 Visual Studio，利用 NXOpen C++ Wizard 创建一个名为 ch18_3 的项目（本例完整代码保存在"D:\nxopen_demo\code\ch18_3"），删除原有内容，再新建 ch18_3.hpp 并输入以下代码：

```
#include <uf.h>
#include <NXOpen/BlockStyler_DoubleBlock.hxx>
#include <NXOpen/Session.hxx>
#include <NXOpen/UI.hxx>
#include <afx.h>

using namespace NXOpen;
using namespace NXOpen::BlockStyler;
class ch18_3
{
public:
    static Session* theSession;
    static UI* theUI;
    ch18_3();
    ~ch18_3();

    int Show();
    void initialize_cb();
    void dialogShown_cb();
```

```cpp
    int apply_cb();
    int ok_cb();
    int update_cb(BlockStyler::UIBlock* block);
    void CreateSnapDlg(); //创建 Snap
private:
    BlockStyler::BlockDialog* theDialog;
    BlockStyler::DoubleBlock* m_length;
};
```

（2）在 **ch18_3.cpp** 中添加以下代码：

```cpp
#include "ch18_3.hpp"
Session* (ch18_3::theSession) = NULL;
UI* (ch18_3::theUI) = NULL;
static HMODULE dllModule = NULL;
static void* snap = NULL;

void ch18_3::CreateSnapDlg()
{
    const char* createName = "BLOCK_STYLER_create_snap_dialog";
    const char* addName = "XJA_BLOCK_STYLER_SNAP_DIALOG_add_item";

    typedef int(*CreateDialog_fp_t)(const char*, void**);
    typedef int(*AddItem_fp_t)(void*, const char*, const char*);
    CreateDialog_fp_t snampDlg = NULL;
    AddItem_fp_t AddItem = NULL;
    snampDlg = (CreateDialog_fp_t)GetProcAddress(dllModule, createName);
    AddItem = (AddItem_fp_t)GetProcAddress(dllModule, addName);

    //创建 Snap
    int error = snampDlg != NULL ? snampDlg("Title", &snap) : 1;
    if (error == 0 && snap != NULL && AddItem != NULL)
    {
        AddItem(snap, "Double", "m_length"); //添加 UI Block
        theDialog = new BlockStyler::BlockDialog(snap);
    }
}

ch18_3::ch18_3()
{
    ch18_3::theSession = Session::GetSession();
    ch18_3::theUI = UI::GetUI();

    dllModule = LoadLibrary(L"libnxblockstyler"); //动态加载 DLL
    if (dllModule != NULL)
    {
        CreateSnapDlg(); //创建 Snap
    }
```

```
    //注册回调
    theDialog->AddApplyHandler(make_callback(this, &ch18_3::apply_cb));
    theDialog->AddOkHandler(make_callback(this, &ch18_3::ok_cb));
    theDialog->AddUpdateHandler(make_callback(this, &ch18_3::update_cb));
    theDialog->AddInitializeHandler(make_callback(this,
        &ch18_3::initialize_cb));
    theDialog->AddDialogShownHandler(make_callback(this,
        &ch18_3::dialogShown_cb));
}

ch18_3::~ch18_3()
{
    if (theDialog != NULL)
    {
        delete theDialog;
        theDialog = NULL;
    }

    //删除 Snap
    typedef int(*DelSnapDialog_fp_t)(void*);
    const char* name = "XJA_BLOCK_STYLER_SNAP_DIALOG_dispose";
    DelSnapDialog_fp_t DelSnapDialog = NULL;
    DelSnapDialog = (DelSnapDialog_fp_t)GetProcAddress(dllModule, name);
    if (DelSnapDialog != NULL && snap != NULL)
    {
        DelSnapDialog(snap);
    }
    FreeLibrary(dllModule);
}

int ch18_3::Show()
{
    theDialog->Show();
    return 0;
}

void ch18_3::initialize_cb()
{
    UIBlock* uiblock = theDialog->TopBlock()->FindBlock("m_length");
    m_length = dynamic_cast<DoubleBlock*>(uiblock);
    //设置 UI Block 显示信息
    m_length->SetLabel("Length( XC )");   //显示名称
    m_length->SetValue(100.0);            //默认值
    m_length->SetGroup(true);             //以 Group 形式显示
}

void ch18_3::dialogShown_cb()
{
```

```
}

int ch18_3::apply_cb()
{
    return 0;
}

int ch18_3::update_cb(BlockStyler::UIBlock* block)
{
    return 0;
}

int ch18_3::ok_cb()
{
    return apply_cb();
}

extern "C" DllExport void ufusr(char* param, int* retcod, int paramLen)
{
    ch18_3* thech18_3 = NULL;
    thech18_3 = new ch18_3();
    thech18_3->Show();
    delete thech18_3;
    thech18_3 = NULL;
}

extern "C" DllExport int ufusr_ask_unload()
{
    return UF_UNLOAD_IMMEDIATELY;
}
```

（3）编译链接生成*.dll 文件，并将该文件拷贝到 NX 二次开发根目录下的 application 目录中。

（4）在 NX 中新建一部件文件，单击"File"→"Execute"→"NX Open"按钮，在弹出的对话框中选择动态链接库"ch18_3.dll"，运行结果如图 18-5 所示。

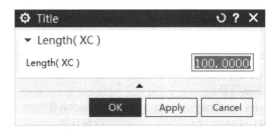

图 18-5　通过 SNAP 方式创建对话框结果

此例展示了 NXOpen 与内部 API 结合开发应用程序，因为官方没有公开*.dll 文件中的数据结构，所以在实战项目中需要开发者不断地探索与尝试。

18.4　NXOpen 与 Parasolid 混合开发

Parasolid 被公认为世界领先的、经过生产验证的核心建模器，使用精确的边界表示几何模型，支持实体、自由曲面、晶格（Cellular）建模。NX 的核心建模功能由 Parasolid 完成，例如：大家熟知的 Block、Cylinder、Sphere、Pattern 工具。

图 18-6 描述了 Parasolid 用于创建模型结构的主要数据，以及它们如何组合构建 Parasolid 模型。可用的模型数据分为三大类：几何数据、拓扑数据和其他数据。

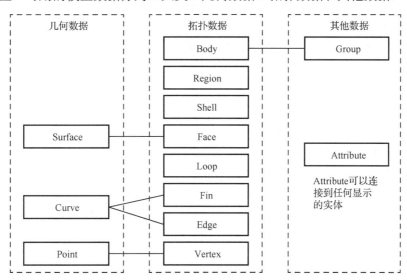

图 18-6　Parasolid 模型数据结构

体（Body）是 Parasolid 建模的基础，通常由一个或多个模型数据组成。例如：一个简单的长方体包含如 18-7 所示的模型数据。

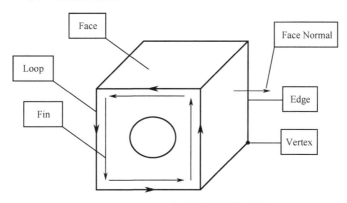

图 18-7　Parasolid 中长方体的模型数据

其他拓扑数据描述如表 18-1 所示。

表 18-1　Parasolid 拓扑数据描述

拓扑数据	描述
Region	Region 是由 Vertex、Edge、有向 Face 组成的三维空间，它要么是固体，要么是空的
Shell	Shell 由 Edge 与有向 Face 连结组成，Shell 在 Region 中不重叠

拓扑数据	描述
Face	Face 是 Surface 的有限子集，其边界由零个或多个 Loop 组成，具有零个边界的 Face 组成封闭的实体，例如：一个完整球面的边界为零
Loop	Loop 是 Face 边界的组成部分，它可以是由不同 Fin 组成的有序环，也可以是一组 Vertex
Fin	Fin 表示通过 Loop 中 Edge 的方向
Edge	Edge 是 Curve 的有限长度线，它的边界是由零个、一个或者两个 Vertex 组成的
Vertex	代表一个空间 Point，一个 Vertex 代表一个 Point，也可以为空

理解了拓扑数据后，开发者可以使用 UF_BREP_make_body 直接通过拓扑数据构建几何体，该 NX Open API 直接调用了 Parasolid 中的 API。

在第 14 章的 Custom Feature 创建实例中，本书给出了动态调用 Parasolid 中 API 的方法，但是 Parasolid 数据结构官方并未公开。如何找到期望的 API 与对应的数据结构呢？

笔者提供一种研究方法，操作步骤如下：

（1）启动 Visual Studio，利用 NXOpen C# Wizard 创建一个名为 ch18_4 的项目（本例完整代码保存在"D:\nxopen_demo\code\ch18_4"）。

（2）添加引用（References），引用的库为"%UGII_BASE_DIR%\NXBIN\managed\pskernel_net.dll"。

（3）在*.cs 文件中（默认为 Program.cs）添加以下代码：

```
using PS=PLMComponents.Parasolid.PK_.Unsafe;
```

添加这行代码的意义是定义别名，以方便后期编写的代码更为精简。

（4）在*.cs 中正常输入代码。只要输入"PS."，Visual Studio 会智能提示，如图 18-8 所示。

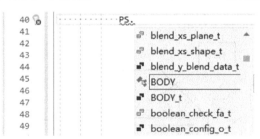

图 18-8 C#中使用 Parasolid API 提示结果

（5）选择对应的 Class 后再右击鼠标，在弹出菜单中单击"Go To Definition"选项，如图 18-9 所示，结果如图 18-10 所示。

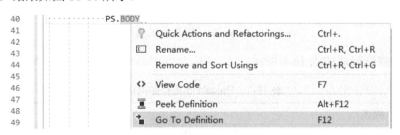

图 18-9 右击菜单显示选项

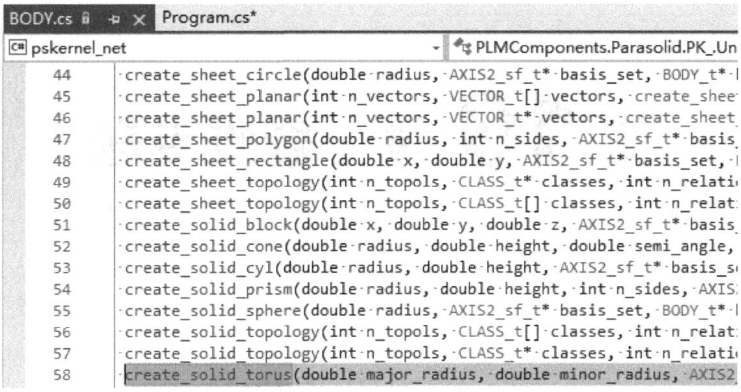

图 18-10 选择 "Go To Definition" 选项结果

可以看出很多 Parasolid 中的 API 都被列出来了，再在期望查看的结构体或者类位置右击鼠标，单击 "Go To Definition" 选项一直查看下去，最终可以分析出相应的数据结构。

（6）通过初步的探讨，很容易发现创建圆环涉及的数据结构如下（以下是根据 C#中的研究发现，重新在 C/C++定义样式）：

```c
typedef int PK_BODY_t;
struct PK_VECTOR_s
{
    double coord[3];              //代表向量或者一个点
};
typedef struct PK_VECTOR_s PK_VECTOR_t, PK_VECTOR1_t;

struct PK_AXIS2_sf_s
{
    PK_VECTOR_t  location;       //代表坐标系中的原点
    PK_VECTOR1_t axis;           //代表坐标系中的主轴
    PK_VECTOR1_t ref_direction;  //代表坐标系中的参考轴
};
typedef struct PK_AXIS2_sf_s PK_AXIS2_sf_t;

typedef int(*PK_BODY_create_solid_torus_fp_t)
(
    double major_radius,         //圆环大半径
    double minor_radius,         //圆环小半径
    PK_AXIS2_sf_t* basis_set,    //圆环的坐标系信息
    PK_BODY_t* body              //输出参数，代表创建的 Parasolid 体
);
```

重定义数据结构后，就可以动态调用 Parasolid 中的 API，需要注意的是 Parasolid 中的长度单位是米，在使用的时候要考虑单位转换。

第 **19** 章 疑难专题

在本章中您将学习下列内容:
● 常见疑难问题解决方案

19.1 查找相同体

在模具设计领域,设计工程师偏向将多个零件设计在同一个部件文件(*.prt)中。这种方式的优点是建模方便,缺点是后期在出工程图、统计零件数量以及生成 BOM(Bill of Material)表时比较麻烦。

因此,这种应用场景几乎都要靠开发工具来解决,而开发工具首先就要解决在含有几百甚至上千个零件的部件文件中,如何找出相同的零件(体)问题,解决了此问题后,就可以进行统计各零件的数量、生成 BOM 表、计算下料尺寸等操作。

一般情况下,开发者为了后期操作各零件体方便,在识别出相同零件体后,会为其添加标识(例如:添加属性、设置名称或者通过 UDO 记录这些零件)。

19.1.1 相同体定义

在 NX 系统中,相同是指对象完全一样。从 Parasolid 的维度看,它们的拓扑数据要一致。如图 19-1 所示,Resize Pattern 工具在识别 Pattern 时,它以拓扑数据一致为基础,再判断对象是否是 Pattern。虽然用户主观可以判断这四个孔大小是一样的,但是有一个孔的圆柱面被分成了两部分,与其他的孔拓扑数据不一致,就不被认为是相同的孔,所以工具只识别出 3 个孔相同。

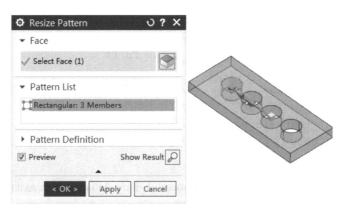

图 19-1 Resize Pattern 识别结果

在现实应用场景中,确实会遇到如上所述一个孔被分成了两部分的情况,但也期望系统认为它们是一样的。一般此时,建议用户在使用工具前,先对体(Body)进行基本的检查和优化,使用 Examine Geometry 工具,可以为对象做基本的检查。使用 Optimize Face 工具可以对体上的面（Face）进行优化，NX 系统会尽可能地减小零件的公差，合并可能合并的面。如果一个标准的圆柱面被分成两部分，通过此操作它会合并为一个标准的圆柱面。

考虑到问题的复杂度，一般查找相同体，也是以体的拓扑数据相同为基础再进行判断的。因此，如果两个体相同，它们面、边的数量是相同的，表面积、体积也相同，在空间上总能将一个体通过变换与另一个体完全重合。

19.1.2 查找相同体解决方案

根据输入体找出部件中所有相同体，解决方案有许多，但开发者要在效率与准确度上找到平衡点。如果要求非常准确，效率可能就会低下一点，而追求高效率，就有找错的可能。一般情况下，在 2000 个不是非常复杂的体中，找出相同体，时间能控制在 0.5 秒内且不找错就是比较理想的结果了。

一种比较简单的解决方案：查找体的质心，再在体的表面采样点，那么质心到各点的距离经过排序后，两个相同体对应的距离序列在一定公差范围内是相同的。

求质心可以使用 NXOpen C 中的 UF_MODL_ask_mass_props_3d，不过很遗憾，这个 API 的效率太低。即使将这个 API 换成 Parasolid 中的 API，效率依然很低下。因此，开发者需要考虑使用其他方法求质心。

一种代替求质心的方案：直接在零件的每个表面根据 UV 方向采样点，如图 19-2 所示。然后根据点云的坐标求质心，再计算点云中每个点与质心的距离并排序，最终两个距离序列在一定公差范围内是相同的。这种方式的效率会高于使用 UF_MODL_ask_mass_props_3d 的。但缺陷是，如果曲面复杂，采样点的数量就直接与准确率相关了。

为了提高效率，在采样点之前，一般会先过滤所有体中面与边的数量不一致的体。综上所述，查找相同体的实现流程如图 19-3 所示。

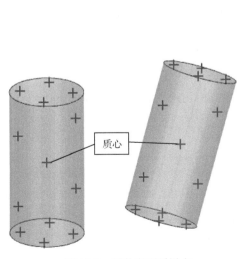

图 19-2 零件表面采样点

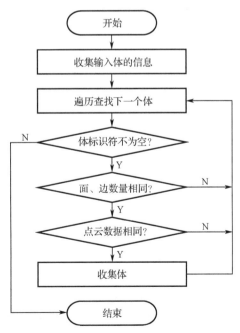

图 19-3 查找相同体的实现流程

19.1.3 查找相同体编码实现

利用 NXOpen C 中相关 API 实现查找相同体的步骤如下：

（1）启动 Visual Studio，利用 NXOpen C++ Wizard 创建一个名为 ch19_1 的项目（本例代码保存在 "D:\nxopen_demo\code\ch19_1"），删除原有内容并添加以下代码：

```cpp
#include <sstream>
#include <uf.h>
#include <uf_disp.h>
#include <uf_eval.h>
#include <uf_evalsf.h>
#include <uf_modl.h>
#include <uf_ui.h>
#include <uf_vec.h>
#include <unordered_set>
typedef std::unordered_multiset<int> StlIntUnorderedMultiset;
//获取选择的体
static tag_t GetSelBody(void)
{
    char* msg = "Select Object";
    UF_UI_mask_t mask = { UF_solid_type, 0, UF_UI_SEL_FEATURE_BODY };
    UF_UI_selection_options_t opts = { 0 };
    opts.other_options = 0;
    opts.reserved = NULL;
    opts.num_mask_triples = 1;
    opts.mask_triples = &mask;
    opts.scope = UF_UI_SEL_SCOPE_WORK_PART;

    int response = 0;
    tag_t object = NULL_TAG, view = NULL_TAG;
    double cursor[3] = { 0.0 };
    UF_UI_select_single(msg, &opts, &response, &object, cursor, &view);
    return object;
}

//获取体上的采样点云
static int GetPts(int nFas, uf_list_p_t* list, int uv, double(**pts)[3])
{
    int error = 0;
    int index = 0;
    double step = 1.0 / (uv + 1);
    int nPts = nFas * uv * uv;
    int nbytes = nPts * sizeof(double[3]);
    *pts = (double((*)[3]))UF_allocate_memory(nbytes, &error);
    for (int i = 0; i < nFas; ++i)
    {
        tag_t face = NULL_TAG;
        UF_MODL_ask_list_item(*list, i, &face);
```

```
        double uvPair[2] = { 0.0, 1.0 };
        double uvBox[4] = { 0.0, 1.0, 0.0, 1.0 };
        UF_EVALSF_p_t evaluator = NULL;
        UF_EVALSF_initialize(face, &evaluator);
        UF_EVALSF_ask_face_uv_minmax(evaluator, uvBox);
        for (int j = 1; j < uv + 1; ++j)
        {
            uvPair[0] = uvBox[0] + j * step * (uvBox[1] - uvBox[0]);
            for (int k = 1; k < uv + 1; ++k)
            {
                uvPair[1] = uvBox[2] + k * step * (uvBox[3] - uvBox[2]);
                UF_MODL_SRF_VALUE_t eval = { 0 };
                UF_EVALSF_evaluate(evaluator, UF_MODL_EVAL, uvPair, &eval);
                memcpy((*pts)[index], eval.srf_pos, sizeof(eval.srf_pos));
                index++;
            }
        }
        UF_EVALSF_free(&evaluator);
    }
    return nPts;
}


//根据点云坐标计算质心
static void GetCenterPt(int nPts, double(**points)[3], double center[3])
{
    for (int i = 0; i < nPts; ++i)
    {
        center[0]+ =(*points)[i][0];
        center[1]+ =(*points)[i][1];
        center[2]+ =(*points)[i][2];
    }
    center[0]/=nPts;
    center[1]/=nPts;
    center[2]/=nPts;
}


//计算质心到各点的距离
static void GetDists(double pt[3], int digits, int nPts,
    double(*points)[3], StlIntUnorderedMultiset& distances)
{
    double scale = pow(10.0, digits);
    for (int i = 0; i < nPts; ++i)
    {
        double deltaDist = 0.0;
        UF_VEC3_distance(pt, points[i], &deltaDist);
        deltaDist *= scale;
        distances.insert((int)floor(deltaDist));
```

```
        }
    }

    static void do_it(const tag_t selBody, std::vector<tag_t>& bodies)
    {
        //0.收集输入体
        bodies.push_back(selBody);
        //1.收集输入体的信息
        double(*pts)[3] = { 0 };
        int nFaces = 0, nEdges = 0;
        uf_list_p_t faceList = NULL, edgeList = NULL;
        UF_MODL_ask_body_faces(selBody, &faceList);
        UF_MODL_ask_body_edges(selBody, &edgeList);
        UF_MODL_ask_list_count(faceList, &nFaces);
        UF_MODL_ask_list_count(edgeList, &nEdges);
        int nPts = GetPts(nFaces, &faceList, 3, &pts);

        double center[3] = { 0.0, 0.0, 0.0 };
        StlIntUnorderedMultiset dists;
        GetCenterPt(nPts, &pts, center);
        GetDists(center, 2, nPts, pts, dists);

        //2.遍历查询其他体
        tag_t obj = NULL_TAG;
        int type = UF_solid_type;
        int subtype = UF_solid_body_subtype;
        while (UF_MODL_ask_object(type, subtype, &obj) == 0 && obj != 0)
        {
            int bodyType = 0;
            UF_MODL_ask_body_type(obj, &bodyType);
            if (bodyType == 0 || obj == selBody)
            {
                continue;
            }
            //2.1 如果面与边的数量不匹配进入下一次循环
            int nTempFaces = 0, nTempEdges = 0;
            uf_list_p_t tempFaceList = NULL, tempEdgeList = NULL;
            UF_MODL_ask_body_faces(obj, &tempFaceList);
            UF_MODL_ask_body_edges(obj, &tempEdgeList);
            UF_MODL_ask_list_count(tempFaceList, &nTempFaces);
            UF_MODL_ask_list_count(tempEdgeList, &nTempEdges);
            if (nTempFaces != nFaces || nTempEdges != nEdges)
            {
                UF_MODL_delete_list(&tempFaceList);
                UF_MODL_delete_list(&tempEdgeList);
                continue;
            }
            //2.2 收集点云信息
```

```
        double(*tempPts)[3] = { 0 };
        StlIntUnorderedMultiset tempDists;
        double tempCenter[3] = { 0.0, 0.0, 0.0 };
        int nTempPts = GetPts(nTempFaces, &tempFaceList, 3, &tempPts);
        GetCenterPt(nTempPts, &tempPts, tempCenter);
        GetDists(tempCenter, 2, nTempPts, tempPts, tempDists);

        //2.3 对比点云信息
        if (tempDists == dists)
        {
            bodies.push_back(obj); //收集体
        }

        UF_free(tempPts);
        UF_MODL_delete_list(&tempFaceList);
        UF_MODL_delete_list(&tempEdgeList);
    }

    UF_free(pts);
    UF_MODL_delete_list(&edgeList);
    UF_MODL_delete_list(&faceList);
}


extern "C" DllExport void ufusr(char* param, int* retCode, int paramLen)
{
    UF_initialize();
    UF_timer_t timer = { 0 };
    UF_begin_timer(&timer);          //开始计时
    tag_t selBody = GetSelBody(); //获取选择的体

    std::vector<tag_t> bodies;
    do_it(selBody, bodies); //查找相同体
    for (const auto& it : bodies)
    {
        UF_DISP_set_highlight(it, 1); //设置相同体高亮显示
    }
    UF_timer_values_t timeValues = { 0 };
    UF_end_timer(timer, &timeValues); //计时结束

    //打印统计信息
    std::ostringstream temp;
    temp << "相同体数量: " << (int)bodies.size() << "耗时: cpu time:" <<
        timeValues.cpu_time << " real time:" << timeValues.real_time;
    std::string tempStr = temp.str();
    UF_UI_open_listing_window();
    UF_UI_write_listing_window(tempStr.c_str());

    UF_terminate();
```

```
    }

extern "C" DllExport int ufusr_ask_unload()
{
    return UF_UNLOAD_IMMEDIATELY;
}
```

（2）编译链接生成*.dll 文件，并将该文件拷贝到 NX 二次开发根目录下的 application 目录中。

（3）在 NX 主界面中打开需要测试的部件，然后单击"File"→"Execute"→"NX Open"按钮，在弹出的对话框中选择动态链接库"ch19_1.dll"，再选择体（Body），运行结果如图 19-4 所示。图中有两组相同的实体，每组为两个，经过测试，应用程序成功识别出了相同的实体，并高亮显示。

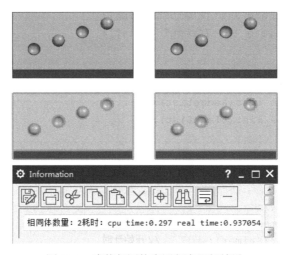

图 19-4　查找相同体应用程序运行结果

19.1.4　查找相同体效率对比

上一节利用 NXOpen C 的相关 API 实现了查找相同体的应用程序，对于已具有开发经验的读者，可以考虑使用 Parasolid 的 API 开发应用程序。一般情况下，Parasolid 的效率远高于 NXOpen C，尽管 NXOpen C 最终也是使用 Parasolid 的 API。但是 NXOpen C 对输入的几何体做了大量的验证，输入体的复杂程度不同，耗时也不同。

例如：利用 UF_MODL_ask_face_min_radii 可以计算输入面的最小半径。假设有一个体有 10 万个面，只随机拿 100 个面计算，再假设有一个体有 100 万个面，也只随机拿 100 个面计算。理论上这个 API 都只调用了 100 次，所花时间应该基本一致，然而它们花的时间差距非常大。产生这个现象的原因就是 NXOpen C 中的 API 一般都对输入对象有检查行为。如判断它是否是 Occurrence，是否是有效的面，同时还会检查相邻面等，所以模型越复杂，获取数据越耗时，这就解释为什么都调用 100 次，花的时间不同。但是，如果使用 Parasolid 的 API 就不存在这个问题。

笔者在 DELL M2800 移动工作站中，对使用 NXOpen C 与 Parasolid 两种方式开发的查找相同体应用程序进行了效率对比，如表 19-1 所示。

表 19-1　查找相同体应用程序效率比较

实体信息	NXOpen C 耗时（s）	Parasolid 耗时（s）
4500 个简单体，每个体 10 个面，共 3000 个相同体	0.859	0.234
120 个圆锥齿轮，每个齿轮 324 个面，共有 120 个相同体	3.229	0.530
10000 个内六角螺栓，每个螺栓 27 个面，共 10000 个相同体	5.023	1.638

　　从表中不难看出体越复杂，Parasolid 的优势越明显。利用 Parasolid 的相关 API 开发查找相同体应用程序，绝大部分情况下，可以做到 0.5 秒内完成查询操作，满足生产需求。

　　一套模具产品，零件数量极少超过 1000 个，相同体极少超过 100 个，因此可以轻松满足 0.5 秒内完成查询操作的需求。

　　在特殊情况下，可能还需要识别镜像体。镜像体的识别可以考虑以两个体的质心连线中点为原点，两质心连线方向为法向创建虚拟镜像平面，再将其中一组采样点数据以此平面镜像后对比两个体的点云数据是否一致，如果一致可以认为这两个体是镜像关系。

19.2　移除重复对象

　　在 NX 系统中，由于误操作，或者模型由其他软件导入，可能会出现在同一空间位置有多个一模一样的对象，这些对象被认为是重复对象。

　　除此之外，还有一些特殊情况。例如：有一个大立方体，它的长宽高都是 100，同时也有一个长宽高都为 10 的小立方体，它完全位于大立方体内部，这种情况，需要针对不同的需求考虑是否认为它们也是重复对象。

19.2.1　移除重复对象应用范围

　　如果 NX 系统中有重复对象，就会给用户带来许多烦恼，而且也不易直接判断是否有重复对象。如图 19-5 所示，用户感觉图形窗口上有四个点，但从部件导航器上看点不止四个，说明可能在同一位置有重复的点。

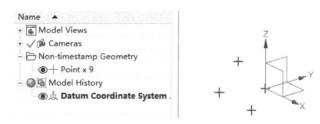

图 19-5　重复点显示结果

　　如果没有及时找出部件中的重复对象，它可能导致严重的后果。例如：利用查找相同体功能找到零件并转换为装配件，最终就可能在 BOM 表中多出零件数量，增加制造成本，导致经济损失。

　　因此，有必要开发移除重复对象的应用程序，保证产品的正确性。

19.2.2　移除重复对象解决方案

　　重复的对象主要包括点（Point）、曲线（Curve）、实体（Solid Body）、片体（Sheet

Body）。现实场景中，不用考虑片体，因为它往往只是零件建模的中间形态，不代表零件的最终形态。

如何识别重复对象呢？开发者除了花很多精力写算法或调用 Parasolid API 开发应用程序，还可以直接利用 NX 系统中的 Check-Mate 完成。

Check-Mate 是用于检查部件、装配和图纸质量的工具，以确保：

● 符合公司设计标准。

● 使用最佳设计方案。

● 满足建模质量标准。

为了让初学的读者对 Check-Mate 有一些感性的认识，先来看一下如何使用它。操作步骤如下：

（1）在 NX 工作部件窗口中，更改 WCS 到任意位置。

（2）单击 "Menu" → "Analysis" → "Check-Mate" → "Set Up Tests..." 按钮，启动 Set Up Tests 工具。在对话框中，单击 "Tests" 选项卡，再在树列表中依次找到 "Get Information" → "Modeling" → "is WCS absolute CSYS?" 节点并单击它，再单击 "Add to Selected" 按钮（⇩图标），如图 19-6 所示，最后单击 "Execute Check-Mate Tests" 按钮，执行 Check-mate。

图 19-6　Set Up Tests 对话框

（3）单击导航上 "HD3D Tools" 选项，再单击 "Check-Mate" 选项可以看到如图 19-7 所示的结果。系统将检测的结果显示在树列表中。

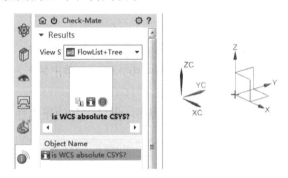

图 19-7　Check-Mate 显示结果

（4）在树列表中的"is WCS absolute CSYS？"节点右击，在弹出的菜单中，单击"Show Info View"选项，打开如图 19-8 所示的 Check-Mate Result 窗口，显示检查结果。

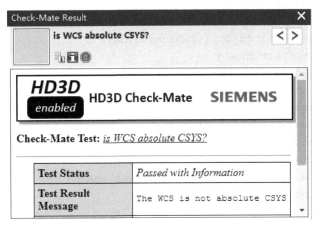

图 19-8　Check-Mate Result 窗口显示结果

不难看出，通过 Check-Mate，可以将检查的结果显示在 HD3D 的树列表中。开发者可以利用此特点，调用"%vda_identical_curves"与"%vda_identical_solids"这两条检查规则来找出部件中的重复曲线与重复实体。NX 系统未提供检查重复点的规则。

使用检查规则识别重复曲线与实体后，在 Check-Mate 的树列表中，将展示哪些对象是重复的，"[ ]"中的数字代表了对象标识符，如图 19-9 所示。开发者只需要将这些对象标识符提取出来，再分类判断哪些需要删除即可。

综上所述，移除重复对象实现流程如图 19-10 所示。

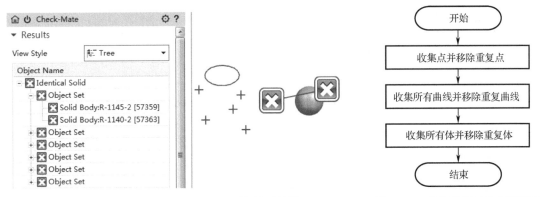

图 19-9　执行%vda_identical_solids 后的显示结果　　　　图 19-10　移除重复对象实现流程

19.2.3　移除重复对象编码实现

开发移除重复对象应用程序的操作步骤如下：

（1）启动 Visual Studio，利用 NXOpen C++ Wizard 创建一个名为 ch19_2 的项目（本例代码保存在"D:\nxopen_demo\code\ch19_2"），删除原有内容并添加以下代码：

```
#include <uf.h>
#include <uf_assem.h>
#include <uf_curve.h>
```

```cpp
#include <uf_obj.h>
#include <uf_vec.h>
#include <unordered_set>

#include <NXOpen/Options_OptionsManager.hxx>
#include <NXOpen/Part.hxx>
#include <NXOpen/PartCollection.hxx>
#include <NXOpen/RuleManager.hxx>
#include <NXOpen/Session.hxx>
#include <NXOpen/Validate_Parser.hxx>
#include <NXOpen/Validate_ValidationManager.hxx>
#include <NXOpen/Validate_ResultObject.hxx>
#include <NXOpen/Validate_ValidatorOptions.hxx>
#include <NXOpen/Validate_Validator.hxx>

using namespace NXOpen;
using namespace NXOpen::Validate;
//定义点数据结构
typedef struct PNT3_info_s
{
    tag_t id;
    double p3[3];
} PNT3_info_t, *PNT3_info_p_t;

typedef struct Two_objs_s
{
    tag_t first;
    tag_t second;
}Two_obj_t, *Two_obj_p_t;

//获取坐标位置相同的点
static void GetIdenticalPts(std::vector<std::vector<tag_t>>& pts)
{
    //遍历工作部件中所有的点
    int type = UF_point_type;
    tag_t pt = NULL_TAG;
    tag_t part = UF_ASSEM_ask_work_part();
    std::list<PNT3_info_t> ptsInfo;
    while (UF_OBJ_cycle_objs_in_part(part, type, &pt) == 0 && pt != 0)
    {
        PNT3_info_t delta = { 0 };
        delta.id = pt;
        UF_CURVE_ask_point_data(pt, delta.p3);
        ptsInfo.push_back(delta);
    }

    //找出坐标相同的点
    double tol = 0.001;
```

```
std::list<PNT3_info_t>::iterator it;
while (!ptsInfo.empty())
{
    PNT3_info_t delta = *ptsInfo.begin();
    ptsInfo.erase(ptsInfo.begin());

    std::vector<tag_t> temp;
    for (it = ptsInfo.begin(); it != ptsInfo.end();)
    {
        double dist = 1.0;
        UF_VEC3_distance(delta.p3, it->p3, &dist);
        if (dist < tol)
        {
            temp.push_back(it->id);
            ptsInfo.erase(it++);
        }
        else
        {
            it++;
        }
    }

    if (!temp.empty())
    {
        temp.push_back(delta.id);
        pts.push_back(temp);
    }
}
}


//定义 Check-Mate Tests
static void CheckMate(const char* classnames)
{
    Session* theSession = Session::GetSession();
    Part* workPart = theSession->Parts()->Work();

    std::vector<Validate::Validator*> vdr;
    theSession->ValidationManager()->FindValidator("Check-Mate", vdr);

    ValidatorOptions* opt = vdr[0]->ValidatorOptions();
    opt->SetSkipChecking(false);
    opt->SetSkipCheckingDontLoadPart(false);
    opt->SetSavePartFile(ValidatorOptions::SaveModeTypesDoNotSave);
    opt->SetSaveResultInPart(false);

    vdr[0]->ClearPartNodes();
    vdr[0]->AppendPartNode(workPart);
    vdr[0]->ClearCheckerNodes();
```

```
        std::vector<NXString> classnames1(1);
        classnames1[0] = classnames;
        vdr[0]->AppendCheckerNodes(classnames1);
        vdr[0]->Commit();
}

//获取 Check-Mate 中重复对象
static int GetObjectFormCheck(std::unordered_set<tag_t>& objects,
std::list<Two_obj_t>& allObjs)
{
    //显示 Check-Mate 结果
    Session* theSession = Session::GetSession();
    std::vector<Parser*> par;
    theSession->ValidationManager()->FindParser("Validation Gadget",par);
    par[0]->ClearResultObjects();
    par[0]->SetDataSource(Parser::DataSourceTypesMostRecentRun);
    par[0]->SetMaxDisplayObjects(-1);
    par[0]->Commit();

    //获取 Check-Mate 结果
    std::vector<ResultObject*> prtObjs, sessionObjs, firstNodes, objSets;
    par[0]->GetPartResultObjects(prtObjs);
    par[0]->GetProfileResultObjects(prtObjs.at(0), sessionObjs);
    par[0]->GetTestResultObjects(sessionObjs.at(0), firstNodes);
    if (!firstNodes.empty())
    {
        par[0]->GetObjectSetResultObjects(firstNodes.at(0), objSets);
    }

    for (const auto& it : objSets)
    {
        std::vector<tag_t> deltaObjs;
        std::vector<ResultObject*> objs;
        par[0]->GetObjectResultObjects(it, objs);

        if ((int)objs.size() == 2)
        {
            NXObject* objs1 = objs[0]->Object();
            NXObject* objs2 = objs[1]->Object();
            if (objs1 != nullptr && objs2 != nullptr)
            {
                Two_obj_t temp = { 0 };
                temp.first = objs1->Tag();
                temp.second = objs2->Tag();
                allObjs.push_back(temp);
                objects.insert(temp.first);
                objects.insert(temp.second);
```

```
                }
            }
        }
        return (int)objSets.size();
    }

//收集要删除的对象
static void CollectDeleteObjects
(
    std::unordered_set<tag_t> objs,
    std::list<Two_obj_t> allObjs,
    std::unordered_set<tag_t>& delObjs
)
{
    std::list<Two_obj_t>::iterator it2;
    for (const auto& it : objs)
    {
        if (delObjs.find(it) != delObjs.end())
        {
            continue;
        }

        for (it2 = allObjs.begin(); it2 != allObjs.end();)
        {
            if (it == it2->first || it == it2->second)
            {
                tag_t temp = it == it2->first ? it2->second : it2->first;
                delObjs.insert(temp);
                allObjs.erase(it2++);
            }
            else
            {
                it2++;
            }
        }
    }
}

//删除对象
static void DelteObjects(const std::unordered_set<tag_t>& objs)
{
    int error = 0, index = 0;
    int nObjs = (int)objs.size();
    tag_t* temp = NULL;
    temp = (tag_t*)UF_allocate_memory(nObjs * sizeof(tag_t), &error);

    for (const auto& it : objs)
    {
```

```
        temp[index] = it;
        index++;
    }

    int* statues = NULL;
    UF_OBJ_delete_array_of_objects(nObjs, temp, &statues);
    UF_free(statues);
    UF_free(temp);
}

//移除重复的实体或曲线
static int RemoveSolidsOrCurves(const char* rullname, int maxEntities)
{
    int nNodes = 0;

    //0.执行 Check-Mate
    CheckMate(rullname);

    //1.收集 Check-Mate 树列表上每一组检查结果的对象以及共有多少组结果
    std::unordered_set<tag_t> objs;
    std::list<Two_obj_t> allObjsList;
    nNodes = GetObjectFormCheck(objs, allObjsList);

    //2.收集要删除的对象
    std::unordered_set<tag_t> deleteObjs;
    CollectDeleteObjects(objs, allObjsList, deleteObjs);

    //3.删除对象
    DelteObjects(deleteObjs);
    while (nNodes != 0)
    {
        objs.clear();
        allObjsList.clear();
        deleteObjs.clear();

        CheckMate(rullname);
        nNodes = GetObjectFormCheck(objs, allObjsList);
        CollectDeleteObjects(objs, allObjsList, deleteObjs);
        DelteObjects(deleteObjs);
    }
}

//清空 Check-Mate 树列表
static void ClearCheckMateTree()
{
    Session* theSession = Session::GetSession();
    std::vector<Validate::Parser*> par;
    theSession->ValidationManager()->FindParser("Validation Gadget",par);
```

```cpp
    std::vector<ResultObject*> prtObjs, sessionObjs, firstNodes, objSets;
    par[0]->GetPartResultObjects(prtObjs);
    par[0]->GetProfileResultObjects(prtObjs.at(0), sessionObjs);
    par[0]->GetTestResultObjects(sessionObjs.at(0), firstNodes);
    if (!firstNodes.empty())
    {
        par[0]->DeleteResult(firstNodes[0]);
    }
}

static void do_it(void)
{
    //0.获取坐标位置相同的点
    std::vector<std::vector<tag_t>> pts;
    GetIdenticalPts(pts);

    //1.删除重复点
    std::unordered_set<tag_t> deletePts;
    for (const auto& it : pts)
    {
        std::vector<tag_t> temp = it;
        std::vector<tag_t>::iterator it1;
        for (it1 = temp.begin(); it1 != temp.end(); ++it1)
        {
            if (it1 != temp.begin())
            {
                deletePts.insert(*it1);
            }
        }
    }
    DelteObjects(deletePts);

    //2.移除重复的曲线
    const char* name = "CheckMate_MaxLogEntities";
    Session* theSession = Session::GetSession();
    int max = theSession->OptionsManager()->GetIntValue(name);
    RemoveSolidsOrCurves("%vda_identical_curves", max);

    //3.移除重复的实体
    RemoveSolidsOrCurves("%vda_identical_solids", max);

    //4.清空 Check-Mate 树列表
    ClearCheckMateTree();
}


extern "C" DllExport void ufusr(char* parm, int* returnCode, int rlen)
{
```

```
    UF_initialize();
    do_it();
    UF_terminate();
}

extern "C" DllExport int ufusr_ask_unload()
{
    return UF_UNLOAD_IMMEDIATELY;
}
```

（2）编译链接生成*.dll 文件，并将该文件拷贝到 NX 二次开发根目录下的 application 目录中。

（3）在 NX 界面中打开需要测试的部件（本实例测试部件保存为"D:\nxopen_demo\parts\ch19_2.prt"）。如图 19-11 所示，该部件中在同一位置包括了重复的对象。

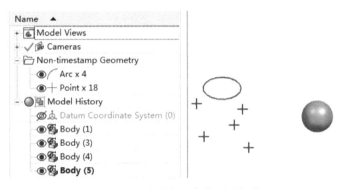

图 19-11　包含重复对象的测试部件

（4）在 NX 主界面中，单击"File"→"Execute"→"NX Open"按钮，在弹出的对话框中选择动态链接库"ch19_2.dll"，运行结果如图 19-12 所示。从图中不难看，Arc 的数量由原来的 4 变为 1，Point 的数量由原来的 18 变为 5，Body 的数量由原来的 4 变为 1。通过此应用程序，实现了对重复的点、曲线、实体的一键移除。

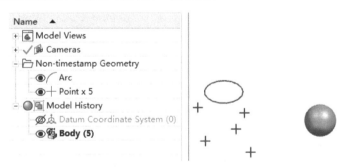

图 19-12　移除重复对象应用程序运行结果

19.2.4　遗留问题与解决方案

尽管在上一节中，开发的应用程序实现了对重复对象的移除，但是它可能并不是用户期望的结果，主要有两方面的问题：

● 重复对象中如果有一部分含有参数，　一部分不含参数，应用程序应该考虑优先保留哪些对象。很显然，应该优先保留带有子对象的对象。例如：有一个含有参数的点，同时有一条直线引用了这个点，还有一个不含参数的点与含有参数的点完全重合。此时，如果应用程序移除含有参数的点，会导致下游的直线对象也被删除，这显然不是用户所期望的。这需要开发者根据实际的用户需求，进一步完善应用程序的逻辑。

- 当对象完全位于另一对象内部时，也要考虑优先保留哪些对象。如果期望应用程序不识别对象完全位于另一对象内部的情况，需要重新设计检查规则，这需要开发者具备 Knowledge Fusion（KF）的基础知识。

19.3　跨版本应用程序实现

跨版本应用程序是指 NX 二次开发的应用程序，可以在不同的 NX 版本中正确运行。一般涉及 NX8.5 及以上版本，NX8.5 之前的版本极少有用户使用。

通常情况下，在低版本中开发的应用程序，如果只引用 libufun.lib、libnxopencpp.lib、libugopenint.lib、libnxopenuicpp.lib 这四个库，是可以在高版本 NX 中运行的。但现实开发场景中，不太可能只用到这四个库，因此需要探索其他解决方案。

19.3.1　跨版本应用程序解决方案

要保证跨版本的 NX 二次开发应用程序正确运行，解决方案很多，以下是几种参考解决方案以及它们的优缺点。

- 复制*.dll 方法：将应用程序在不同的编译器版本中分别编译链接生成*.dll 文件，再利用 ufsta 出口单独写一个应用程序，在 NX 启动的时候就判断当前 NX 的版本，再将指定的*.dll 复制到 NX 二次开发根目录下的 application 目录中。该方法操作简单，但有可能用户会同时启动多个版本的 NX，这样会导致在先启动的 NX 版本中不能正常使用应用程序。

- 修改菜单脚本方法：将应用程序在不同的编译器版本中分别编译链接生成*.dll 文件，再利用 ufsta 出口单独写一个应用程序，在 NX 启动的时候就判断当前 NX 的版本，然后更改菜单脚本中 ACTIONS 后面指向的应用程序名称。该方法操作也比较容易，是否影响同时启动两个不同版本的 NX，笔者暂未测试。初步推测不受影响，因为菜单在 NX 启动时加载，再更改菜单脚本文件，不影响在已经加载的 NX 版本中使用它们。

- 动态加载方法：将应用程序在不同的编译器版本中分别编译链接生成*.dll 文件，再利用 ufsta 出口单独写一个应用程序，在 NX 启动的时候就判断当前 NX 的版本，然后动态加载对应版本的*.dll。这种方法应用较广，但要求应用程序都使用 ufsta 出口。

19.3.2　跨版本应用程序编码实现

本实例展示如何利用动态加载方法实现应用程序在不同的 NX 版本中正确运行，操作步骤如下：

（1）在菜单脚本中，添加以下代码，需要注意 ACTIONS 后方的字符串名称，在代码中需要使用它（本例在"D:\nxopen_demo\application\nxopen_demo_modeling.men"文件中添加代码）。若有必要，还需要在对应的 Ribbon 接口文件中添加代码，设置按钮显示在 Ribbon 工具条上。

```
BUTTON      CH19_3_TEST_BTN
LABEL       NX 11 And NX1953 Test
MESSAGE     NX 11 And NX1953 Test
BITMAP      block
ACTIONS     ch19_3_action
```

（2）启动对应 NX 版本的 Visual Studio，利用 NXOpen C++ Wizard 创建项目（本例代码保存在 "D:\nxopen_demo\code\ch19_3_nx11"），删除原有内容并添加以下代码：

```cpp
#include <uf.h>
#include <uf_mb.h>
#include <NXOpen/Features_BlockFeatureBuilder.hxx>
#include <NXOpen/Features_FeatureCollection.hxx>
#include <NXOpen/Part.hxx>
#include <NXOpen/PartCollection.hxx>
#include <NXOpen/Session.hxx>

using namespace NXOpen;
using namespace NXOpen::Features;

static UF_MB_cb_status_t ch19_3_action(UF_MB_widget_t widget,
    UF_MB_data_t data, UF_MB_activated_button_p_t button)
{
    UF_initialize();
    UF_MB_cb_status_t status = UF_MB_CB_CONTINUE;

    //利用 NXOpen C++方式创建一个 Block Feature
    Session* theSession = Session::GetSession();
    Part* workPart = theSession->Parts()->Work();

    Point3d origin(0.0, 0.0, 0.0);
    Feature* nullFeat = NULL;
    BlockFeatureBuilder* block = NULL;
    block = workPart->Features()->CreateBlockFeatureBuilder(nullFeat);
    block->SetOriginAndLengths(origin, "50", "80", "100");
    Feature* blockFeat = block->CommitFeature();
    block->Destroy();

    UF_terminate();
    return status;
}
static UF_MB_action_t table[] =
{
    { "ch19_3_action", ch19_3_action, NULL },
    { NULL, NULL, NULL }
};

static void APPInit(void)
```

```
{
}

static void APPExit(void)
{
}

static void APPEnter(void)
{
}
extern "C" DllExport void ufsta( char *parm, int *returnCode, int rlen )
{
    UF_initialize();
    char name[] = "NXOpen Test APP";
    UF_MB_add_actions(table);

    UF_MB_application_t app = { 0 };
    app.name = name;
    app.id = 0;
    app.init_proc = APPInit;
    app.exit_proc = APPExit;
    app.enter_proc = APPEnter;
    app.drawings_supported = TRUE;
    app.design_in_context_supported = TRUE;

    UF_MB_register_application(&app);
    UF_terminate();
}

extern "C" DllExport int ufusr_ask_unload()
{
    return UF_UNLOAD_UG_TERMINATE;
}
```

（3）编译链接生成*.dll 文件，并将该文件拷贝到 NX 二次开发根目录下的 application\dlls
目录中。

（4）重复第 2 步与第 3 步操作，在其他 NX 版本对应的编译器中创建项目，用相同的代
码编译链接生成新的*.dll 文件（本例代码保存在 "D:\nxopen_demo\code\ch19_3_nx1953"）。

（5）启动 Visual Studio，利用 NXOpen C++ Wizard 创建一个名为 ch19_3_startup 的项目
（本例代码保存在 "D:\nxopen_demo\code\ch19_3_startup"），删除原有内容并添加以下代码：

```
#include <uf.h>
static char path[UF_CFI_MAX_FILE_NAME_LEN] = { 0 };

extern "C" DllExport void ufsta(char *parm, int *returnCode, int rlen)
{
    UF_initialize();
```

```
//获取当前 NX 版本
char* version = NULL;
UF_translate_variable("UGII_MAJOR_VERSION", &version);

//获取动态加载 DLL 的路径
strcpy(path, "D:\\nxopen_demo\\application\\dlls\\");
if (strcmp(version, "11") == 0)
{
    strcat(path, "ch19_3_nx11.dll");
}
else if (strcmp(version, "1953") == 0)
{
    strcat(path, "ch19_3_nx1953.dll");
}

//动态加载 DLL
typedef void(*LoadUfsta_fp_t)(char*, int*, int);
LoadUfsta_fp_t LoadUfsta = NULL;
UF_load_library(path, "ufsta", (UF_load_f_p_t*)&LoadUfsta);
if (LoadUfsta != NULL)
{
    LoadUfsta(parm, returnCode, rlen);
}

UF_terminate();
}
extern "C" DllExport int ufusr_ask_unload()
{
    UF_unload_library(path); //通常您不应该忘记释放动态加载的 DLL
    return UF_UNLOAD_UG_TERMINATE;
}
```

（6）编译链接生成*.dll 文件，并将该文件拷贝到 NX 二次开发根目录下的 startup 目录中。

（7）在不同的 NX 版本设置加载菜单与功能区（相关知识请参阅第 2 章）。

（8）重启 NX，本实例使用 NX11 与 NX1953 测试。同时启动两个版本的 NX 后，可以在日志文件中看到以下信息。说明 NX 在启动的时候，根据 NX 的版本，动态调用了相应的 *.dll 文件，从而实现相同的应用程序在不同的 NX 版本中的使用。

```
Successfully loaded dynamic module
D:\nxopen_demo\application\dlls\ch19_3_nx11.dll

Successfully loaded dynamic module
D:\nxopen_demo\application\dlls\ch19_3_nx1953.dll
```

19.4　制作语言包

NX 作为国际化的软件，它允许用户通过更改环境变量来适配不同的语言。NX 中常见的语言及环境变量设置如表 19-2 所示。

表 19-2　NX 中常见的语言与环境变量设置

语言	环境变量
德语	UGII_LANG=german
法语	UGII_LANG=french
意大利语	UGII_LANG=italian
西班牙语	UGII_LANG=Spanish
俄罗斯语	UGII_LANG=russian
日语	UGII_LANG=Japanese
韩语	UGII_LANG=Korean
简体中文	UGII_LANG=simpl_chinese
繁体中文	UGII_LANG=trad_chinese
巴西葡萄牙语	UGII_LANG=braz_portuguese
波兰语	UGII_LANG=polish
捷克语	UGII_LANG=czech
英语	UGII_LANG=english

为了让 NX 二次开发的应用程序匹配不同语言环境的 NX，开发者需要制作语言包。

19.4.1　旧方法制作语言包

制作语言包，有两种方法，称为旧方法与新方法。旧方法制作语言包的操作步骤如下：

（1）在任意一个文件夹中新建一个文本文件，并按以下格式输入翻译内容。每一行代表一条翻译语句，"="左侧为原始文本内容，"="右侧为翻译后的文本内容（本例文件保存为"D:\nxopen_demo\startup\old_translation_test.txt"）。

```
'UDO Box' = 'UDO 包围盒'
'UDO Feature Demo' = 'UDO 特征演示'
```

（2）在相同的目录中再建新一个文本文件，添加下列代码并保存，更改扩展名为"vbs"（本例脚本文件保存为"D:\nxopen_demo\startup\translation_tool.vbs"）。

```
dim Wshell
set WshShell = CreateObject("WScript.Shell")
WshShell.run "%UGII_BASE_DIR%\LOCALIZATION\nldmgr.exe"

wscript.sleep 500
wshshell.sendkeys "1"
wshshell.sendkeys "{ENTER}"

wscript.sleep 500
wshshell.sendkeys "old_translation_test.txt"
wshshell.sendkeys "{ENTER}"

wscript.sleep 500
wshshell.sendkeys "old_translation_test.lng"
wshshell.sendkeys "{ENTER}"
```

```
wscript.sleep 1500
wshshell.sendkeys "simpl_chinese"
wshshell.sendkeys "{ENTER}"

wscript.sleep 500
wshshell.sendkeys "5"
wshshell.sendkeys "{ENTER}"

Wscript.quit
```

（3）双击 translation_tool.vbs 文件，在该文件所在目录下新产生了"old_translation_test. lng"文件。

（4）在应用程序代码中，添加以下格式的代码用于加载语言包。

```
char* file = "D:\\nxopen_demo\\startup\\old_translation_test.lng";
UF_TEXT_init_native_lang_support();
UF_TEXT_load_translation_file(file);
```

（5）以简体中文环境启动 NX，进入建模环境后可以看到 Ribbon 工具条上与 UDO 相关的两个工具被翻译成简体中文，如图 19-13 所示。其他语言的*.lng 文件制作与上述方法类似。

图 19-13　加载*.lng 语言包后的显示结果

19.4.2　新方法制作语言包

从以上操作方法不难看出，旧方法制作语言包，步骤稍微有点烦琐，并且还需要修改代码。官方还提供了更为简单的新方法，利用新方法制作语言包的操作步骤如下：

（1）在 NX 二次开发的根目录下添加如图 19-14 所示的目录结构（也可以在其他目录中添加，建议 NX 二次开发应用程序的相关文件都放到根目录及其子目录中）。图中"Other"代表其他文件夹，开发者可以参考目录"%UGII_BASE_DIR%\LOCALIZATION"下的文件夹名称。

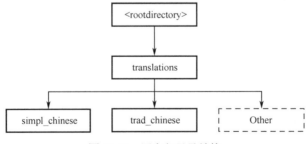

图 19-14　语言包目录结构

（2）在 simpl_chinese 目录中，新建一个名为"none_simpl_chinese_nlm.txt"的文本文件，输入以下内容并保存。其目的是设置翻译语言，每一行代表一条翻译语句，"="左侧为原始文本内容，"="右侧为翻译后的文本内容（本例文件保存为"D:\nxopen_demo\translations\simpl_chinese\none_simpl_chinese_nlm.txt"）。

```
'Base Body' = '基本体'
'Eggs Tray' = '蛋架'
'Diamond Cut' = '钻石花'
```

如果要翻译其他语言，操作方法类似。需要注意文本文件的命名格式为"none_*_nlm.txt"，这个名称可以在"%UGII_BASE_DIR%\LOCALIZATION"子目录中找到。例如：如果是繁体中文就需要在 trad_chinese 目录中创建名称为"none_trad_chinese_nlm.txt"的文本文件。

（3）添加环境变量，格式如下：

```
UGII_LOCALIZATION_CUSTOMIZED_FILES=D:\nxopen_demo\translations
```

（4）以简体中文环境启动 NX，进入建模环境后可以看到 Ribbon 工具条上相关的工具被翻译成简体中文，如图 19-15 所示，

图 19-15　新方法加载语言包后显示结果

19.5　光标动态捕捉

在 NX 系统中，有一部分工具可以在不操作对话框的情况下，实现对象跟随光标移动，如图 19-16 所示 Note 工具。这种显示效果，需要动态捕捉光标的坐标，再创建或编辑对象。

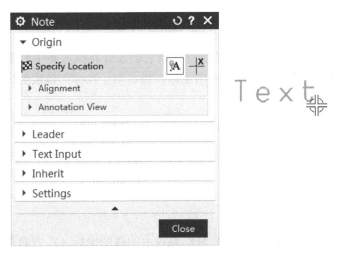

图 19-16　Note 工具光标动态捕捉示意

许多客户也期望 NX 二次开发的应用程序与 NX 原生工具保持一致，实现相同的效果。当使用 Block UI 时，暂未发现有相关 API 可以动态捕捉光标的坐标。如果使用的是 NXOpen C 设计对话框，可以考虑使用 UF_UI_specify_screen_position 实现动态效果（这个 API 官方帮助文档中有样例）。

19.5.1　光标动态捕捉解决方案

尽管官方未直接开放 API 供用户获取光标的坐标，但要达到这种效果，解决方案也有很多，常见的解决方案有：

- 内部 API：探索内部的 API 并调用它们来获取光标的坐标，这种解决方案对初学的读者来说难以实现。
- Windows API：利用 Windows API 获取光标的坐标，并将其转换为 NX 系统所需要坐标。这种解决方案实现容易，但需要处理的细节较多。

为了探讨如何利用 Windows API 动态获取光标的坐标并转换为 NX 系统所需要的坐标，用图 19-17 表示计算机屏幕与 NX 窗口。图中"十"代表光标，利用 Windows API 获取的光标位置是基于计算机屏幕的（像素）坐标，必须将它转换为基于 NX 系统的坐标才可以在 NX 中创建对象。

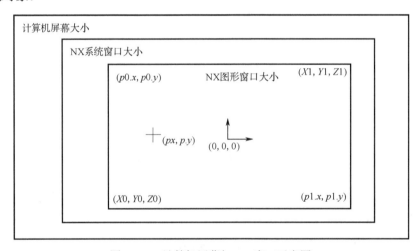

图 19-17　计算机屏幕与 NX 窗口示意图

NX 图形窗口左上角与右下角上的坐标代表它们在计算机屏幕中的像素坐标，而左下角与右上角上的坐标代表了它们在 NX 中的坐标。当已知了光标的像素坐标，可以利用下列公式将其转换为 NX 系统所需要的坐标。

$$
\begin{cases}
Px = X0 + (X1 - X0) \times \dfrac{p.x - p0.x}{p1.x - p0.x} \\[2mm]
Py = Y0 + (Y1 - Y0) \times \dfrac{p1.y - p.y}{p1.y - p0.y} \\[2mm]
Pz = 0
\end{cases}
$$

通过上述转换后的坐标，仅代表在 NX 系统中的视图坐标（Z 方向垂直计算机屏幕，正方向指向屏幕外）。通常情况下还需要将这个视图坐标转换为绝对坐标。

　　光标可以在计算机屏幕上任意位置移动，往往只需要光标在图形窗口内时才进行换算。如何判断光标是在图形窗口内呢？这需要借助 Visual Studio 中的工具 Microsoft Spy++来完成（该工具位于 Visual Studio 安装目录中，可执行文件为 spyxx_amd64.exe）。如图 19-18 所示，判断光标是否在图形窗口，可以通过获取光标所在窗口的父窗口类，判断它是否是"NX_SURFACE_WND"来完成。

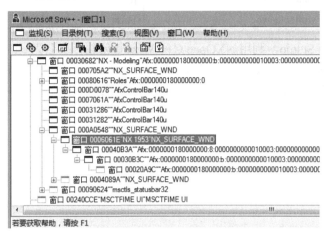

图 19-18　Microsoft Spy++工具运行结果

19.5.2　光标动态捕捉编码实现

　　本实例展示如何利用 Windows API 实现光标动态捕捉，并且以光标坐标为圆心创建指定半径的圆，实现该应用程序的操作步骤如下：

　　（1）制作菜单与功能区（相关知识请参阅第 2 章）。

　　（2）制作对话框如图 19-19 所示（相关知识请参阅第 3 章）。

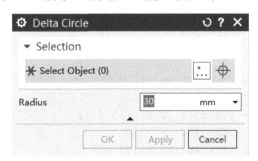

图 19-19　Delta Circle 对话框

　　Delta Circle 对话框使用的 UI Block 与 Property 信息如表 19-3 所示。本实例对话框文件保存为"D:\nxopen_demo\application\ch19_4.dlx"。

表 19-3　Delta Circle 对话框使用的 UI Block 与 Property 信息

UI Block（UI 块）	Property（属性）	Value（值）
Select Object	BlockID	m_selection
	Group	True
	PointOverlay	True

续表

UI Block（UI 块）	Property（属性）	Value（值）
Linear Dimension	BlockID	m_radius
	Label	Radius
	Formula	30
	MinimumValue	0
	MinInclusive	False

（3）启动 Visual Studio，利用 NXOpen C++ Wizard 创建一个名为 ch19_4 的项目（本例代码保存在 "D:\nxopen_demo\code\ch19_4"），删除原有 ch19_4.cpp 文件。将 Block UI Styler 模块自动生成的 ch19_4.hpp 与 ch19_4.cpp 拷贝到这个项目对应的目录中，并将它们添加到 Visual Studio 项目中。

（4）在 ch19_4.hpp 中添加以下代码：

```
#include <uf.h>
#include <uf_csys.h>
#include <uf_curve.h>
#include <uf_obj.h>
#include <uf_trns.h>
#include <uf_mtx.h>
#include <uf_view.h>
#include <afx.h>

#undef CreateDialog
```

（5）在 ch19_4.cpp 中添加以下代码：

```
static double radius = 10.0;
static HHOOK hook = NULL;
static tag_t arcId = NULL_TAG;

//获取视图坐标
static void GetScreenPt(HWND delta, POINT pt, double screenXYZ[3])
{
    double clip[4] = { 0.0, 1.0, 0.0, 1.0 };
    tag_t workView = NULL_TAG;
    UF_VIEW_ask_work_view(&workView);
    UF_VIEW_ask_current_xy_clip(workView, clip);

    RECT draw = { 0 };
    GetWindowRect(delta, &draw); //获取图形窗口在屏幕中的大小
    long length = draw.right - draw.left;
    long width = draw.bottom - draw.top;
    double xScale = (double)(pt.x - draw.left) / length;
    double yScale = (double)(draw.bottom - pt.y) / width;
    screenXYZ[0] = clip[0] + (clip[1] - clip[0]) * xScale; //X坐标
    screenXYZ[1] = clip[2] + (clip[3] - clip[2]) * yScale; //Y坐标
}
```

```
//创建或编辑圆弧
static void CreateOrEditArc(double csys[12], double point[3])
{
    tag_t mtxId = NULL_TAG;
    UF_CSYS_create_matrix(&csys[3], &mtxId);
    UF_CURVE_arc_t data = { 0 };
    data.matrix_tag = mtxId;
    data.start_angle = 0.0;
    data.end_angle = TWOPI;
    data.radius = radius;
    UF_MTX3_vec_multiply(point, &csys[3], data.arc_center);

    if (arcId == NULL_TAG)
    {
        UF_CURVE_create_arc(&data, &arcId); //创建圆弧
    }
    else
    {
        UF_CURVE_edit_arc_data(arcId, &data); //编辑圆弧
    }
    UF_OBJ_set_color(arcId, 186);
}


LRESULT CALLBACK hookproc(UINT nCode, WPARAM wParam, LPARAM lParam)
{
    if (wParam == WM_MOUSEMOVE) //只处理 WM_MOUSEMOVE 消息
    {
        LPMOUSEHOOKSTRUCT pMouseHook = (MOUSEHOOKSTRUCT FAR*)lParam;
        POINT pt = pMouseHook->pt; //像素坐标
        HWND delta = WindowFromPoint(pt);
        HWND parent = GetParent(delta);

        TCHAR className[100] = TEXT("");
        GetClassName(parent, className, 100);
        if (wcscmp(className, L"NX_SURFACE_WND") == 0)
        {
            //0.计算 NX 视图坐标
            double screenXYZ[3] = { 0.0, 0.0, 0.0 };
            GetScreenPt(delta, pt, screenXYZ);

            //1.视图坐标转绝对坐标
            double temp = 0.0;
            double csys[12] = { 0.0 };
            uc6430("", &csys[0], &temp);
            uc6433("", &csys[3]);

            double abs[9] = {0.0, 0.0, 0.0, 1.0, 0.0, 0.0, 0.0, 1.0, 0.0};
```

```
        double matrix[12] = { 0.0 };
        int status = 0;
        uf5940(csys, abs, matrix, &status);
        uf5941(screenXYZ, matrix);

        //2.创建或编辑圆弧
        CreateOrEditArc(csys, screenXYZ);
      }
   }
   return CallNextHookEx(hook, nCode, wParam, lParam);
}
```

（6）在 ch19_4.cpp 的 dialogShown_cb( )回调中，更改代码如下：

```
void ch19_4::dialogShown_cb()
{
   radius = m_radius->Value();

   //启动 Hook
   DWORD id = GetCurrentThreadId();
   hook = SetWindowsHookEx(WH_MOUSE, (HOOKPROC)hookproc, NULL, id);
}
```

（7）在 ch19_4.cpp 的析构函数中更改代码如下：

```
ch19_4::~ch19_4()
{
   if (theDialog != NULL)
   {
      delete theDialog;
      theDialog = NULL;
   }

   if (hook != NULL)
   {
      UnhookWindowsHookEx(hook); //卸载 Hook
   }
}
```

（8）在 ch19_4.cpp 的 ufusr( )中添加初始化与终止 API（初学者很容易忽略这一步，如果忽略它，代码编译链接成功，但在 NX 执行应用程序时有异常），代码如下：

```
extern "C" DllExport void ufusr(char* param, int* retcod, int param_len)
{
   UF_initialize();
   ch19_4* thech19_4 = NULL;
   thech19_4 = new ch19_4();
   thech19_4->Show();
   delete thech19_4;
   thech19_4 = NULL;
```

```
    UF_terminate();
}
```

（9）在 ch19_4.cpp 的 update_cb( )回调中，添加以下代码：

```
int ch19_4::update_cb(BlockStyler::UIBlock* block)
{
    if (block == m_selection)
    {
    }
    else if (block == m_radius)
    {
        radius = m_radius->Value();
    }
}
```

（10）编译链接生成*.dll 文件，并将该文件拷贝到 NX 二次开发根目录下的 application 目录中。

（11）在 NX 中新建一部件文件，单击 Ribbon 工具条上的"NXOpen Demo"→"More"→"Delta Circle"按钮，启动 Delta Circle 工具。在 NX 的图形窗口移动光标，可以看到一直有一个圆跟随光标移动，如图 19-20 所示。

图 19-20　运行 Delta Circle 应用程序显示结果

尽管通过上述方法实现了光标动态捕捉的功能，但是它仍然是有缺陷的。在 NX 中，图形窗口可以被 Layout 相关工具拆分为多个 View。如图 19-21 所示，图形窗口被拆分为四个 View。此时再利用上述方法进行坐标转换，结果是错误的，这需要开发者使用更多的逻辑和方法重新计算。

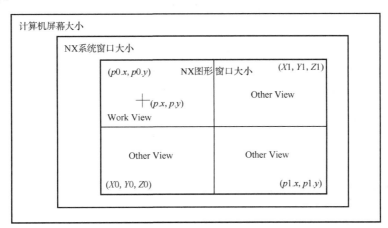

图 19-21　计算机屏幕与 NX 窗口中含用多个 View 示意图

19.6　截图操作

NX 二次开发的导出 BOM 表应用程序，往往需要对每个零件截图，并放到电子表格中。

19.6.1　截图操作解决方案

NXOpen C 中提供了 UF_DISP_create_image 与 UF_DISP_create_framed_image，可以让开发者对 NX 进行截图操作。前者实现对整个 NX 图形窗口的截图，后者实现对指定区域的截图。大部分的情况下只需要对指定区域截图即可，然而 UF_DISP_create_framed_image 用法比较特殊，截图时需要指定截图矩形区域的左上角坐标以及区域的长和宽。坐标是像素坐标并且规定图形窗口左上角为原点（0,0）。

因此，开发这一类应用程序，会涉及大量的坐标转换，对开发者的编码能力和 NX 应用能力要求较高。

实现 NX 屏幕截图操作的流程如图 19-22 所示。

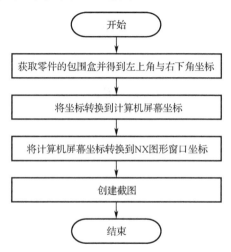

图 19-22　实现 NX 屏幕截图操作的流程

19.6.2　截图操作编码实现

本实例利用 NXOpen C 相关 API 实现选择体并计算它的包围盒边界，再利用包围盒边界的大小创建截图。

实现该应用程序的操作步骤如下：

（1）启动 Visual Studio，利用 NXOpen C++ Wizard 创建一个名为 ch19_5 的项目（本例代码保存在 "D:\nxopen_demo\code\ch19_5"），删除原有内容再添加下列代码：

```
#include <uf.h>
#include <uf_csys.h>
#include <uf_disp.h>
#include <uf_modl.h>
#include <uf_trns.h>
#include <uf_ui.h>
#include <uf_vec.h>
#include <uf_view.h>
```

```cpp
#include <afx.h>

//获取输入体相对于 NX 视图的左上角与右下角坐标
static void GetTwoPoints(tag_t body, double leftT[3], double rightB[3])
{
    //创建临时坐标系
    double temp = 0.0;
    double csys[12] = { 0.0 };
    tag_t mtxId = NULL_TAG, csysId = NULL_TAG;
    uc6430("", &csys[0], &temp);
    uc6433("", &csys[3]);
    UF_CSYS_create_matrix(&csys[3], &mtxId);
    UF_CSYS_create_temp_csys(&csys[0], mtxId, &csysId);

    //计算包围盒并求得左上角与右下角的坐标
    double min[3] = { 0.0 };
    double dists[3] = { 0.0 };
    double dirs[3][3] = { { 0.0 }, { 0.0 }, { 0.0 } };
    UF_MODL_ask_bounding_box_aligned(body, csysId, 0, min, dirs, dists);
    UF_VEC3_affine_comb(min, dists[1], &dirs[1][0], leftT);
    UF_VEC3_affine_comb(min, dists[0], &dirs[0][0], rightB);

    //将绝对坐标系的点转换为 NX 视图坐标
    int status = 0;
    double matrix[12] = { 0.0 };
    double abs[9] = { 0.0, 0.0, 0.0, 1.0, 0.0, 0.0, 0.0, 1.0, 0.0 };
    uf5940(abs, &csys[0], matrix, &status);
    uf5941(leftT, matrix);
    uf5941(rightB, matrix);
}

//NX 视图坐标转 NX 图形窗口坐标
static bool GetScreenPt(double p1[3], double p2[3], POINT pts[2])
{
    HWND nxHwnd = (HWND)UF_UI_get_default_parent();
    HWND drawZone = FindWindowEx(nxHwnd, NULL, L"NX_SURFACE_WND", NULL);
    drawZone = FindWindowEx(nxHwnd, drawZone, L"NX_SURFACE_WND", NULL);
    drawZone = GetWindow(drawZone, GW_CHILD);
    if (drawZone == NULL)
    {
        return false;
    }
    double clip[4] = { 0.0, 1.0, 0.0, 1.0 };
    tag_t workView = NULL_TAG;
    UF_VIEW_ask_work_view(&workView);
    UF_VIEW_ask_current_xy_clip(workView, clip);

    RECT draw = { 0 };
```

```
    GetWindowRect(drawZone, &draw); //获取图形窗口在屏幕的大小
    long length = draw.right - draw.left;
    long width = draw.bottom - draw.top;
    double xSizeView = clip[1] - clip[0];
    double ySizeView = clip[3] - clip[2];

    double x1 = draw.left + (p1[0] - clip[0]) / xSizeView * length;
    double x2 = draw.left + (p2[0] - clip[0]) / xSizeView * length;
    double y1 = draw.bottom - (p1[1] - clip[2]) / ySizeView * width;
    double y2 = draw.bottom - (p2[1] - clip[2]) / ySizeView * width;

    pts[0].x = (long)floor(x1);
    pts[0].y = (long)ceil(y1);
    pts[1].x = (long)ceil(x2);
    pts[1].y = (long)floor(y2);

    //计算机屏幕坐标转换为 Client 坐标
    ScreenToClient(drawZone, &pts[0]);
    ScreenToClient(drawZone, &pts[1]);
    return true;
}

static void do_it(void)
{
    //0.使用 NXOpen C 创建对话框
    char* msg = "Select Object";
    UF_UI_mask_t mask = { UF_solid_type, 0, UF_UI_SEL_FEATURE_BODY };

    UF_UI_selection_options_t opts = { 0 };
    opts.other_options = 0;
    opts.reserved = NULL;
    opts.num_mask_triples = 1;
    opts.mask_triples = &mask;
    opts.scope = UF_UI_SEL_SCOPE_WORK_PART;
    int response = 0;
    tag_t body = NULL_TAG, view = NULL_TAG;
    double cursor[3] = { 0.0 };
    UF_UI_select_single(msg, &opts, &response, &body, cursor, &view);

    //1.将选择的对象导出为图片
    if (body != NULL_TAG)
    {
        UF_DISP_set_highlight(body, 0);

        //1.1 获取输入体相对于 NX 视图的左上角与右下角坐标
        double leftTop[3] = { 0.0 }, rightBottom[3] = { 0.0 };
        GetTwoPoints(body, leftTop, rightBottom);
```

```
//1.2 NX 视图坐标转换为 NX 图形窗口坐标
POINT pts[2] = { { 0 }, { 0 } };
bool status = GetScreenPt(leftTop, rightBottom, pts);

//1.3 创建截图
if (status)
{
    int corner[2] = { pts[0].x, pts[0].y };
    int width = pts[1].x - pts[0].x;
    int height = pts[1].y - pts[0].y;
    UF_DISP_create_framed_image("D:\\nxopen_demo\\test.png",
        UF_DISP_PNG, UF_DISP_WHITE, corner, width, height);
    }
}
}

extern "C" DllExport void  ufusr(char* param, int* retcod, int param_len)
{
    UF_initialize();
    do_it();
    UF_terminate();
}

extern "C" DllExport int ufusr_ask_unload()
{
    return UF_UNLOAD_IMMEDIATELY;
}
```

（2）编译链接生成*.dll 文件，并将该文件拷贝到 NX 二次开发根目录下的 application 目录中。

（3）在 NX 中打开一部件文件，单击"File" → "Execute" → "NX Open"按钮，在弹出的对话框中选择动态链接库"ch19_5.dll"再选择任意体，应用程序执行完毕后，该零件体的截图被保存为"D:\nxopen_demo\test.png"。

19.7　隐藏 Block UI Reset 按钮

在 NX 系统中，Block UI 的右上角有 Reset、Help、Close 三个按钮。Rest 按钮，可以让对话框中的参数信息回到系统的初始值。

在复杂的对话框中，输入参数较多，可能会出现用户不合理的输入导致不能成功地创建相关对象。通常情况下，可以单击对话框右上角的 Reset 按钮来重置为系统推荐参数。

官方建议 Block UI 中保留 Reset 按钮，不需要 Reset 按钮的情况极少，暂未在 NXOpen C++中发现相关 API 控制 Reset 按钮的可见性（默认一直显示）。

如果开发者期望在 Block UI 中隐藏 Reset 按钮，可以参考以下调用内部 API 的设置方法，在 initialize_cb( )回调中，再调用下列函数。

```
void HideBlockUIResetButton(BlockStyler::BlockDialog* dialog)
```

```
{
    HMODULE uifw = LoadLibrary(L"libuifw");
    HMODULE syss = LoadLibrary(L"libsyss");

    typedef void(*SetResetShow_fp_t)(void*, bool);
    typedef void*(*TagToPtr_fp_t)(tag_t);

    TagToPtr_fp_t TagToPtr = NULL;
    SetResetShow_fp_t SetResetShow = NULL;
    const char* ptrName = "?TAG_ask_pointer_of_tag@@YAPEAXI@Z";
    const char* visName = "?set_reset_visibility@UICOMP@UGS@@QEAAX_N@Z";
    SetResetShow = (SetResetShow_fp_t)GetProcAddress(uifw, visName);
    TagToPtr = (TagToPtr_fp_t)GetProcAddress(syss, ptrName);

    if (SetResetShow != NULL && TagToPtr != NULL)
    {
        UIBlock* topui = dialog->TopBlock();
        SetResetShow(TagToPtr(topui->Tag()), false);
    }

    FreeLibrary(uifw);
    FreeLibrary(syss);
}
```

19.8　无部件模式使用 Block UI

NX 系统规定在没有打开任何部件情况下，不允许使用含有 Block UI 的应用程序，如果强制执行，系统将弹出警告，如图 19-23 所示。

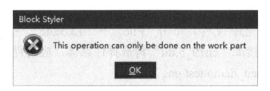

图 19-23　Block Styler 警告

然而在特殊情况下，可能需要在没有打开任何部件的情况下使用含有 Block UI 的应用程序。例如：在没有打开任何部件情况下，需要通过对话框选择本地指定的部件并对部件执行附加操作。

解决这个问题，主要有两种方法：

● 调用内部 API 创建 Block UI，跳过内部的检查。

● 通过变通的方法，后台临时创建一个部件，再打开 Block UI。

使用创建临时部件的方法，代码格式如下（本例完整代码在 "D:\nxopen_demo\code\ch19_6"）：

```
extern "C" DllExport void ufusr(char* param, int* retcod, int param_len)
{
```

```
UF_initialize();
tag_t workPart = UF_ASSEM_ask_work_part();

//创建一个临时部件
tag_t tempPart = NULL_TAG;
if (workPart == NULL_TAG)
{
    char partName[UF_CFI_MAX_PATH_NAME_LEN] = { 0 };
    uc4577(partName);
    UF_PART_new(partName, 1, &tempPart);
}

//打开 Block UI
ch19_6* thech19_6 = NULL;
thech19_6 = new ch19_6();
thech19_6->Show();
delete thech19_6;
thech19_6 = NULL;
//关闭临时部件
if (tempPart != NULL_TAG)
{
    UF_PART_close(tempPart, 0, 1);
}
UF_terminate();
}
```

在 NX 中运行应用程序，结果如图 19-24 所示，系统临时创建了部件，并在前台显示出来，也打开了 Block UI。

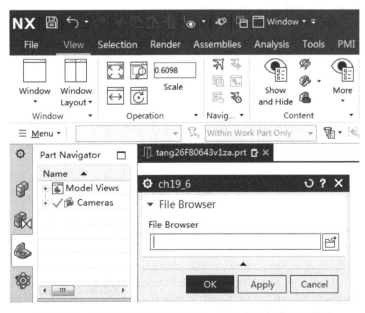

图 19-24　创建临时部件再执行 Block UI 应用程序显示结果

19.9 设置 Block UI 不执行 Undo 操作

NX 二次开发的应用程序，为了让用户有较好的体验，一般会在对话框不关闭的情况下创建对象并可动态预览。然而 NX 系统规定只要点击 Block UI 上的 Cancel 按钮或者对话框右上角的 "×" 按钮，系统就会执行 Undo 操作，之前创建的对象不再存在。

然而在现实开发需求中，有时要求在关闭 Block UI 时不执行 Undo 操作，这个需求非常特殊，官方并未开放相关 API，如果使用 NXOpen::BlockStyler::BlockDialog::PerformApply（）函数，对话框会先关闭再打开，往往这不是用户期望的效果。

如果非要实现这样的功能，一般 Block UI 上就不设置 OK 与 Apply 按钮了，在 NX 系统中也有类似工具在关闭时不执行 Undo，例如：Show and hide 工具（单击 "Menu" → "Edit" → "Show and Hide" → "Show and Hide" 按钮打开）。笔者从这个工具中找到了灵感，经过探索，可以调用内部的 API 设置 Block UI 不执行 Undo 操作，分两个步骤设置：

（1）在项目代码中添加以下代码（本例完整代码保存在 "D:\nxopen_demo\code\ch19_7"）：

```
static void do_it(const tag_t uiTag)
{
    HMODULE uifw = LoadLibrary(L"libuifw");
    HMODULE syss = LoadLibrary(L"libsyss");

    typedef void*(*TagToPtr_fp_t)(tag_t);
    typedef void*(*AskUIOpts_fp_t)(void*);
    typedef void(*SetUIStyle_fp_t)(void*, bool);
    typedef void(*SetUIClose_fp_t)(void*, bool);

    TagToPtr_fp_t TagToPtr = NULL;
    AskUIOpts_fp_t AskUIOpts = NULL;
    SetUIStyle_fp_t SetUIStyle = NULL;
    SetUIClose_fp_t SetUIClose = NULL;

    char* ptrName = "?TAG_ask_pointer_of_tag@@YAPEAXI@Z";
    char* opts = "?ask_ui_options@UICOMP@UGS@@UEBAPEAVUIFW_options@2@XZ";
    char* style = "?set_lightweight_mode@UIFW_options@UGS@@UEAAX_N@Z";
    char* close = "?set_close_button@UIFW_options@UGS@@UEAAX_N@Z";

    TagToPtr = (TagToPtr_fp_t)GetProcAddress(syss, ptrName);
    AskUIOpts = (AskUIOpts_fp_t)GetProcAddress(uifw, opts);
    SetUIStyle = (SetUIStyle_fp_t)GetProcAddress(uifw, style);
    SetUIClose = (SetUIClose_fp_t)GetProcAddress(uifw, close);
    if (AskUIOpts != NULL && TagToPtr != NULL)
    {
        void* uiOpts = AskUIOpts(TagToPtr(uiTag));
        if (uiOpts != NULL && SetUIStyle != NULL && SetUIClose != NULL)
        {
            SetUIStyle(uiOpts, true); //没有这句点 X 会 Undo
```

```
            SetUIClose(uiOpts, true);  //没有这句就算有上一句都会 Undo
        }
    }
    FreeLibrary(uifw);
    FreeLibrary(syss);
}
```

（2）在项目代码中调用上述函数：

```
void ch19_7::initialize_cb()
{
    ......
    //设置 Block UI 不执行 Undo
    do_it(theDialog->TopBlock()->Tag());
}
```

19.10　获取应用程序安装路径

在本书前面章节中，涉及读取或加载 NX 二次开发根目录与子目录下的文件时，都是使用的固定路径。然而用户并不一定将应用程序安装在开发者假定的路径中，因此，需要动态读取当前应用程序所在的目录。然后通过拆分字符串，就可以找到 NX 二次开发根目录及子目录的路径。

使用以下代码，可以读取执行应用程序对应*.dll 文件的完整路径。

```
HMODULE GetSelfModuleHandle()
{
    MEMORY_BASIC_INFORMATION mbi = { 0 };
    return ((::VirtualQuery(GetSelfModuleHandle, &mbi,
        sizeof(mbi)) != 0) ? (HMODULE)mbi.AllocationBase : NULL);
}
```

调用上述函数的代码格式为：

```
TCHAR dllPath[MAX_PATH] = TEXT("");
GetModuleFileName(GetSelfModuleHandle(), dllPath, MAX_PATH);
```